西门子工业自动化技术丛书

TIA 博途软件 ——STEP7 V11 编程指南

西门子（中国）有限公司　组编

主　编　崔　坚
副主编　张　春　赵　欣

机械工业出版社

TIA 博途软件是西门子新一代框架软件，西门子控制、监控软件将会逐步集成在此软件中。TIA 博途软件具有相同的数据库和平台，各个设备间可实现数据共享，而用户不用做任何额外工作。本书主要介绍了 TIA 博途软件中的 STEP7 V11 部分，STEP7 V11 是 S7-1200、300、400PLC 的编程软件，同时也可以对 WinAC 以及 ET200 智能分布式 I/O 站进行编程。STEP7 V11 打破原有 STEP7 软件循规蹈矩的编程方式，借鉴了数千名资深工程师的编程要求和建议，集成了现代化办公软件的功能，并配以类似设备原貌图形化的组态方式，使用户能够灵活、轻松、快速地完成自动化控制设计任务。

　　源于 TIA 博途软件方便初学者快速入门的初衷，本书按照一个完整工程设计的流程介绍了 TIA 博途软件的使用，不但适合新手的快速入门，而且可供具有 STEP 7 V5 使用经验的工程师借鉴和参考，也可以用作大专院校相关专业师生的培训教材，本书带有演示版安装软件，可用于学习与实践。

图书在版编目（CIP）数据

TIA 博途软件——STEP7 V11 编程指南／崔坚主编．—北京：机械工业出版社，2012.4（2017.6 重印）
（西门子工业自动化技术丛书）
ISBN 978-7-111-38049-8

Ⅰ．①T… Ⅱ．①崔… Ⅲ．①plc 技术—程序设计—指南
Ⅳ．①TM571.6-62

中国版本图书馆 CIP 数据核字（2012）第 070543 号

机械工业出版社（北京市百万庄大街 22 号　邮政编码 100037）
策划编辑：林春泉　责任编辑：张沪光
责任校对：刘志文　封面设计：鞠　杨
责任印制：乔　宇
三河市国英印务有限公司印刷
2017 年 6 月第 1 版第 5 次印刷
184mm×260mm ·22.75 印张·565 千字
9001— 10500 册
标准书号：ISBN 978-7-111-38049-8
　　　　　ISBN 978-7-89433-440-4（光盘）
定价：79.00 元（含 1DVD）

序

众所周知，我们所生活的时代是一个注重效率的时代，高速运转的社会体系使得产品生命周期变得越来越短，在各种细分市场的最前沿地带充斥着很多非常具有创造力的创新技术和产品，我们的目标市场高度动态且极具挑战性。工业自动化的工程方法正在面临更新换代，取而代之的是能够成就显著高效、高可用性的方法。

科技的进步促进了人类社会的发展，同时也促使我们必须立即开辟新的途径，在工业自动化领域开发面向未来的、能满足更高需求的自动化软件产品。而西门子公司则又一次引领先机，推出了 TIA 博途（TIA Portal）软件，它是一款非常具有吸引力，并可用于所有自动化任务的全新工程技术软件平台。TIA 博途软件直观、高效和可靠的特点标志着工程组态跨入了一个新时代。

在过去 15 年以来，有这样一个市场，它经历了非常巨大的变化，甚至可以说是经历了彻底的变革，这个市场是独一无二的，它就是消费类电子产品市场。除此之外，那就是工业自动化市场，15 年前，常规的 PC 都采用 486 处理器，而硬盘大小也只有 80MB。那时候主操作系统是 DOS 7.0、Windows 3.11 和在当时已经是革命性变化的 Windows 95。那时上网采用的是拨号调制解调器。在这 15 年里，工程技术软件的数据规模和传输速率上都发生了巨大的变化，并呈现出指数级的增长。这个领域的另一个重大变化是接受程度的转变，这 15 年改变了我们看待事物的方式，15 年前，几乎所有人都能够接受 PLC、人机界面、网络和驱动都使用各自不同的，独立的，甚至风格迥异的软件产品，主要原因是你没有更多的选择，并局限于已有的工作流程。时至今日，如果你再拿出这种非常有局限性的软件，会让别人觉得非常困惑，因为这种相互独立的解决方案是无法应对快速变化的市场需求的。从长远角度而言，必须将所有自动化软件工具融合在一个单一的开发环境中，否则是无法实现经济性能的。我们深知这个道理，并且对当前市场状况做出了回应，那就是 TIA 博途软件。

通过 TIA 博途软件，我们将理想变成了现实。TIA 博途软件融入在产品生命周期管理中，它进一步诠释了全集成自动化的核心理念。面对今天的市场、今天的客户，它具备了取得成功的先决条件。希望《TIA 博途软件——STEP7 V11 编程指南》一书能为更多的工业用户提供有力的支持和有效的解决方案，同时也为工业软件领域的进一步发展发挥它的一份作用。

西门子（中国）有限公司
工业自动化集团　自动化产品管理部经理

前　言

西门子工业自动化集团于 2010 年 11 月 23 日发布的"TIA 博途"全集成自动化软件，是业内首个采用统一工程组态和软件项目环境的自动化软件，适用于所有自动化任务。西门子工业自动化集团在自动化和传动技术领域的市场领导地位是基于长年的经验、50 多年 SIMATIC 及传动系统的成功历史。在这个背景以及市场要求的驱动下，诞生了这款全新的自动化工程技术软件——TIA 博途软件（TIA Portal）。借助该全新的工程技术软件平台，用户能够快速、直观地开发和调试自动化系统。这款工程设计软件平台采用了目前市场上最先进的软件技术和创新型的用户设计方案。三年的可用性评估以及全球现场测试证明了 TIA 博途软件的实力。

TIA 博途软件采用此新型、统一软件框架，可在同一开发环境中组态西门子公司的所有可编程序控制器、人机界面和驱动装置。在控制器、驱动装置和人机界面之间建立通信时的共享任务，可大大降低连接和组态成本。

基于 TIA 博途软件平台的全新 SIMATIC STEP 7 V11 工程组态软件，支持 SIMATIC S7-1200 可编程序控制器、SIMATIC S7-300 和 S7-400 可编程序控制器、基于 PC 的 SIMATIC WinAC 自动化系统。由于支持各种可编程序控制器，SIMATIC STEP 7 V11 具有可灵活扩展的软件工程组态能力和性能，能够满足自动化系统的各种要求。这种可扩展性的优点表现为，可将 SIMATIC 控制器和人机界面设备的已有组态传输到新的软件项目中，使得软件移植任务所需的时间和成本显著减少。

基于 TIA 博途软件平台的全新 SIMATIC WinCC V11，支持所有设备级人机界面操作面板，包括所有当前的 SIMATIC 触摸型和多功能型面板、新型 SIMATIC 人机界面精简及精致系列面板，也支持基于 PC 的 SCADA（监督控制和数据采集）过程可视化系统。

TIA 博途软件未来计划增加对 SINAMICS 逆变器驱动系列的组态和调试功能。

在技术创新方面，TIA 博途软件做到了通过其直观化的用户界面、高效的导航设计以及行之有效的技术实现周密整合的效果。无论是设计、安装、调试，还是维护和升级自动化系统，TIA 博途软件都能做到节省工程设计的时间、成本和人力。

《TIA 博途软件——STEP7 V11 编程指南》一书在内容的编写上力求实用性与先进性并举，着重介绍了 TIA 博途软件平台中 STEP7 V11 的编程和应用。

在本书即将出版之时，特别要感谢西门子（中国）有限公司工业自动化集团自动化产品管理部经理王涛先生为本书撰写序言。同时，本书还得到了西门子（中国）有限公司客户服务集团产品生命周期服务部相关领导及众多同事的大力支持和指导。本书的主编崔坚先生、副主编张春先生、赵欣先生，参编人员董华先生、冯学卫先生、黄文钰女士、吴佛清先生和张雪亮先生等对本书的编写和审核付出了辛勤汗水，在此一并表示深深的谢意。

无论您是西门子的工业产品用户、自动化领域的工程技术人员，还是工业自动化的设计人员以及各大院校相关专业的师生，《TIA 博途软件——STEP7 V11 编程指南》一书都能成为您的良师益友，为您提供相关技术支持，为您的成功助一臂之力。

本书由于编写时间仓促，书中错误和不足之处在所难免。诚恳地希望各位专家、学者、工程技术人员以及所有的读者给予批评指正，我们将衷心感谢您的赐教，谢谢！

赵　宁

西门子（中国）有限公司

自动化系统部 工业软件产品经理

目　　录

缩 略 语

英文全称	中文注释
ASi Actuator-Sensor interface	执行器－传感器接口。用于执行器－传感器分散于机器或工厂内的场合。符合标准 EN 50295
CFC Continuous Function Chart	连续功能图
CIR Configuration In Run	在运行中对硬件进行配置
CP Communication Processor	通信处理器
CPU Central Processor Unit	中央处理单元
DCP Detect Configuration Protocol	侦测配置协议
DIN	德国标准
EIB European Installation Bus	楼宇自动化标准（EN 50090，ANSI EIA 776）在楼宇自动化系统中应用总线技术，只用一根通用的电缆就能控制、监视和报告所有的运行功能和状态
ERP Enterprise Resource Planning（system）	企业资源计划（系统）
FB Function Block	函数块
FBD Function Block Diagram	功能块图（编程语言）
FC Function	函数
FDL Fieldbus Data Link	现场总线数据链路 ——PROFIBUS 协议第 2 层，也是 ISO 参考模型的第 2 层。现场总线数据链路由现场总线链路控制（FCL）和媒体访问控制（MAC）组成
FLASH Flash Memory	闪速存储器，具有掉电保持功能的一种数据存储器，主要用于 S7-400 系列 PLC
FM Function Module	功能模块
HMI Human Machine Interface	人机接口
IE FC TP Industry Ethernet Fast Connection Twist Pair	工业以太网快速连接双绞线
ISO Transport	使用 ISO 标准的通信协议
ISO-on-TCP	使用 ISO-on-TCP 标准的通信协议，具有网络路由功能
ITP Industry Twist Pair	工业双绞线
LAD Ladder Logic	梯形图（编程语言）
MES Manufacture Execute System	制造执行系统
MMC Micro Memory Card	微存储器卡，具有掉电保持功能，主要用于 S7-300 系列 PLC

OB Organization Block		组织块
OLM Optical Link Module		光链路模块
PCF Polymer Cladded Fiber		塑料包层光纤
PG/OP Programming Device/Operation Panel		编程器/操作面板
PID Proportional Integral Derivative(control)		比例、积分、微分（控制）
PII Process Image Input		过程映像输入
PIO Process Image Output		过程映像输出
PLC Programmable Logic Controller		可编程序控制器
POF Polymer Optical Fiber		塑料光纤
PROFIBUS PROcess FIeld BUS		过程现场总线。符合现场总线国际标准和欧洲过程现场总线系统标准（IEC 61158/EN50170 V.2），可提供功能强大的过程和现场通信，适合于自动化工厂中单元级和现场级、符合 PROFIBUS 标准的自动化系统和现场设备的数据通信网络。PROFIBUS 可以使用通信协议 FMS、DP、PA 进行通信
PROFINET		由 PROFIBUS 国际组织（PROFIBUS International PI）推出，是新一代基于工业以太网技术的自动化总线标准
PS Power Supply		电源
RACK Rack		机架
RAM Random Access Memory		随机存取存储器
SCL Structured Control Language GRAPH		结构控制语言。源于 Pascal 高级编程语言图形化编程语言
SFB System Function Block		系统函数块
SFC System Function		系统函数
SM Signal Moudle		信号模块
SSI Synchronous Serial Interface		同步串行接口，这里指绝对值编码器
STL Statement List		语句表（编程语言）
TCP/IP Transmission Control Protocol/Internet Protocol		传输控制协议/国际协议用于网络的一组标准通信协议
TIA Totally Integrated Automation		全集成自动化
UDP User Datagram Protocol		用户数据报协议
UR Universal Rack		通用机架
WDS Wireless Distribution System		无线分布系统

第1章 TIA 博途软件的介绍

为了应对日益严峻的国际竞争压力，在机器或工厂的整个生命周期中，充分优化设备潜力具有前所未有的重要性。进行优化可以降低总体成本、缩短上市时间，并进一步提高产品质量。质量、时间和成本之间的平衡是工业领域决定性的成功因素，这一点，表现得比以往任何时候都要突出。

全集成自动化是一种优化系统，符合自动化的所有需求，并实现了面向国际标准和第三方系统的开放性。其系统架构具备优异的完整性，基于丰富的产品系列，可以为每一种自动化子领域提供整体解决方案。

TIA 博途软件组态设计框架将全部自动化组态设计系统完美地组合在一个单一的开发环境之中。这是软件开发领域的一个里程碑，是工业领域第一个带有"组态设计环境"的自动化软件。

1.1 软件订货版本及包含的内容

在图 1-1 中列出了 TIA 博途软件各产品所具有的功能和针对的产品范围。

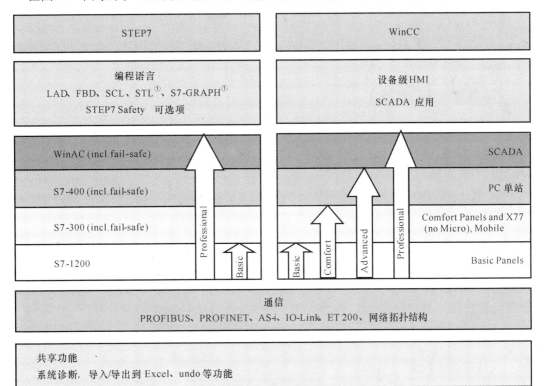

图 1-1 TIA 博途软件的产品版本

① 仅针对 S7-300/S7-400/WinAC 的 Professional 版。

1）TIA 博途（Totally Integrated Automation Portal，全集成自动化博途）软件平台：它包含在 STEP7 V11 和 WinCC V11 里，可以购买独立的产品，例如单独购买 STEP7 V11，其包含了整个 TIA 博途软件平台。

2）STEP7 V11 版本主要包括：

STEP7 Basic V11（STEP7 V11 基本版）和 STEP7 Professional V11（STEP7 V11 专业版）。

STEP7 Basic 主要针对于 S7-1200 硬件编程。需要注意的是，如果购买了 STEP7 Basic V11，该软件将包含 WinCC Basic V11 软件包，无需单独购买 WinCC Basic V11 即可对 Basic Panels 编程组态。

STEP7 Professional 应用的可编程硬件包括：S7-1200、S7-400、S7-300、ET200 CPU、WinAC。需要注意的是，如果购买了 STEP7 Professional V11，该软件将包含 STEP7 Basic V11 软件包。此外，STEP7 Professional V11 还提供 S7-300/S7-400 模拟器（PLCSIM）。

3）WinCC V11 版本主要包括：

WinCC Basic V11（WinCC V11 基本版）

WinCC Comfort V11（WinCC V11 精智版）

WinCC Advanced V11（WinCC V11 高级版）

WinCC Professional V11（WinCC V11 专业版）

其中 WinCC Advanced 和 WinCC Professional 又分为开发工程软件（Engineering Software）和运行（Runtime）工具，WinCC V11 各版本所支持的硬件可参考 TIA 博途软件的 WinCC，这里不作详细介绍。

1.2　TIA 博途软件的安装

1.2.1　硬件要求

STEP7 Basic V11（STEP7 V11 基本版）和 STEP7 Professional V11（STEP7 V11 专业版）硬件需求如图 1-2 所示。

组态设计包	SIMATIC STEP 7 Basic	SIMATIC STEP 7 Professional
PG/PC 最低硬件配置 - 处理器 - 内存 - 显示器		Pentium 4，1.7 GHz 或其它同等性能处理器 1 GB 1024 x 768 像素
PG/PC 推荐硬件配置 - 处理器 - 内存 - 显示器		Core Duo, 2 GHz 或其它同等性能处理器 2 GB 1280 x 1024 像素

图 1-2　计算机硬件需求

1.2.2　支持的操作系统

STEP7 Basic V11（STEP7 V11 基本版）和 STEP7 Professional V11（STEP7 V11 专业版）分别支持的操作系统见表 1-1。

表 1-1　计算机操作系统需求

操作系统	Windows XP Home SP3
Windows XP	Windows XP Professional SP3
Windows 7（32 位）	Windows 7 Home Premium Windows 7 Home Premium SP1 Windows 7 Professional Windows 7 Professional SP1 Windows 7 Enterprise Windows 7 Enterprise SP1 Windows 7 Ultimate Windows 7 Ultimate SP1
Windows 7（64 位）	Windows 7 Home Premium Windows 7 Home Premium SP1 Windows 7 Professional Windows 7 Professional SP1 Windows 7 Enterprise Windows 7 Enterprise SP1 Windows 7 Ultimate SP1
Windows Server（32 位）	Windows Server 2003 R2 Standard Edition SP2 Windows Server 2008 R2 Standard Edition SP2
Windows Server（64 位）	Windows Server 2008 R2 Standard Edition Windows Server 2008 R2 Standard Edition SP1

注意：

①对于 Windows XP 的操作系统 STEP7 Basic V11 （STEP7 V11 基本版） 和 STEP7 Professional V11 （STEP7 V11 专业版） 都只支持 Windows XP SP3 系统，不支持 Windows SP2 系统。

②STEP7 V11 SP2 及其以上版本支持 64 位的 Windows 7 操作系统。

1.2.3　安装步骤

软件包通过安装程序会自动地安装。将安装盘插入光盘驱动器后，安装程序便会立即启动。如果通过硬盘软件安装，需要注意的是请勿在安装路径中使用或者包含任何 UNICODE （统一代码）字符，例如，中文字符。

1.安装要求

1）PG/PC 的硬件和软件满足系统要求；

2）具有计算机的管理员权限；

3）关闭所有正在运行的程序。

2.安装步骤

第一步：将安装盘插入光盘驱动器，安装程序将自动启动（除非在计算机上禁用了自动启动功能）（见图 1-3）。

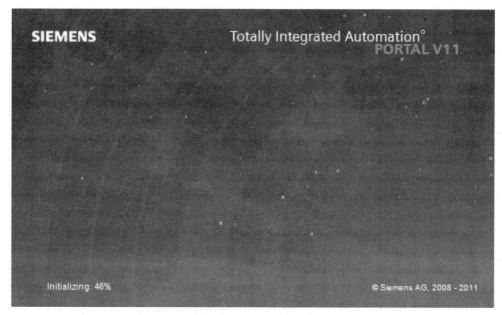

图 1-3　安装程序启动

第二步：如果安装程序没有自动启动，则可通过双击"Start.exe"文件，手动启动。将打开选择安装语言的对话框。选择希望用来显示安装程序对话框的语言，例如中文（见图1-4）。

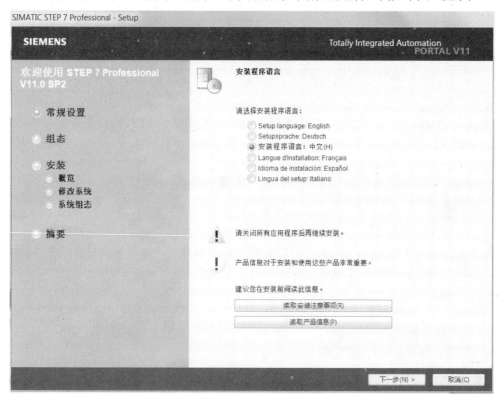

图 1-4　选择中文安装语言

第三步：要阅读关于产品和安装的信息，阅读说明后，关闭帮助文件并单击"下一步"（Next）按钮。将打开选择产品语言的对话框，如图 1-5 所示。

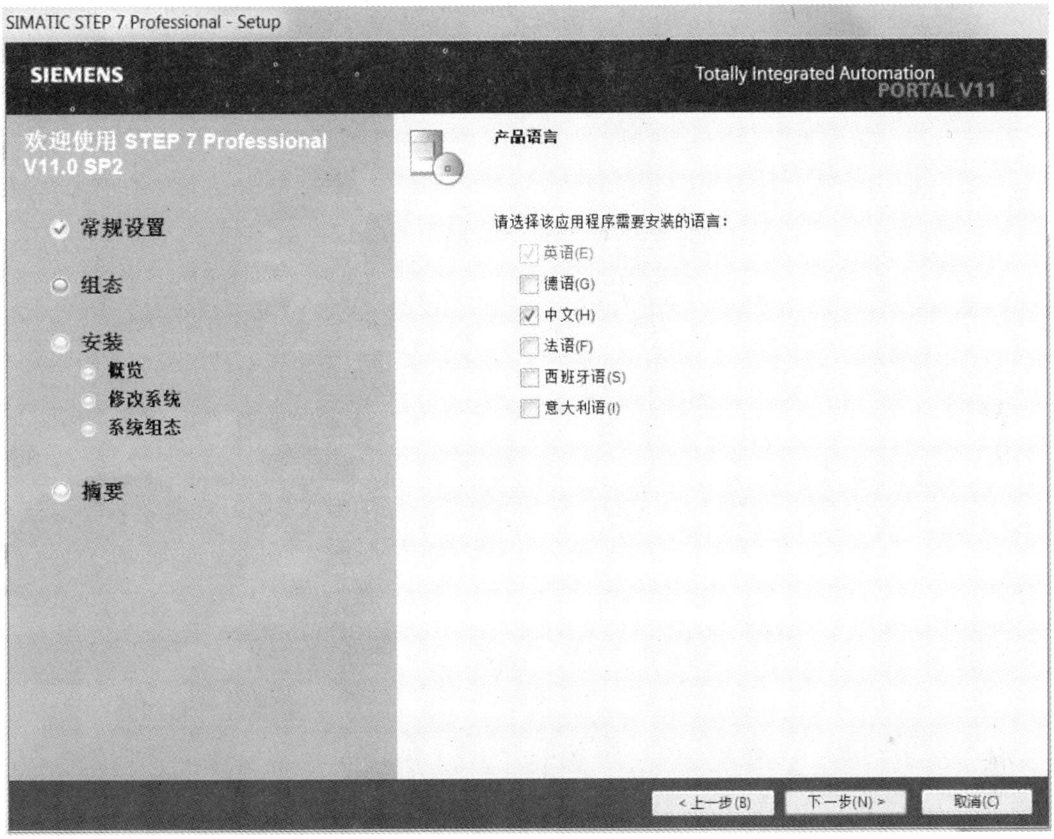

图 1-5　产品语言选择

第四步：选择产品用户界面使用的语言，然后单击"下一步"（Next）按钮。始终将"英语"（English）作为基本产品语言安装。将打开选择产品组态的对话框。

选择要安装的产品：如果需要以最小配置安装程序，则单击"最小"（Minimal）按钮。如果需要以典型配置安装程序，则单击"典型"（Typical）按钮。如果需要自主选择要安装的产品，请单击"用户自定义"（User-defined）按钮。然后选择与需要安装的产品对应的复选框，如图 1-6 所示。

如果要在桌面上创建快捷方式，请选中"创建桌面快捷方式"（Create desktop shortcut）复选框。

如果要更改安装的目标目录，请单击"浏览"（Browse）按钮。注意，安装路径的长度不能超过 89 个字符。

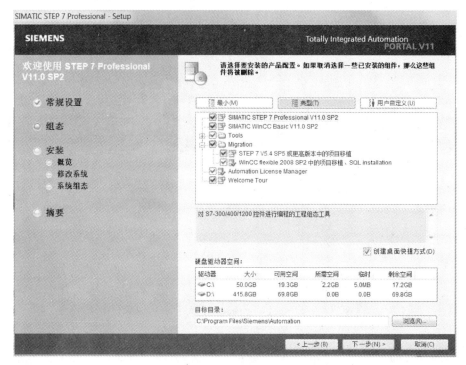

图 1-6　安装配置

第五步：单击"下一步"（Next）按钮，将打开许可条款对话框。要继续安装，请阅读并接受所有许可协议，并单击"下一步"（Next），如图 1-7 所示。

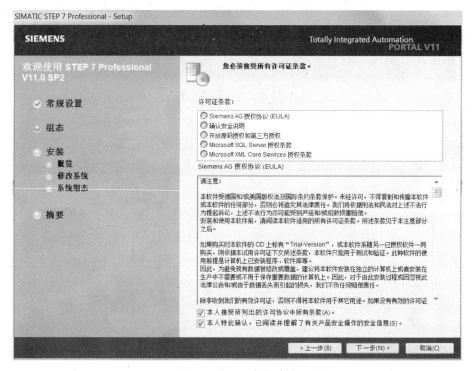

图 1-7　许可证条款确认

如果在安装 TIA 博途软件时需要更改安全和权限设置，则需打开安全设置对话框，如图 1-8 所示。

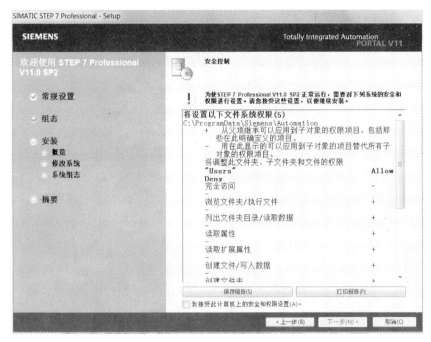

图 1-8　安装和权限设置

第六步：要继续安装，请接受对安全和权限设置的更改，并单击"下一步"（Next）按钮。下一对话框将显示开始安装前的概览，如图 1-9 所示。

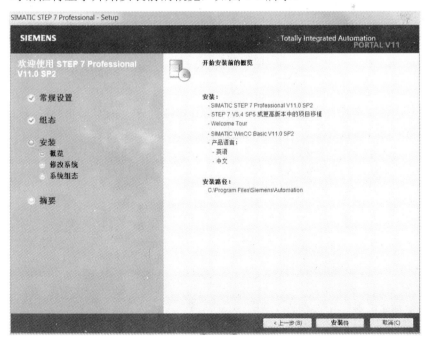

图 1-9　开始安装前的概览

第七步：单击"安装"（Install）按钮。安装随即启动，如图 1-10 所示。

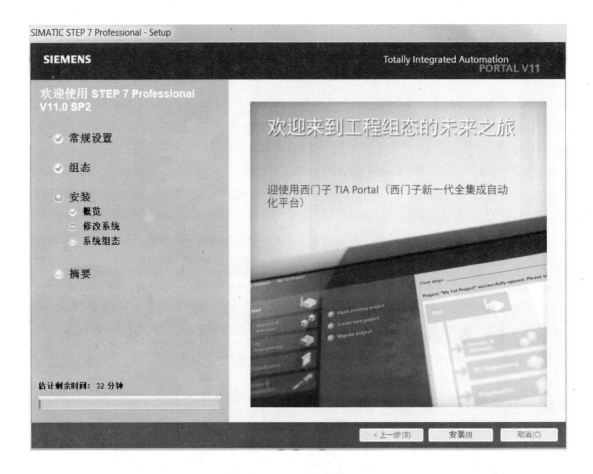

图 1-10　开始安装

如果安装过程中未找到许可密钥，则可以将其传送到 PC 中。如果跳过许可密钥传送，稍后可通过 Automation License Manager 进行注册。可能需要重新启动计算机。在这种情况下，请选择"是，立即重启计算机。"（Yes, restart my computer now.）选项按钮。然后单击"重启"（Restart），直至安装完成。

1.3　TIA 博途软件的卸载

可以选择两种方式进行卸载：

1）通过控制面板删除所选组件；

2）使用源安装盘删除产品。

以通过控制面板删除所选组件为例：

第一步：使用"开始→设置→控制面板"（Start→Settings→Control Panel）打开"控制面板"（Control Panel），如图 1-11 所示。

图 1-11　控制面板

第二步：在控制面板上双击"添加或删除程序"（Add or Remove Programs），将打开
"添加或删除程序"（Add or Remove Programs）对话框，如图 1-12 所示。

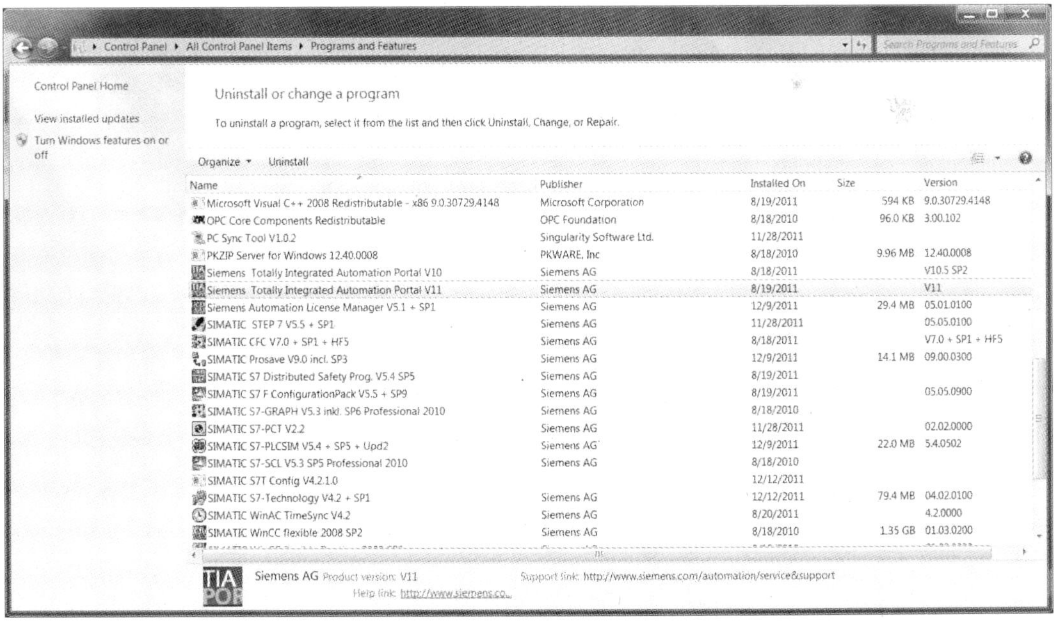

图 1-12　添加或删除程序对话框

第三步：在"添加或删除程序"（Add or Remove Programs）对话框中，选择要删除的
软件包，然后单击"删除"（Remove）。将打开选择安装程序语言对话框，如图 1-13 所示。

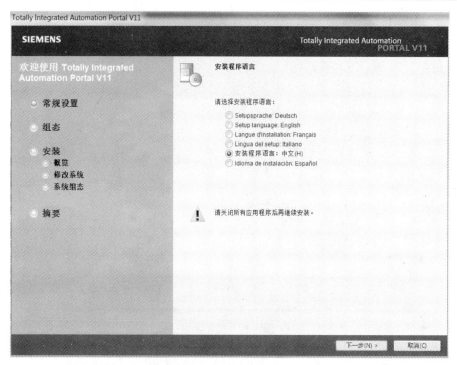

图 1-13　安装程序语言对话框

　　第四步：选择要用来显示安装程序对话框的语言，并单击"下一步"（Next）按钮。将打开一个对话框，供用户选择要删除的产品，如图 1-14 所示。

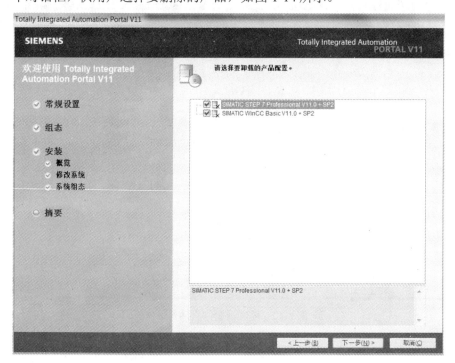

图 1-14　删除的产品选择

　　第五步：选中要删除的产品的复选框，并单击"下一步"（Next）按钮。下一对话框将显示开始安装前的概览，如图 1-15 所示。

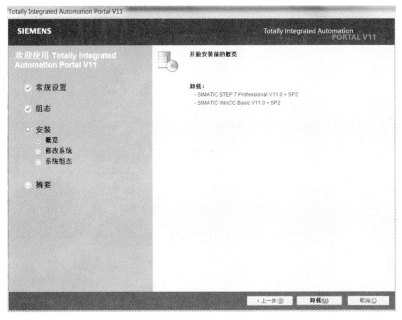

图 1-15　删除产品预览

　　第六步：检查包含要删除的产品列表。如果要进行任何更改，请单击"上一步"（Back）按钮。如果确认没有问题，则单击"卸载"（Uninstall）按钮。开始删除，如图 1-16 所示。

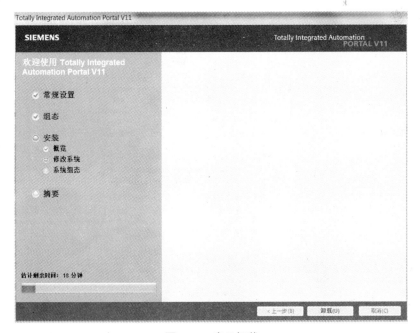

图 1-16　产品卸载

第七步：可能需要重新启动计算机。在这种情况下，请选择"是，立即重启计算机。"（Yes, restart my computer now.）选项按钮。然后单击"重启"（Restart）按钮。等待卸载完成，单击"关闭"按钮，完成软件的卸载。

也可使用源安装盘删除产品，即将安装盘插入相应的驱动器。安装程序将自动启动（除非在 PG/PC 上禁用了自动启动功能），如果安装程序没有自动启动，则可以通过双击"Start.exe"文件手动启动。其步骤与控制面板卸载步骤一致。

1.4 授权管理功能

1.4.1 授权的种类

授权管理器是用于管理授权密钥（许可证的技术形式）的软件。软件要求使用授权密钥的软件产品自动将此要求报告给授权管理器。当授权管理器发现该软件的有效授权密钥时，便可遵照最终用户授权协议的规定使用该软件。

对于西门子公司的软件产品，有下列不同类型的授权，见表 1-2 和表 1-3。

表 1-2 标准授权类型

标准授权类型	描 述
Single	使用该授权，软件可以在任意一个单 PC（使用本地硬盘中的授权）上使用
Floating	使用该授权，软件可以安装在不同的计算机上，且可以同时被有权限的用户使用
Master	使用该授权，软件可以不受任何限制
升级类型授权	在升级可用之前，系统状态可能需要满足某些要求： ■ 利用 Upgrade 许可证，可将旧版本转换成新版本。 ■ 新版本。升级可能十分必要，例如在不得不扩展组态限制时。

表 1-3 授权类型

授权类型	描 述
Unlimit	使用具有此类授权的软件可不受限制
Count relevant	使用具有此类授权的软件要受到下列限制： ■ 合同中规定的标签数量
Count Objects	使用具有此类授权的软件要受到下列限制： ■ 合同中规定对象的数量
Rental	使用具有此类授权的软件要受到下列限制： ■ 合同中规定的工作小时数 ■ 合同中规定的自首次使用日算起的天数 ■ 合同中规定的到期日 注意：可以在任务栏的信息区内看到关于 Rental 授权剩余时间的简短信息
Trial	使用具有此类授权的软件要受到下列限制： ■ 有效期，如最长为 14 天 ■ 自首次使用日算起的特定天数 用于测试和验证（免责声明）
Demo	使用具有此类授权的软件要受到下列限制： ■ 合同中规定的工作小时数 ■ 合同中规定的自首次使用日算起的天数 ■ 合同中规定的到期日 注意：可以在任务栏的信息区内看到关于演示版授权剩余时间的简短信息

1.4.2　授权管理器

在安装 TIA 博途软件时，可以选择安装授权管理器，授权管理器可以传递、检测、删除授权，操作界面如图 1-17 所示：

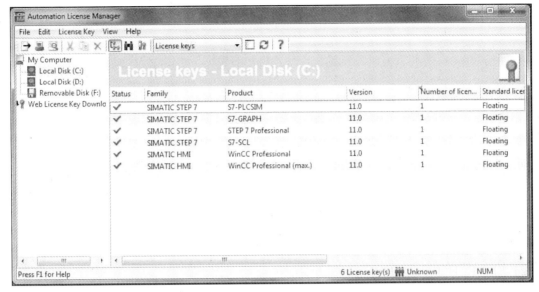

图 1-17　授权管理器操作界面

安装许可证密钥

可以在安装软件产品期间安装授权密钥，或者在安装结束后使用授权管理器进行授权操作。可以通过授权管理软件以拖曳的方式从授权盘中转移到目标硬盘。

有些软件产品允许在安装程序本身时安装所需要的许可证密钥。计算机安装完软件，授权密钥自动安装。

注意：不能在执行安装程序时安装升级（Upgrade）授权密钥。

第 2 章 博途视图与项目视图

    TIA 博途软件在自动化项目中可以使用两种不同的视图：博途视图或者项目视图，博途视图是面向任务的视图，而项目视图是项目各组件的视图。可以使用链接，在两种视图间进行切换。

    项目初期，可以选择面向任务的博途视图简化用户操作，也可以选择一个项目视图快速访问所有相关工具。博途视图以一种直观的方式进行工程组态。不论是控制器编程、设计人机接口（HMI）画面，还是组态网络连接，TIA 博途软件的直观界面都可以帮助新老用户事半功倍。在 TIA 博途软件平台中，每款软件编辑器的布局和浏览风格都相同。 从硬件配置、逻辑编程到 HMI 画面的设计，所有编辑器的布局都相同，可大大节省用户的时间和成本。

2.1 博途视图

    博途视图提供了面向任务的视图，可以快速地确定要执行的操作或任务，有些情况下，该界面会针对所选任务自动切换为项目视图。当双击 TIA 博途软件图标后，可以打开图 2-1 所示的博途视图界面，界面中包括如下区域：

图 2-1　博途视图界面

① 任务选项

任务选项为各个任务区提供了基本功能。在博途视图中提供的任务选项取决于所安装的软件产品。

② 任务选项对应的操作

此处提供了对所选任务选项可使用的操作。操作的内容会根据所选的任务选项动态变化。

③ 操作选择面板

所有任务选项中都提供了选择面板，该面板的内容取决于当前的选择。

④ 切换到项目视图

可以使用"项目视图"链接切换到项目视图。

⑤ 已打开的项目显示区域

在此处可了解当前打开的是哪个项目。

2.2　项目视图

项目视图是项目所有组件的结构化视图，如图 2-2 所示。

图 2-2　项目视图组件

单击项目视图后，可以打开图 2-2 所示的项目视图界面，界面中主要包括如下区域：

① 标题栏

项目名称显示在标题栏中。

② 菜单栏

菜单栏包含工作所需的全部命令。

③ 工具栏

工具栏提供了常用命令的按钮，如上传、下载等功能。通过工具栏图标可以更快地访问这些命令。

④ 项目树

使用项目树功能可以访问所有组件和项目数据。 可在项目树中执行以下任务：

ⓐ添加新组件；

ⓑ编辑现有组件；

ⓒ扫描和修改现有组件的属性。

在第 2.3 节中将详细介绍项目树组件的使用。

⑤ 工作区

在工作区内显示进行编辑而打开的对象。这些对象包括编辑器、视图和表格等。在工作区中可以打开若干个对象，但通常每次在工作区中只能看到其中一个对象。在编辑器栏中，所有其它对象均显示为选项卡。 如果在执行某些任务时要同时查看两个对象，例如两个窗口间对象的复制，则可以用水平方式□或者垂直方式□平铺工作区，也可以单击需要同时查看的工作区窗口右上方的浮动按钮□。如果没有打开任何对象，则工作区是空的。

⑥ 任务卡

根据所编辑对象或所选对象，提供了用于执行操作的任务卡。这些操作包括：

ⓐ从库中或者从硬件目录中选择对象；

ⓑ在项目中搜索和替换对象；

ⓒ将预定义的对象拖入工作区。

在屏幕右侧的条形栏中可以找到可用的任务卡。可以随时折叠或重新打开这些任务卡。哪些任务卡可用，取决于所安装的软件产品。比较复杂的任务卡会划分为多个窗格，这些窗格也可以折叠或重新打开。

⑦ 详细视图

在详细视图中，将显示总览窗口或项目树中所选对象的特定内容，其中可以包含文本列表或变量，但不显示文件夹的内容。要显示文件夹的内容，可使用项目树或巡视窗口。

⑧ 巡视窗口

巡视窗口有 3 个选项卡：属性、信息和诊断。

ⓐ"属性"选项卡：此选项卡显示所选对象的属性，可以查看对象属性或者更改可编辑的对象属性。例如修改 CPU 的硬件参数、更改变量类型等操作。

ⓑ"信息"选项卡：此选项卡显示所选对象的附加信息如交叉引用、语法信息等内容以及执行操作（例如编译）时发出的报警。

ⓒ"诊断"选项卡：此选项卡中将提供有关系统诊断事件、已组态消息事件、CPU 状态以及连接诊断的信息。

⑨ 切换到 Portal 视图

可以使用"Portal 视图"链接切换到 Portal 视图。

⑩ 编辑器栏

编辑器栏显示已打开的编辑器。如果已打开多个编辑器，可以使用编辑器栏在打开的对象之间进行快速切换。

⑪ 带有进度显示的状态栏

在状态栏中显示正在后台运行任务的进度条，将鼠标指针放置在进度条上，系统将显示一个工具提示，描述正在后台运行的其它信息。单击进度条边上的按钮，可以取消后台正在运行的任务。如果没有后台任务,状态栏可以显示最新的错误信息。

2.3　项目树

在项目视图左侧项目树界面中主要包括如下区域，如图 2-3 所示。

① 标题栏

在项目树的标题栏中有两个按钮，可以实现自动 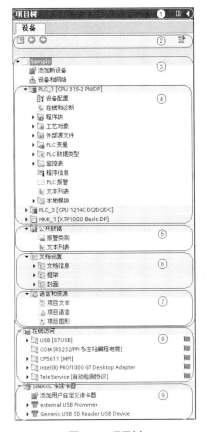 和手动 ◀ 折叠项目树。手动折叠项目树时，此按钮将"缩小"到左边界，此时它会从指向左侧的箭头变为指向右侧的箭头，并可用于重新打开项目树。在不需要时，可以使用"自动缩小" 按钮折叠到项目树。

② 工具栏

可以在项目树的工具栏中执行以下任务：

ⓐ用 按钮创建新的用户文件夹；

ⓑ针对链接对象进行向前 ⊙ 或者向后 ⊙ 浏览；

ⓒ用 按钮在工作区中显示所选对象的总览。

③ 项目

在"项目"文件夹中，将找到与项目相关的所有对象和操作，例如：

ⓐ设备；

ⓑ公共数据；

ⓒ语言和资源；

ⓓ在线访问；

ⓔ读卡器。

图 2-3　项目树

④ 设备

在项目中的每个设备都有一个单独的文件夹，该设备的对象在此文件夹中，如程序、硬件组态和变量等信息。

⑤ 公共数据

此文件夹包含可跨多个设备使用的数据，例如公用消息、脚本和文本列表。

⑥ 文档设置

在此文件夹中，可以指定要在以后打印的项目文档的布局。

⑦ 语言和资源

可在此文件夹中查看或者修改项目语言和文本。

⑧ 在线访问

该文件夹包含了 PG/PC 的所有接口，包括未用于与模块通信的接口。

⑨ SIMATIC 卡读卡器

该文件夹用于管理所有连接到 PG/PC 的读卡器。

第3章 使用 TIA 博途软件的 创建和编辑项目

一个工程项目中可以包含多个 PLC 站、HMI（人机接口）、驱动等设备，其中一个 PLC 站主要包含系统的硬件配置信息和控制设备的用户程序。硬件配置是对 PLC 硬件系统的参数化过程，通过 TIA 博途软件的设备视图，按硬件实际安装次序将硬件配置到相应的机架上，并对 PLC 硬件模块的参数进行设置和修改。硬件配置对于系统的正常运行非常重要，它的功能如下：

1）配置信息下载到 CPU 中，CPU 功能按配置的参数执行；

2）将 I/O 模块的物理地址映射为逻辑地址，用于程序块调用；

3）CPU 比较模块的配置信息与实际安装的模块是否匹配，如 I/O 模块的安装位置、模拟量模块选择的连接模式等，如果不匹配，CPU 报警；并将故障信息存储于 CPU 的诊断缓存区中，用户根据 CPU 提供的故障信息作出相应的修改；

4）CPU 根据配置的信息对模块进行实时监控，如果模块有故障，CPU 报警；并将故障信息存储于 CPU 的诊断缓存区中；

5）一些智能模块的配置信息存储于 CPU 中，例如通信处理器（CP）、功能模块（FM）等，模块故障后直接更换，不需要重新下载配置信息。

本章将着重介绍项目中 PLC 站的硬件配置和参数设置以及 TIA 博途软件的特点。

3.1 添加新设备

项目视图是 TIA 博途软件的硬件组态和编程的主视窗，在项目树的设备栏中双击"添加新设备"选项卡栏，然后弹出"添加新设备"对话框，如图 3-1 所示。

根据实际的需要，选择相应的设备，设备包括"PLC"、"HMI"以及"PC 系统"，本例中选择"PLC"，然后打开分级菜单选择需要的 PLC，这里选择 CPU315-2PN/DP 中的 6ES7315-2EH14-OABO，设备名称为默认的"PLC_1"，也可以进行修改。CPU 的固件版本可以根据实际的版本进行选择，勾选"打开设备视图"，最后单击确定打开设备视图，如图

3-2 所示。

　　设备视图包括不同的配置窗口，在图 3-2 中，①区表示项目树中所添加的设备列表，以及设备项目文件的详细分类；②区表示设备视图，用于进行硬件组态；③区表示插入模块的详细的信息，包括 I/O 地址以及设备类型和订货号等；④区可以浏览模块的属性信息；⑤区为硬件目录，可以单击"过滤"，只保留与硬件组态设备相关的模块；⑥区可以浏览模块的详细信息，并可以修改组态模块的固件版本。

图 3-1　"添加新设备"对话框

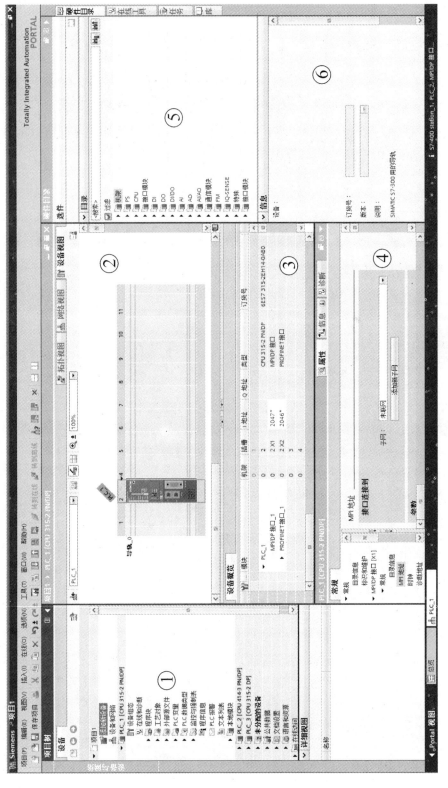

图3-2　项目视图

3.2 配置中央机架和扩展机架

中央机架中带有 CPU 模块，通过接口模块可以进行机架的扩展，扩展机架上不能插入 CPU 模块。根据不同的扩展接口，有的扩展机架上带有通信总线，可以插入通信处理器（CP）模块及功能模块（FM），不带有通信总线的扩展机架上只能插入 I/O 模块（支持 I/O 总线的 CP、FM 除外）。

3.2.1 配置 S7-300 PLC 中央机架

配置 S7-300 PLC 中央机架必须遵循以下规则：

1）1 号槽只能放置电源模块，由于电源模块不带有源背板总线接口，可以不进行硬件配置。

2）2 号槽只能放置 CPU 模块，不能为空。

3）3 号槽只能放置接口模块，如果一个 S7-300 PLC 站只有主机架，而没有扩展机架，则主机架不需要配置接口模块，但是 3 号槽必须预留（实际的硬件排列仍然是连续的）。

4）由于机架不带有源背板总线，相邻模块间不能有空槽位。

5）SIM 374 IN/OUT 16 数字仿真模块专用于实验测试使用，不能连接实际的 I/O 设备，在硬件目录里并不存在。因此，在配置该模块时，应该添加需要仿真的模块，如 6ES7 323-1BH01-0AA0，而不是该模块本身。

6）4~11 号槽可放置最多 8 个信号模块、功能模块或通信处理器，与模块的宽窄无关。如果需要配置更多的模块，则需要进行机架扩展或者使用分布式 I/O 接口。

使用 TIA 博途软件进行硬件配置的过程与硬件实际安装过程相同，在项目中插入一个新设备选择"SIMATIC S7-300"，这里选择 CPU315-2PN/DP，然后选择设备视图进入硬件配置界面。此时，CPU 和机架已经出现在设备视图中。在硬件目录中，使用鼠标双击或拖曳的方法添加模块到机架上，配置的机架中带有 11 个槽位，按实际需求及配置规则将硬件分别插入到相应的槽位中，如图 3-3 所示。硬件组态遵循所见即所得的原则，当用户在计算机组态界面中将视图放大后，可以发现此界面与实物基本相同。注意硬件配置中没有 3 号槽，该槽被自动隐藏，可以单击 2 号槽和 4 号槽之间的▼，隐藏和打开 3 号槽。单击工具栏中的 📇 按钮，用于显示模块的选项卡，包括导轨以及模块的名称。

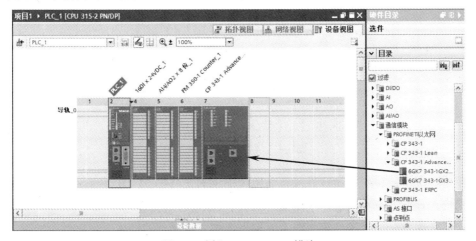

图 3-3 插入 S7-300 PLC 模块

　　由于与早期的 STEP7 组态方式有所不同，在早期的 STEP7 项目组态中，在添加一个站点的硬件组态中可以添加机架、电源、CPU 等，而在 TIA 博途软件中添加一个站点时，首先需要选择 CPU，因此机架将自动添加到设备中，此时也可以更改 CPU 类型，如图 3-3 所示，在 2 号槽可以对选择的 CPU 进行替换，先选择需要插入的槽号，再双击选择的 CPU 或使用鼠标将选择的 CPU 拖放到相应的槽位中。在添加 CPU 时，需要注意 CPU 的型号和固件版本都要与实际硬件一致，一般情况下，添加 CPU 的固件版本都是最新的，可以在硬件目录选择相应的 CPU，在设备信息中更改组态 CPU 的固件版本，如图 3-4 所示。插入其它模块例如功能模块、通信处理器等，同样需要注意模块的型号和固件版本，更改组态的固件版本与 CPU 的更改方法相同。

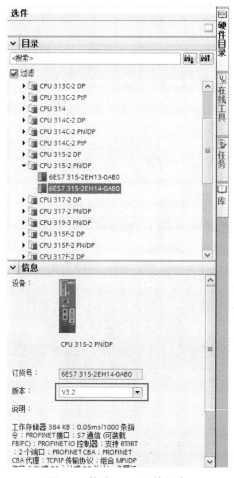

图 3-4　修改 CPU 固件版本

　　在配置过程中，TIA 博途软件能自动检查配置的正确性。当在硬件目录中选择一个模块时，机架中允许插入该模块的槽位边缘将呈现蓝色，而不允许该模块插入的槽位边缘颜色无变化。如果使用鼠标拖放的方法将选中的模块拖到允许插入的槽位时，鼠标指针变为，如图 3-5 所示；如果将模块拖到禁止插入的槽位上，鼠标指针变为⊘。

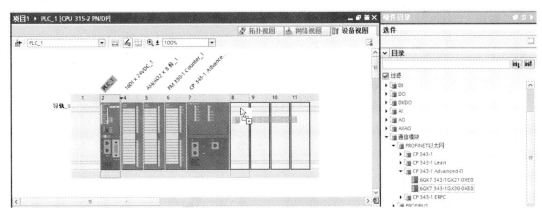

图 3-5　插入模块时的自检测功能

配置完硬件组态后，可以在设备视图下方的设备概览视图中读取整个硬件组态的详细信息，其中包括模块、插槽号、输入地址和输出地址、类型、订货号、固件版本等，如图 3-6 所示。

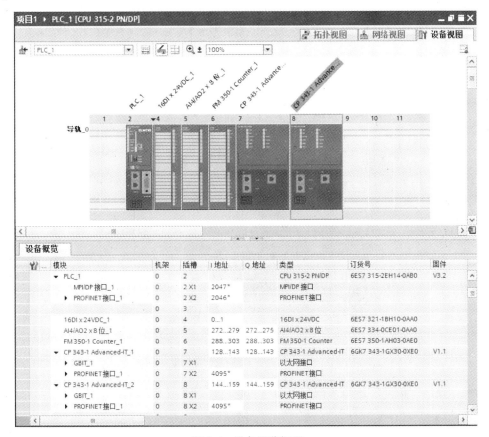

图 3-6　设备概览视图

最后，可以单击工具栏中的最右侧的 ▤ 按钮，保存窗口视图的格式，这样下次打开硬件视图时，出现的视图与关闭前的视图设置一样。

3.2.2 配置 S7-300 PLC 扩展机架

一个 S7-300 站最多可以有一个主机架（0 号机架）和 3 个扩展机架（1~3 号机架）。主机架和扩展机架通过接口模块（IM）连接。

机架扩展有以下两种情况：

1）只有一个扩展机架时，可以使用 IM365 成对接口模块进行扩展，主机架（0）和扩展机架（1）的 3 号槽中分别插入 IM365 成对接口模块。扩展机架不带有通信总线，不能插入带通信总线的 FM 和 CP 模块，由于源背板总线电源由 CPU 提供，两个机架上所有模块消耗源背板总线的电流总和不能超过 CPU 所能提供的源背板总线电流。

2）有 1~3 个扩展机架时，可以使用 IM360、IM361 成对匹配接口模块进行扩展，主机架（0）的 3 号槽位中插入 IM360 接口模块，扩展机架（1~3）3 号槽位中插入 IM361 接口模块。扩展机架带有通信总线，可以插入 FM 和 CP 模块，IM361 需要 24V 电源供电，同时 IM361 向扩展机架的源背板总线提供 5V 电源，驱动连接的模块。

在硬件配置中，可以像添加中央机架一样，通过拖曳的方法在设备视图中插入扩展机架（与中央机架相同）。分别在中央机架和扩展机架中的 3 号槽插入相应的接口模块，机架之间的连接自动建立，然后在机架上插入所需的模块，如图 3-7 所示。

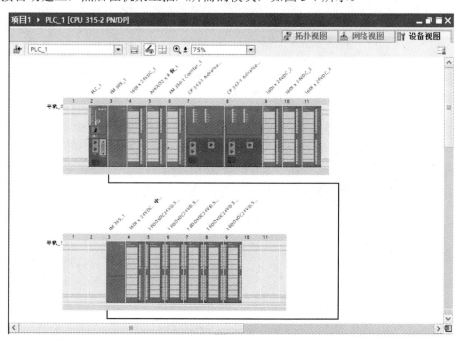

图 3-7 配置 S7-300 PLC 的中央和扩展机架

当硬件视图中的显示区过大或过小时，可以单击工具栏上的 🔍 ± 缩放选项按钮或者 75% ▼ 选择缩放因子按钮，进行缩小或放大视图，以调整到合适的大小。

3.2.3 配置 S7-400 PLC 中央机架

与 S7-300 PLC 中央机架的配置相比，S7-400 PLC 的中央机架可选择的型号较多，由于机架带有源背板总线，对模块插入槽位的限制少。

下列机架可以作为中央机架：

1）CR2：18 槽机架，机架内部划分为两段（10＋8），可以作为中央机架。

2）CR3：4 槽机架，适用于使用 S7-400 PLC 的 CPU 连接分布式 I/O，通常中央机架不插入 I/O 模块。

3）UR1：通用 18 槽机架，可以作为中央机架和扩展机架。

4）UR2：通用 9 槽机架，可以作为中央机架和扩展机架。

5）UR2ALU：通用 9 槽铝制机架，可以作为中央机架和扩展机架。

S7-400 PLC 中央机架配置应遵循以下规则：

1）电源模块只能插入机架从第一个槽号开始的槽位上。

2）CPU、I/O 模块、接口模块和通信处理器（CP）及功能模块（FM）可以在机架任意槽位中安装。

3）一个机架插入模块的数量与机架的槽位、通信资源和消耗背板总线电流有关，有些模块可能占用多个槽位，例如 20A 的电源模块需要占用 3 个槽位。

4）机架中带有背板总线，机架中相邻两个模块之间可以有空槽位。

5）中央机架可插入 6 个发送接口模块，但能提供 5V 电压的发送 IM（如 IM460-1）最多可连 21 个扩展单元。

使用 TIA 博途软件对 S7-400PLC 进行硬件配置的过程与 S7-300 PLC 的配置过程相同，首先在项目中插入一个"SIMATIC S7-400"，这里选择 CPU414-3PN/DP，然后选择设备视图进入硬件配置界面。默认的硬件组态机架为 18 槽的 UR1 通用机架，可以右键单击机架（而非槽位），在弹出的菜单中选择"更改设备类型"，选择与实际机架类型相配的机架，例如 CR3，如图 3-8 所示。

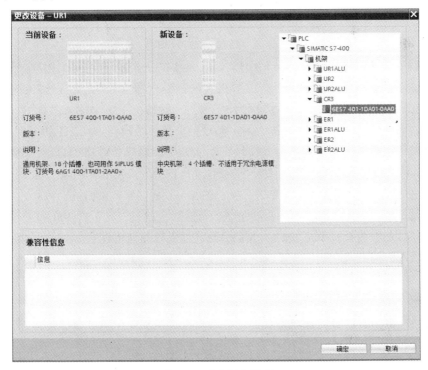

图 3-8　更改设备类型

这里使用默认的 18 槽通用机架进行说明，在硬件目录中，使用鼠标双击或拖曳的方法添加硬件，按实际需求及配置规则将硬件分别插入到相应的槽位中，如图 3-9 所示。硬件组态遵循所见即所得的原则，当用户在计算机组态界面中将视图放大后，可以发现此界面与实物基本相同。单击工具栏中的 按钮，用于显示模块的选项卡，包括导轨以及模块的名称。

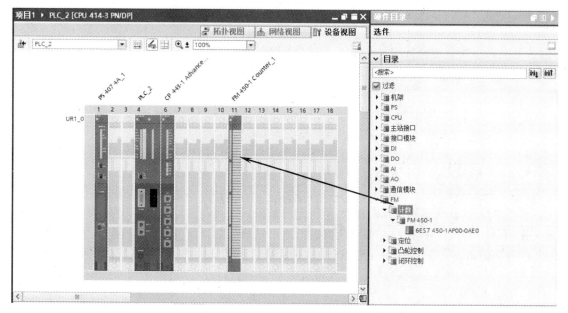

图 3-9 插入 S7-400 PLC 模块

图 3-9 中 PS（电源）模块占用一个槽位，CPU414-3PN/DP 占用两个槽位，这里是 4 号槽和 5 号槽，在其它的槽位中任意插入选择的模块，没有槽位限制。在添加 CPU 时，需要注意 CPU 的型号和固件版本都要与实际硬件一致，一般情况下，添加 CPU 的固件版本都是最新的，可以在硬件目录选择相应的 CPU，在设备信息中更改组态 CPU 的固件版本。在其它槽位中可以使用相同的方法插入信号模块、功能模块、通信处理器等模块，同样需要注意模块的型号和固件版本都要与实际硬件一致，更改其它模块（例如 CP443-1 的固件版本的型号）与 CPU 的更改方法相同。具体方法请参考图 3-4 所示的修改 CPU 固件版本。

在配置过程中，TIA 博途软件将自动检查配置的正确性。与 S7-300 PLC 检查方式相同，当在硬件目录中选择一个模块时，机架中允许插入该模块的槽位边缘将呈现蓝色，而不允许该模块插入的槽位边缘颜色无变化。如果使用鼠标拖放的方法将选中的模块拖到允许插入的槽位时，鼠标指针变为 ，如图 3-10 所示；如果将模块拖曳到禁止插入的槽位上，鼠标指针变为 。

配置完硬件组态后，可以在设备视图下方的设备概览视图中读取整个硬件组态的详细信息，其中，包括模块、插槽号、输入地址和输出地址、类型、订货号、固件版本等，如图 3-11 所示。

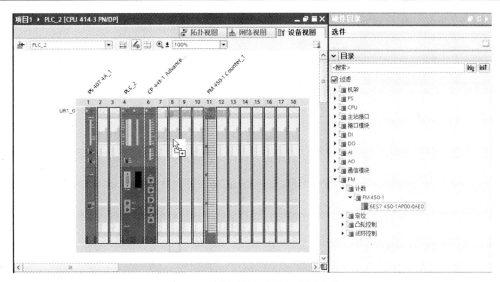

图 3-10　插入模块时的自检测功能

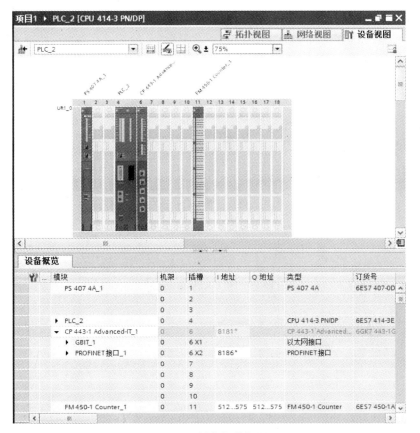

图 3-11　设备概览视图

最后，可以单击工具栏中的最右侧的 按钮，保存窗口的格式，这样下次打开硬件视图时，出现的视图与关闭前的视图设置一样。

3.2.4　配置 S7-400 PLC 扩展机架

下列机架可以作为扩展机架：

1）ER1：18 槽扩展机架，不带有通信总线，能插入 I/O 信号模块（SM）。

2）ER2：9 槽扩展机架，不带有通信总线，能插入 I/O 信号模块（SM）。

3）UR1：通用 18 槽机架，可以作为中央机架和扩展机架。

4）UR2：通用 9 槽机架，可以作为中央机架和扩展机架。

5）UR2ALU：通用 9 槽铝制机架，可以作为中央机架和扩展机架。

S7-400 PLC 扩展机架配置需要遵循以下规则：

1）接口模块需匹配成对使用，发送与接收接口模块必须匹配。

2）配置时注意发送接口模块的特性，例如 IM460-4，不传输电源和通信总线，那么在扩展机架中必须插入电源模块供电，且不能插入带有通信总线接口的 FM、CP 模块。

3）接收接口模块放置在扩展机架的最后一个槽位上，如果需要插入电源模块，必须放置在扩展机架从第一个槽号开始的槽位上，其它模块可以任意放置。

4）如果 CP443-5 模块需要作为 PROFIBUS-DP 主站连接远程 I/O，必须放置在中央机架中。

注意：大多数接口模块在扩展时需要在最后一个扩展机架上插入终端电阻，否则整个扩展机架不能被 CPU 识别。

配置扩展机架时，首先在中央机架上插入发送接口模块如 IM460-X，然后在硬件目录中通过双击需要插入的机架或使用鼠标拖曳的方式插入扩展机架，这里为 ER2。在扩展机架上插入接收接口模块如 IM461-X 和所需的 I/O 模块和电源模块，然后单击发送接口模块的其中一个端口，按住鼠标从该发送端口拉出到接收接口模块的接收端口上。TIA 博途软件会自动地检查配置的正确性，匹配鼠标则会显示 ，如图 3-12 所示，否则鼠标会显示 。

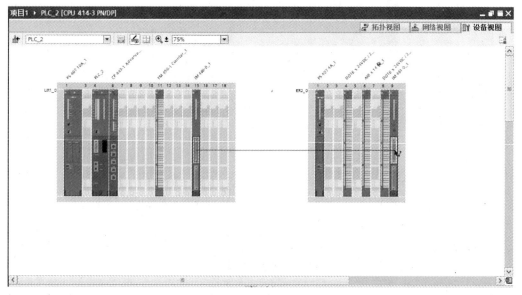

图 3-12　连接扩展机架

注意：扩展连接必须与实际连接相匹配。

连接完成后，在设备视图中可以看到中央机架与扩展机架实现连接（见图 3-13），IM460-0 提供一个扩展接口连接扩展机架 1。也可以使用鼠标单击该连接线，使其呈现高亮状态，单击键盘上的"Delete"键即可删除该连接线，或者使用鼠标右键单击该线，弹出菜单，选择"删除"即可。

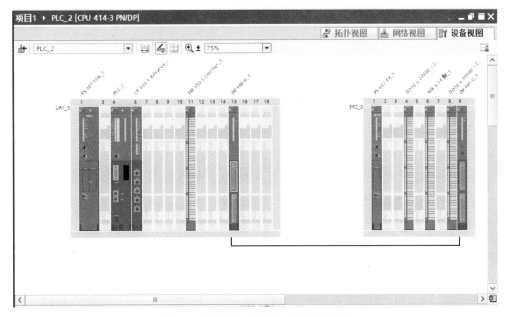

图 3-13　配置 S7-400 PLC 的扩展机架

当硬件视图中的显示区过大或过小时，可以单击工具栏中的 🔍 ± 缩放选项按钮或者用 75% ▼ 选择缩放因子按钮，进行缩小或放大视图，以调整到合适的大小。

如果需要在设备视图中定位并查看设备组态，就可以单击设备视图中的右下角 🔲 图标，按住鼠标左键进行拖动即可，如图 3-14 所示。

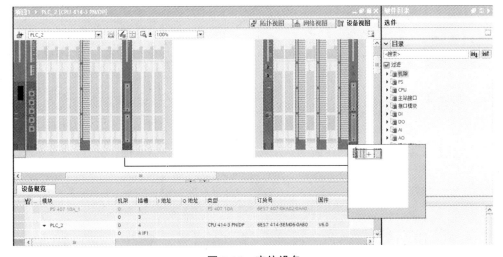

图 3-14　定位设备

3.3　CPU 参数配置

单击机架中的 CPU，可见 TIA 博途软件底部 CPU 的属性视图，在这里可以配置 CPU 的各种参数，如 CPU 的启动特性、OB（组织块）以及存储区的设置等。由于 S7-400 CPU 的功能完全覆盖 S7-300 CPU 的功能，以 S7-400 PLC CPU414-3PN/DP 为例介绍 CPU 的参数设置。

3.3.1　常规

单击属性视图中的"常规"，在属性视图的右侧的常规界面中可见 CPU 的常规信息、目录信息以及标识和维护。用户可以浏览该 CPU 的简单特性描述，也可以在"名称"、"注释"等空白处做一些提示性的标注。对于设备名称和位置标识符，用户可以用于识别设备和设备所处的位置，最多输入 32 个字符，CPU 可以使用函数"RDSYSST"（读取 CPU 状态列表系统功能）进行识别，如图 3-15 所示。

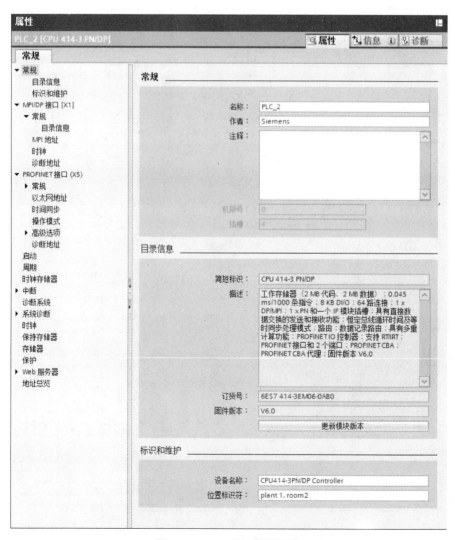

图 3-15　CPU 属性常规视图

3.3.2　MPI/DP 接口[X1]

单击"MPI/DP 接口[X1]"下的"常规"，在属性视图的右侧的常规界面中可见 MPI/DP 接口的常规信息和目录信息。用户可以在"名称"、"作者"、"注释"等空白处作一些提示性的标注，如图 3-16 所示。

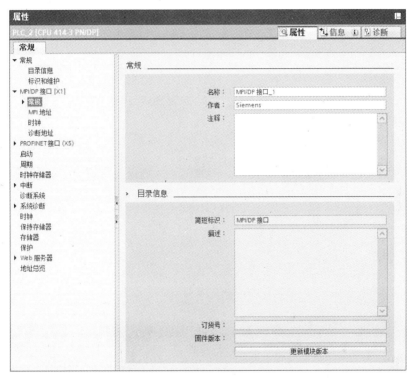

图 3-16　MPI/DP 接口的常规视图

单击"MPI/DP 接口[X1]"，在属性视图的右侧的可见 MPI/DP 接口的 MPI 地址、时钟以及诊断地址的参数，如图 3-17 所示。

MPI/DP 接口可以有两种工作模式，一种是用于 MPI 通信，另一种是用于 PROFIBUS 通信。首先选择 MPI 接口进行参数说明。

该界面的主要参数及选项的功能描述如下：

"接口连接到"：

可以通过"添加新子网"按钮，为该接口添加新的 MPI 网络，新添加的 MPI 子网名称默认为 MPI_1。

"参数"：

用户可以在"接口类型"选项决定该 MPI/DP 接口用于做 MPI 通信还是 PROFIBUS 通信，这里选择了 MPI，设置 MPI 的地址为 2，默认的最高地址 31 和传输率 187.5kbps（187.5kbit/s）。由于添加了新的子网这两项参数不能被修改，修改需要切换到网络视图，在网络视图中单击 MPI 总线，在属性视图中选择"网络设置"，即可以修改这两项参数，其中 MPI 的最大网络地址为 126，最大传输率为 12Mbps（12Mbit/s），如图 3-18 所示。

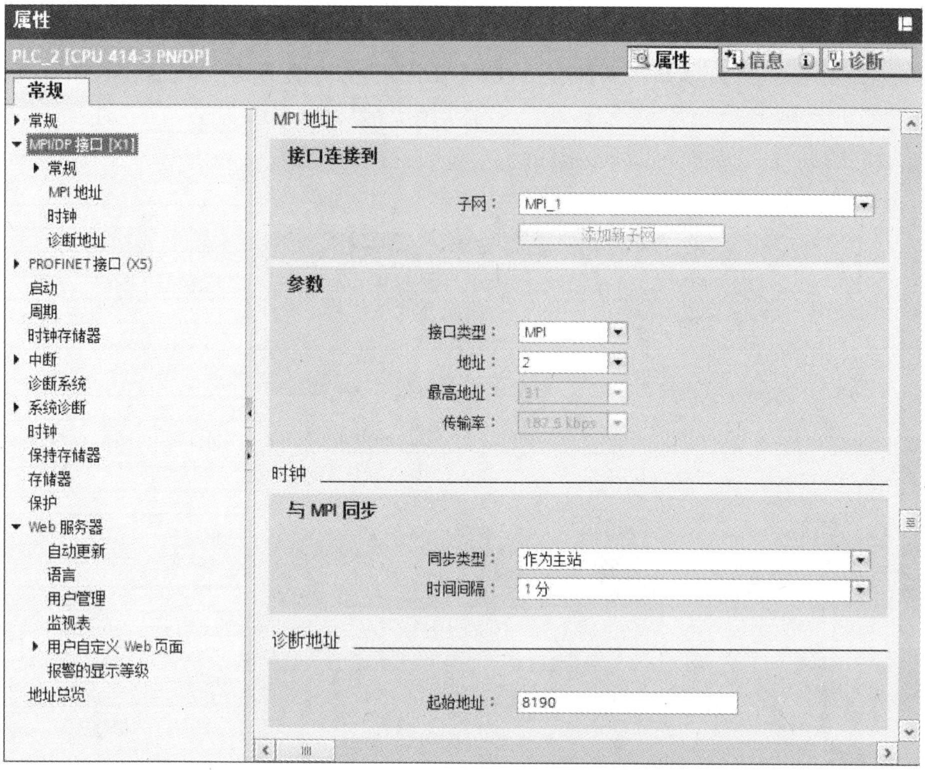

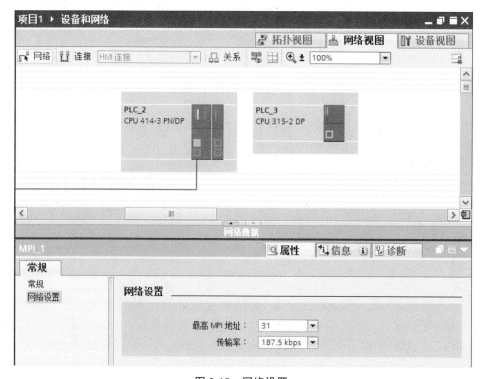

图 3-17　MPI/DP 接口的参数视图

图 3-18　网络设置

"与 MPI 同步"：

MPI 网络中的设备可以进行时间的同步，如果该 CPU 需要时间同步，可以选择该 CPU 的时钟与其它时钟的同步方式，可以作为从站，此时接收其它时间主站的时间来同步自己的时间，如果作为主站，则用自己的时间来同步其它从站的时间。可以根据需要设置时间同步的间隔。

"诊断地址"：

CPU 操作系统使用该地址去报告该接口的故障信息。

下面对 MPI/DP 接口的另一种模式 PROFIBUS 接口参数进行说明，如图 3-19 所示。

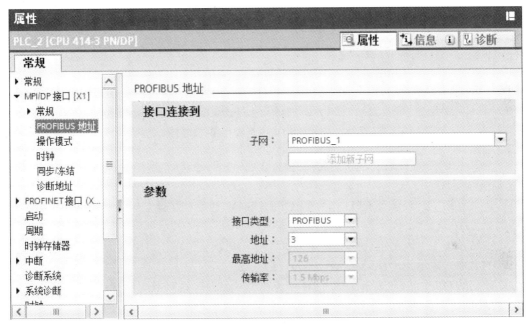

图 3-19　PROFIBUS 地址

图 3-19 中的主要参数及选项的功能描述如下：

"接口连接到"：

可以通过"添加新子网"按钮，为该接口添加新的 PROFIBUS 网络，新添加的 PROFIBUS 子网名称默认为 PROFIBUS_1。

"参数"：

用户可以在接口类型选项决定该 MPI/DP 接口用于做 MPI 通信还是 PROFIBUS 通信，这里选择了 PROFIBUS，设置 PROFIBUS 的地址为 3，默认的最高地址 126 和当前的传输率 1.5Mbps（1.5Mbit/s）。由于添加新的子网这两项参数不能被修改，修改需要切换到网络视图。具体修改方式请参考 MPI 修改该参数的方法。

操作模式与时钟的设置如图 3-20 所示。

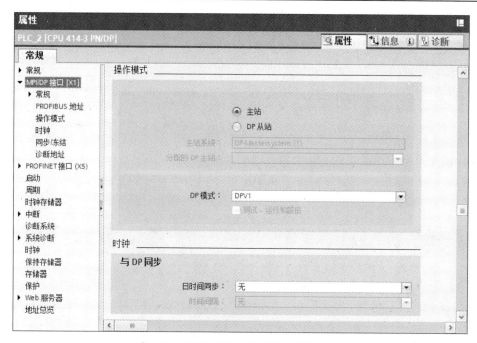

图 3-20　PROFIBUS 的操作模式和时钟

图 3-20 中的主要参数及选项的功能描述如下：

"操作模式"：

选择"主站"，表示该 CPU 作为 PROFIBUS-DP 通信的主站。

选择"DP 从站"，表示该 CPU 作为智能从站。

"主站系统"，表示当选择"主站"时并且 DP 从站分配给 DP 主站时，会显示 DP 主站系统的名称，这里为"DP-Mastersystem（1）"。

"分配的 DP 主站"，表示当该 CPU 作为智能从站时，选择其对应的 DP 主站。

"DP 模式"有两种，一种是"DPV1"，另一种是"S7 兼容"。如果 DP 主站的 DP 模式设置为"S7 兼容"，两类从站都作为 DPV0 从站工作，DPV1 功能不再可用。如果 DP 主站选择了"DPV1"模式，则可使两类从站在混合模式下工作，它们分别拥有各自的功能。

"测试、运行和路由"，表示在 DP 从站模式时，选择该功能编程设备 PG 可以通过该接口进行调试和测试，监控和修改变量，以及该智能从站作为网关。同时需要注意选择该选项会延长 DP 的周期时间，对于 DP 周期要求严格的应用，请谨慎使用该功能。

"与 DP 同步"：

在 PROFIBUS 网络中的设备可以进行时间的同步，如果该 CPU 需要时间同步，可以选择该 CPU 的时间与其它时间的同步方式，可以作为时间从站，此时接收其它时间主站的时间来同步自己的时间，如果作为主站，则用自己的时间来同步其它从站的时间，可以根据需要设置时间同步的间隔。

"同步/冻结"：

仅在激活主站模式时出现，对于一个主站系统，最多可以建立 8 个同步和冻结组，将从站分配到不同的组中，调用同步指令时，组中的从站同时接收到主站信息；调用冻结指令时，主站将同时接收到组中从站某一时刻的信息，组的创建如图 3-21 所示。

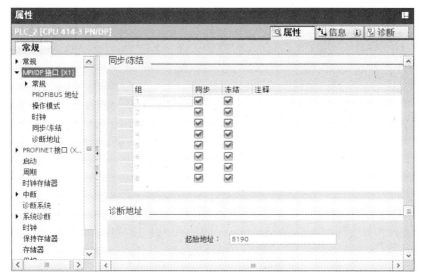

图 3-21 DP 主站的同步/冻结

"诊断地址"：

CPU 操作系统使用该地址去报告该接口的故障信息。

3.3.3 PROFINET 接口[X5]

在 PROFINET 接口选项卡栏中单击"常规"，在属性视图的右侧的常规界面中可见 PROFINET 接口的常规信息和目录信息。用户可以在"名称"、"作者"、"注释"等空白处作一些提示性的标注，如图 3-22 所示。

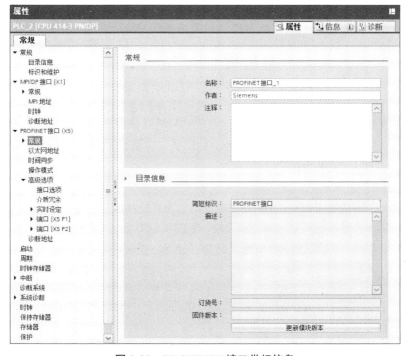

图 3-22 PROFINET 接口常规信息

单击"以太网地址"选项卡，可以创建网络、设置 IP 地址等参数，如图 3-23 所示。

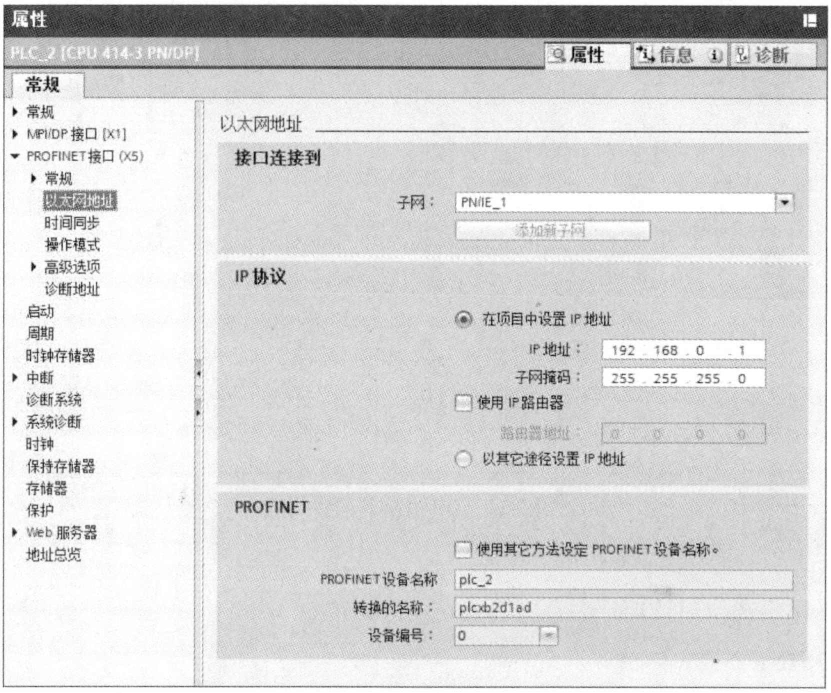

图 3-23　以太网地址

图 3-23 中的主要参数及选项的功能描述如下：

"接口连接到"：

可以通过"添加新子网"按钮，为该接口添加新的以太网网络，新添加的以太网的子网名称默认为 PN/IE_1。

"IP 协议"：

默认状态为"在项目中设置 IP 地址"，可以根据需要设置"IP 地址"和"子网掩码"，这里使用默认的 IP 地址 192.168.0.1 以及子网掩码 255.255.255.0。如果该 PLC 需要和其它非同一网段的设备进行通信，那么需要激活"使用 IP 路由器"选项，并输入路由器的 IP 地址。"以其它途径设置 IP 地址"，如果使能表示不在硬件组态中组态 IP 地址，而是通过函数 IP_CONF 来分配 IP 地址。

"PROFINET"：

"使用其它方法设定 PROFINET 设备名称"：如果使能表示当用于 PROFINET IO 通信时，不在硬件组态中组态设备名，而是通过函数 IP_CONF 来分配设备名。

"PROFINET 设备名称"：表示对于 PROFINET 接口的模块，每个接口都有自己的设备名称，可以在项目树中进行修改。

"转换的名称"：表示此 PROFINET 设备名称转换为符合 DNS 惯例的名称。

"设备编号"：表示 PROFINET IO 设备的编号，对于 IO 控制器无法进行修改，即默认为 0。

PROFINET 接口的时间同步参数设置界面如图 3-24 所示。

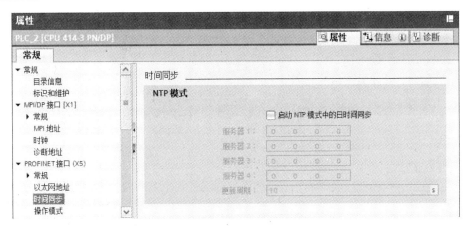

图 3-24　PROFINET 接口的时间同步

图 3-24 中的主要参数及选项的功能描述如下：

"NTP 模式"：

NTP 模式表示该 PLC 可以通过以太网从 NTP 服务器上获取时间以同步自己的时钟。

如果使能"启动 NTP 模式中的日时间同步"选项，表示 PLC 从 NTP 服务器上获取时间以同步自己的时钟，然后添加 NTP 服务器的 IP 地址，这里最多可以添加 4 个 NTP 服务器，更新周期定义 PLC 每次请求更新时间的时间间隔。

PROFINET 接口的操作模式如图 3-25 所示。

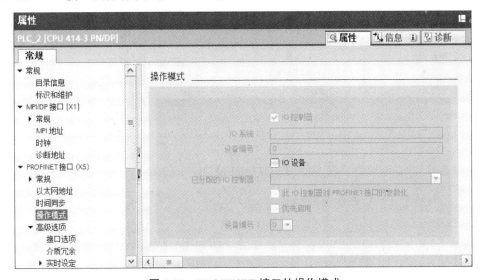

图 3-25　PROFINET 接口的操作模式

图 3-25 中的主要参数及选项的功能描述如下：

"操作模式"：

PROFINET 接口的操作模式表示 PLC 可以通过该接口作为 PROFINET IO 的控制器或者 IO 设备。

默认"IO 控制器"选项是使能的，如果组态了 PN IO 设备，那么则会出现 PROFINET

系统的名称。如果该 PLC 作为智能设备，则需要激活"IO 设备"，并选择"已分配的 IO 控制器"，如果需要"已分配的 IO 控制器"给该智能设备分配参数时，选择"此 IO 控制器对 PROFINET 接口的参数化"。

在高级选项中可以对接口的特性进行设置，如图 3-26 所示。

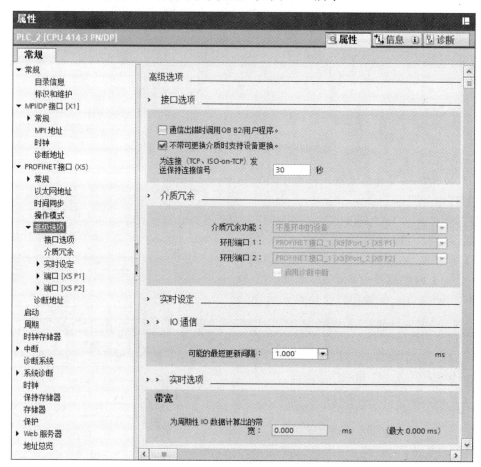

图 3-26 PROFINET 接口的高级选项

图 3-26 中的主要参数及选项的功能描述如下：

"接口选项"：

如果一些关于 PROFINET 接口的通信事件，例如维护信息、同步丢失等，会在 CPU 的诊断缓冲区中读出，但不会激活应用程序 OB82，如果需要激活 OB82，则需要激活"通信出错时调用 OB82 用户程序"。

如果不需要 PG 或存储介质的方法去替换旧设备，则需要激活"不带可更换介质时支持设备更换"选项。新设备不是通过存储介质或者 PG 来获取设备名，而是通过预先定义的拓扑信息和正确的邻居关系由 IO 控制器直接分配设备名。

"为连接（TCP、ISO on TCP）发送保持连接信号"选项默认为 30 秒，表示该服务用于面向连接的协议，例如 TCP 或 ISO on TCP，周期性（30 秒）的发送 Keep-alive 报文检测伙伴的连接状态和可达性，并用于故障检测。

"介质冗余":

PN 接口的模块支持 MRP 协议,即介质冗余协议,这意味着 PN 接口的设备可以通过 MRP 协议来实现环网的连接。

如果使用环网,在"介质冗余功能"中选择"管理器"还是"客户端",环网管理器发送报文检测网络连接状态,客户端只是传递检测报文,在下面的选项中选择使用哪两个端口连接 MRP 环网,由于 PLC 仅有两个 PN 端口,所以无需选择"环型端口"。当网络出现故障,希望调用诊断中断 OB82,则激活"启用诊断中断"。

"IO 通信",可以选择"可能最短的更新间隔",默认为 1ms,最大为 4ms,最小为 250μs。该时间表示 IO 控制器和 IO 设备交换数据的时间间隔。

"带宽",表示软件根据 IO 设备的数量和 IO 字节,自动地计算"为周期性 IO 数据计算出的带宽"大小。最大带宽为"可能最短的时间间隔"的一半。

PROFINET 端口参数的设置如图 3-27 和图 3-28 所示。

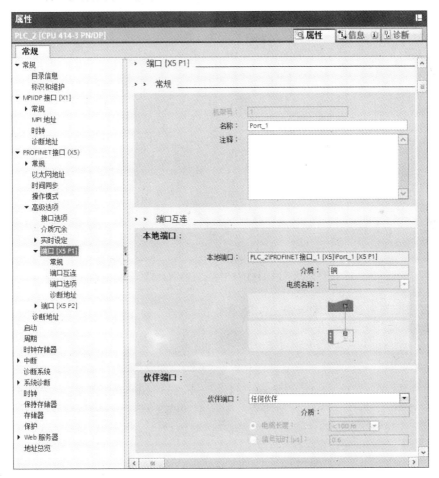

图 3-27 PROFINET 接口的端口参数界面 1

图 3-27 中的主要参数及选项的功能描述如下:

"常规":

此部分,用户可以在"名称"、"注释"等空白处作一些提示性的标注。

"本地端口":

显示"本地端口","介质"的类型，默认为"铜"，铜缆无电缆名。

"伙伴端口":

可以在"伙伴端口"下拉列表中选择需要连接的伙伴端口，如果在拓扑视图中已经组态了网络拓扑，则在"伙伴端口"处会显示连接的伙伴端口，"介质"类型，以及"电缆长度"或"信号延迟"等。其中对于"电缆长度"或"信号延迟"两个参数，仅适用于PROFINET IRT通信，该时间由TIA博途软件根据指定的电缆长度自动地计算信号延迟或人为指定信号延迟时间。

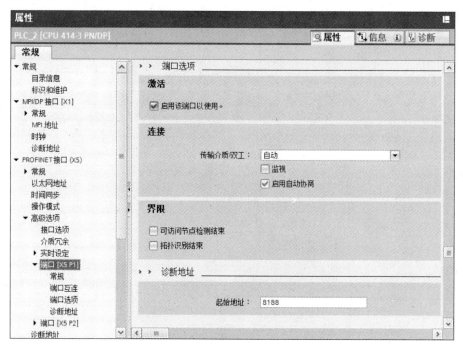

图3-28　PROFINET接口的端口参数界面2

图3-28中的主要参数及选项的功能描述如下:

"激活":

激活"启用该端口以使用"，表示该端口可以使用，否则禁止使用该端口。

"连接":

"传输介质/双工"选项中可以选择"自动"或"TP 100Mbit/s"两种，默认情况为"自动"，表示该PLC与连接伙伴自动协商传输速率和双工模式，选择该模式时，"启用自动协商"无效，同时可以使能"监视"，表示监视端口的连接状态，一旦出现故障，则向CPU报警。

如果选择"TP 100Mbit/s"，会自动激使能"监视"功能，而此时默认使能"启用自动协商"模式，这意味着可以自动识别以太网电缆是平行线还是交叉线；如果禁止该模式，需要注意选择正确的以太网电缆，平行线或者交叉线。

"界限":

表示传输某种以太网报文的边界限制。

"可访问节点检测结束"表示该接口是检测可访问节点的 DCP 协议报文不能被该端口转发。这也就意味着该端口下游的设备不能显示在可访问节点的列表中。

"拓扑识别结束"表示拓扑发现 LLDP 协议报文不会被该端口转发。

需要注意的是如果"伙伴端口"处已经指定了伙伴的端口，则这两项参数无效。

"起始地址"：表示 CPU 报告该 IO 控制器同步错误或介质冗余错误的诊断地址。

"PROFINET IO 系统"：表示 CPU 使用该诊断地址报告该 PROFINET IO 系统的丢站/恢复状态，也可以识别如果一个 IO 设备故障属于哪一个 PROFINET IO 系统。

3.3.4　启动

单击"启动"进入 CPU 启动参数化界面，所有设置的参数与 CPU 的启动特性有关，如图 3-29 所示.。

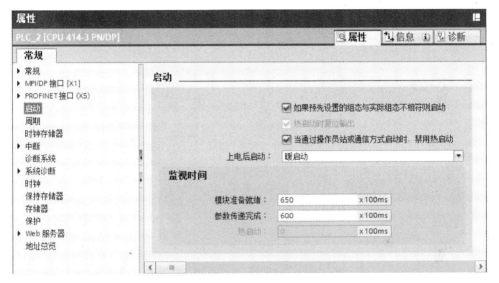

图 3-29　S7-400 PLC 的 CPU 启动界面

图 3-29 中主要参数及选项的功能描述如下：

"如果预先设置的组态与实际组态不相符则启动"：该选项决定当硬件配置信息与实际硬件不匹配时，CPU 是否启动。如果取消该选项，CPU 检测到硬件配置信息与实际硬件不匹配时，CPU 启动后进入停止模式。

"热启动时复位输出"（不适用 S7-300 PLC 的 CPU）：启动模式选择热启动后该选项被激活，选择热启动后是否复位所有的输出信号（过程映像区输出 PIQ）。

"当通过操作员站或通信方式启动时，禁止热启动"（不适用 S7-300 PLC 的 CPU）：该选项决定是否禁用通过编程器或其它站的通信命令触发 CPU 热启动功能。

"上电后启动"：选择上电后 CPU 的启动特性，大多数 S7-300 CPU 中只有"暖启动"（有些新的 S7-300 带有"冷启动"），S7-400 CPU 支持三种启动方式，冷、暖、热启动，温度越低复位 CPU 存储器的数量越多。

"监视时间"："模块准备就绪（单位 100ms）"：这个时间是上电后 CPU 收到各个模块已准备就绪的信号的最长时间。如果超过这个时间，CPU 还没有收到所有模块准备就绪的信号，就认为实际硬件与配置信息不同。

"参数传递完成（单位 100ms）"：这个时间是 CPU 把参数分配到各个模块的最大时间（从收到模块的准备就绪的信息后开始计时），如果超过该时间仍然没有分配完所有模块的参数，就认为实际硬件与配置信息不同。

"热启动（单位 100ms）"：热启动监控时间，如果超出监控时间，S7-400 CPU 不能启动。该选项不适用 S7-300 CPU。

注意：有些情况下，CPU 通过分布式 I/O 站带有智能模块如 FM，同时上电后，由于 CPU 与智能模块启动的时间不同，智能模块不能被 CPU 识别，需要延长监控时间。

3.3.5　周期

单击"周期"选项卡进入周期界面，在该界面中设置与 CPU 循环扫描相关的参数如图 3-30 所示。

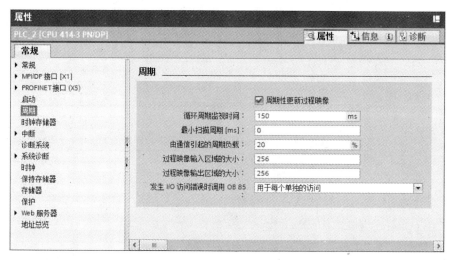

图 3-30　S7-400 CPU 的周期界面

图 3-30 中的主要参数及选项的功能描述如下：

"周期性更新过程映像"（不适用 S7-300 CPU）：选择是否使能在 CPU 每一个循环扫描都需要更新 I/O 的过程映像区。S7-400 PLC 的 I/O 信号可以放置在过程映像区分区中并指定相应的中断 OB 块，当中断 OB 块调用时，更新相应过程映像区分区中的 I/O 信号；通过调用函数 UPDAT_PI、UPDAT_PO 也可以更新选择的过程映像分区。

"循环周期监视时间"：设定程序循环扫描的监控时间，如果超过了这个时间，在没有下载 OB80 的情况下 CPU 就会进入停机状态。通信处理、连续调用中断（故障）、CPU 程序故障都会增加 CPU 的扫描时间。在 S7-300 CPU 中，可以在 OB80 中处理超时错误，此时扫描监视时间会加倍，如果此后扫描时间仍然超过了加倍以后的限制，CPU 就会进入停机状态。

"最小扫描周期"（不适用 S7-300 CPU）：在有些应用中需要设定 CPU 最小的扫描时间，如果实际扫描时间小于设定的最小时间，直到达到最小扫描时间后 CPU 才进行下一个扫描周期，如果用户程序中含有 OB90，在 CPU 等待期间将处理 OB90 中的程序。

"由通信引起的周期负载"：这个参数限制通信在一个循环扫描周期中所占的比例。仅对时间片中的通信起作用，如果存在固定的通信负载，那么调整该参数，不会改变 PLC 的扫描周期。通过该参数的调整，意味着 CPU 是否花费更多的 CPU 资源来处理通信。

"过程映像输入区域的大小"：设定过程映像区输入区的范围。参数为从 0 字节开始的字节数。如果超出设定的范围，使用 P（访问外设）访问 I/O 地址，例如 %IB20：P。

"过程映像输出区域的大小"：设定过程映像区输出区的范围。参数为从 0 字节开始的字节数。如果超出设定的范围，使用 P（访问外设）访问 I/O 地址，例如%QB20：P。

注意：S7-400 CPU 过程映像区中的每个字节占用 CPU "Code memory" 12 个字节，如果设定的过程映像区过大将影响 CPU 的存储空间。

"发生 I/O 访问错误时调用 OB85"：OB85 用于处理 I/O 访问故障，这里可以设置出现 I/O 访问错误时 CPU 不同的响应模式：

"无 OB85 调用"：不调用 OB85。

"用于每个单独的访问"：选择该项则每一个 I/O 错误都会调用一次 OB85。

"仅用于错误到达和错误离去"：选择该项则在故障出现和消除时分别执行 OB85 一次，可以避免 OB85 频繁调用导致 CPU 扫描时间的增加。

3.3.6　时钟存储器

CPU 内部集成时钟存储器，将 8 个固定频率的方波时钟信号输出到一个标志位存储区的字节中，字节中每一位对应的频率和周期见表 3-1。

表 3-1　时钟存储器

时钟存储器的位	7	6	5	4	3	2	1	0
频率 / Hz	0.5	0.62	1	1.25	2	2.5	5	10
周期 / s	2	1.6	1	0.8	0.5	0.4	0.2	0.1

单击时钟存储器选项卡栏，参数设置如图 3-31 所示，激活"时钟存储器"选项，在"储存器字节"中填入 20，表示时钟信号存储于 MB20 中，M20.0 即为 100ms 的方波信号。在许多通信程序中，发送块需要脉冲触发，可以简单利用 CPU 集成的时钟寄存器作为脉冲信号。

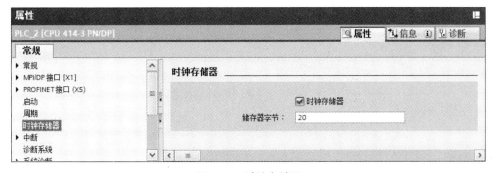

图 3-31　时钟存储器

3.3.7　中断

单击"中断"选项卡栏进入中断设置界面，在该界面中可以设置硬件中断、时间中断、延时中断、异步错误中断等中断优先级以及更新的过程映像区分区参数。

单击"时间中断"选项卡进入时间中断参数化界面，在该界面中可以设置中断日期的开始时间及执行方式，参数化界面如图 3-32 所示。

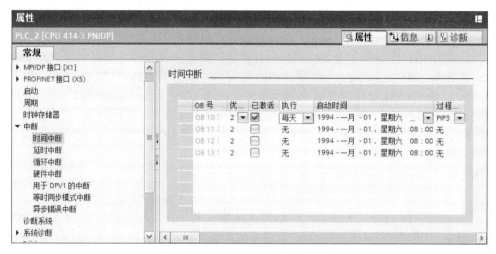

图 3-32　S7-400 CPU 时间中断界面

在"已激活"选项中，可以激活相应时间中断 OB 块，为 OB 块选择开始触发的日期，日期以 CPU 的内部时钟信号为基准。在设定的日期触发相应的 OB 块，后续的执行方式中可以选择只执行一次（Once）或按特定的间隔如每分钟、每小时、每天、每周、每月、每年或月末执行。同时可以自动地更新对应的过程映像分区（仅 S7-400 支持）。

在程序中也可通过调用函数 SET_TINT、CAN_TINT、ACT_TINT、QRY_TINT 来设置、取消、激活和查询日期时间中断。手动与程序设定日期中断同时有效，可使用日期中断 OB 块的个数与 CPU 类型有关。如果过程映像分区选择"无"，则更新过程映像分区需要调用函数 SYNC_PI、SYNC_PO 分别更新过程映像输入分区和更新过程映像输出分区。

单击"延时中断"选项卡进入延时中断参数化界面，在该界面中可以设置延时中断，参数化界面如图 3-33 所示。

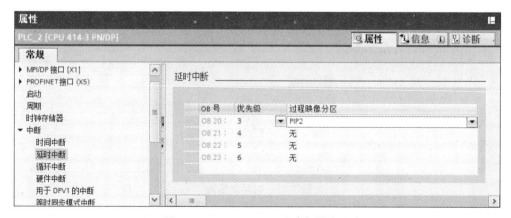

图 3-33　S7-400 CPU 延时中断界面

当某一事件产生时，延时中断组织块 OB20～OB23 经过设定的延时时间后被执行，同时更新设定的过程映像区分区，延时中断的触发条件由用户程序定义并必须通过函数

SRT_DINT 实现。使用 SRT_DINT 触发 OB21 的示例程序如下:

```
A      %M1.1
FP     %M1.2              //取沿信号
JNB    M1                 //如果信号为 0,跳转到 M1 程序段
CALL   SRT_DINT
OB_NR  :=21               //触发 OB21
DTIME  :=T#2MS            //延时 2ms 触发 OB21 执行
SIGN   :=W#16#0011        //用户自定义的标识符,可以在 OB21 中识别触发的信号源
RET_VAL :=%MW20
M1:NOP 0
```

与延时中断相关的函数还有 CAN_DINT 和 QRY_DINT,用于取消延时中断和查询延时中断的状态。可使用延时中断 OB 块的个数与 CPU 类型有关。

单击"循环中断"选项卡进入循环中断参数化界面,在该界面中可以设置循环中断的周期,偏移等参数,参数化界面如图 3-34 所示。

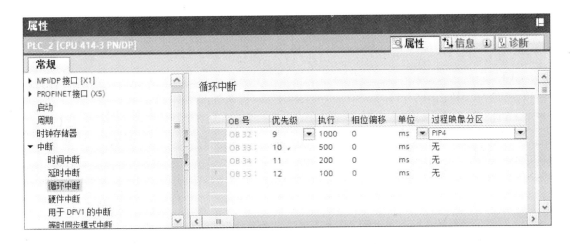

图 3-34　S7-400 CPU 循环中断界面

循环中断用于在一个固定的时间间隔执行循环中断组织块。时间间隔可以设置,其范围从 1ms 到 60000ms。设定 OB 块的时间间隔必须大于中断程序的执行时间,否则会产生循环中断错误,并调用 OB80。

"循环中断"参数化界面主要参数及选项的功能描述如下:

"执行":OB 块执行的时间间隔(ms)。

"相位偏移":循环中断执行的延时时间,如果同时使用多个循环中断 OB 块,在某一时刻多个循环中断 OB 块同时被调用,只能按照它们的优先级、高低顺序执行,使用延时时间可以调整循环中断的执行时间。在 S7-300 CPU 中,通常只能使用 OB35,不会有多个循环中断 OB 块冲突的情况。

单击"硬件中断"选项卡进入硬件中断参数化界面,如图 3-35 所示。

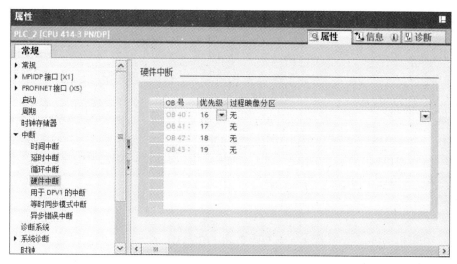

图 3-35　S7-400 的硬件中断界面

硬件中断由实际的 I/O 信号及智能模块（如 FM）触发，OB40～OB47 为硬件中断组织块，在 I/O 的配置中可以选择某一个信号触发哪一个中断组织块，硬件中断在 S7-300 CPU 只能触发 OB40，S7-400 CPU 可用的 OB 块与 CPU 的类型有关。

为每个中断分配不同的优先级，如果禁用某个中断块，将优先级选择 0，当中断事件同时出现，优先级高的 OB 块先触发。S7-300 CPU 不能修改优先级。

在过程映像区分区参数中可以选择更新设定的过程映像区分区，这样在 OB 块调用时，更新过程映像区分区中的 I/O 信号，通常情况下，更新与 OB 块调用相关的 I/O 信号，程序以当前的 I/O 状态执行操作。默认设置中未更新过程映像区分区，此时如果更新过程映像分区的 IO，则需要调用函数 SYNC_PI、SYNC_PO 分别更新过程映像输入分区和更新过程映像输出分区。

单击"用于 DPV1 的中断"选项卡进入 DPV1 的中断参数化界面，在该界面中可以设定与 PROFIBUS-DP V1 中断相关的 OB 块（OB55～OB57）的优先级。参数化界面如图 3-36 所示。

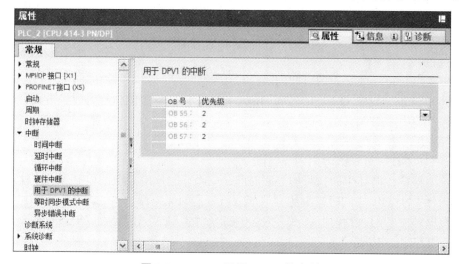

图 3-36　S7-400 用于 DP V1 的中断

单击"等时同步模式中断"选项卡进入等时同步模式中断界面，如图 3-37 所示。

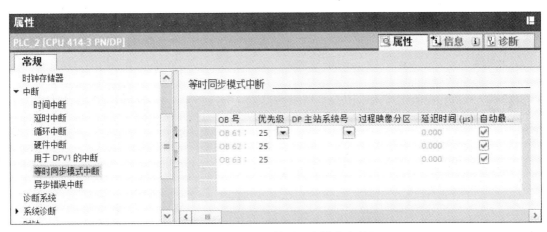

图 3-37　S7-400 CPU 等时同步模式中断界面

该界面用于设置 PROFIBUS-DP 和 PROFINET IO 等时同步，通常情况下，在 PROFIBUS-DP 或者 PROFINET IO 网络中，两个从站或 IO 设备同一时刻触发的输入信号进入 CPU 中处理的次序可能不同，同样 CPU 发出的输出命令在各个从站的响应也会有先后，通过 PROFIBUS-DP/PROFINET IO 等时同步操作保证 CPU 同时处理不同从站的输入信号，发出的命令在不同从站中同时响应（要求接口模块及 I/O 必须支持等时功能）。等时同步参数化界面主要参数及选项的功能描述如下：

"OB61～OB64"：执行等时同步中断程序，保证从站 I/O 信号处理的快速性、同步性。每一个 OB 块被指定处理一个 PROFIBUS-DP/PROFINET IO 网络的等时同步任务，每次主站轮询从站结束后触发 OB6X 的调用。不同的 CPU 支持的同步中断组织块的个数不同，例如 CPU416-3PN/DP 支持 4 个同步中断组织块 OB61~OB64。

"优先级"：定义不同 OB 块的优先级，如果中断同时发生，优先级高的 OB 块先触发。

"DP 主站系统号"：为 OB6X 指定一个 PROFIBUS-DP/PROFINET IO 网络。

"过程映像分区"：过程映像区分区，OB6X 触发时更新的过程映像分区，需要调用 SYNC_PI、SYNC_PO 来更新过程映像区输入分区/输出分区。

"延迟时间"：主站发出同步控制信号到触发 OB6X 运行的延时时间，为了保证等时的快速性，主站读完从站输入信号后立即触发 OB6X 执行用户程序，激活"自动最小化"由系统计算延时时间值。

单击"异步错误中断"进入异步错误中断参数化界面，在该界面中可以设定异步故障中断 OB 块（OB81～OB87）的优先级，S7-300 PLC 不能设置 OB 块的优先级。参数化界面如图 3-38 所示。

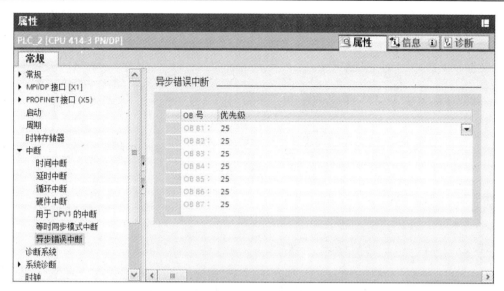

图 3-38　S7-400 CPU 异步错误中断界面

3.3.8　诊断系统

单击"诊断系统"选项卡进入诊断系统参数化界面，在该界面中可以设置系统诊断功能，如图 3-39 所示。

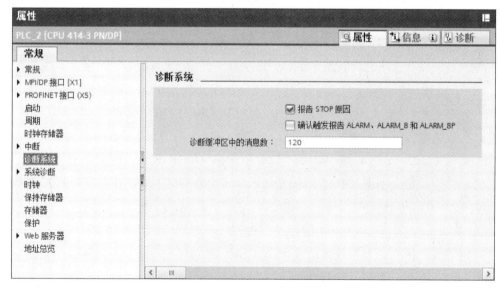

图 3-39　S7-400 CPU 诊断系统

"诊断系统"参数化界面主要参数及选项的功能描述如下：

"报告 STOP 原因"：如果激活该选项，CPU 将停机的原因上传到设定的 HMI 中如编程器、OP 等，同时把停机信息写入 CPU 的诊断缓存区。

"确认触发报告 ALARM、ALARM_8 和 ALARM_8P"：PCS7 应用，可以使用 ALARM、ALARM_8 和 ALARM_8P 产生文本消息，如果激活该选项，相对于 HMI 系统，

在上次消息被确认后，如果有新的消息产生，ALARM、ALARM_8 和 ALARM_8P 只传送触发的信号状态，这样可以阻止文本信息频繁的产生，也可以避免信息不能被执行。

"诊断缓冲区中的消息数"：设置 CPU 诊断缓存区中事件信息的条码数量，S7-300 CPU 中不能设置。

注意：每条信息占用 CPU "Code memory"20 或 32 个字节（与 CPU 类型有关）的内存空间。

3.3.9　系统诊断

系统诊断是 TIA 博途软件提供的一个简便的方式，显示模块所产生的故障诊断信息。TIA 博途软件自动生成必要的函数块和消息文本，用户仅需要下载这些函数块和设置消息文本，即可在连接的 HMI 设备上显示。

单击"诊断系统"的"常规"选项卡进入诊断系统参数化界面，在该界面中可以设置系统诊断的常规功能，如图 3-40 所示。

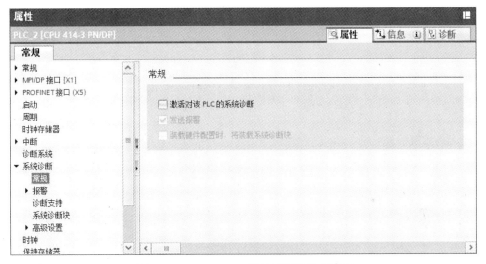

图 3-40　S7-400 CPU 系统诊断的常规界面

系统诊断"常规"参数化界面主要参数及选项的功能描述如下：

"激活对该 PLC 的系统诊断"：选中该选项，该 PLC 则启用系统诊断功能。

"发送报警"：选中该选项，随后的"发送报警"选项全部激活，作为对系统的错误响应，诊断块会发送报警。

"装载硬件配置时，将装载系统诊断块"：在默认状态下，该选项被启用。确保即使在修改硬件配置之后生成报警也是最新的。

单击"诊断系统"的"报警"选项卡进入诊断系统参数化界面，在该界面中可以设置系统诊断的报警功能，如图 3-41 所示。

系统诊断报警参数化界面主要参数及选项的功能描述如下：

"报警的结构"：

此部分定义了报警信息的组成，其中包括"报告组件"，例如机架、设备、模块等，其都有对应的"可用的报警信息"以及"报警文本"和"信息文本"。可以根据需要修改上述的"报警文本"和"信息文本"，以满足相应的应用。注意的是< >中的变量建议不要修改，修改后变量会无法正确显示。

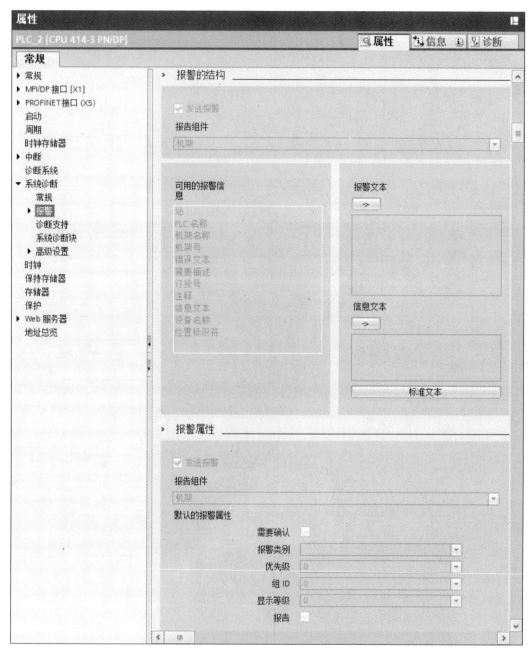

图 3-41　S7-400 CPU 系统诊断的报警界面

"报警属性"：

此部分定义了报警消息的属性，可以定义报告组件所对应的消息是否需要"确认"，并根据需要定义消息的"报警类别"、"优先级"、应答"组 ID"以及消息"显示等级"。

在诊断支持界面中可以设置系统诊断的诊断支持功能，如图 3-42 所示。

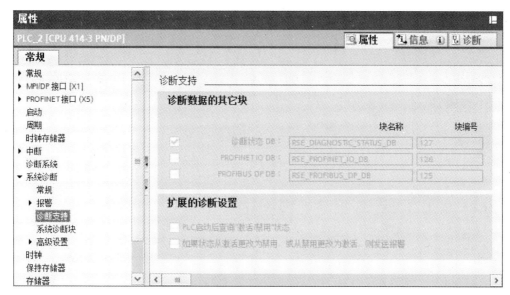

图 3-42　S7-400 CPU 系统诊断的诊断支持界面

系统诊断的"诊断支持"参数化界面主要参数及选项的功能描述如下：

"诊断数据的其它块"：

"诊断状态 DB"可以读出"报告组件"当前的系统状态，当 PN CPU 配置 Web 服务器时，需要激活该选项。可以定义响应的符号名和块号。

"PROFINET IO DB"激活意味着生成的 DB126（默认的）其中的数据可作为诊断事件在 HMI 上显示。

"PROFIBUS DP DB"激活意味着生成的 DB125（默认的），其中的数据可作为诊断事件在 HMI 上显示。

"扩展的诊断设置"：

仅当 CPU 包含函数 D_ACT_DP 才能使用该功能。如果激活"PLC 启动后查询"激活/禁止"状态"，PLC 启动后查询从站或 IO 设备的状态，同时如果从站或 IO 设备的"如果状态从激活改为禁用，或从禁用更改为激活，则发送报警"选项激活后，CPU 将发送报警信息。

单击"系统诊断"的""系统诊断块"选项卡进入系统 诊断块参数化界面，如图 3-43 所示。

函数块 FB、FC、DB 作为系统诊断块，用户可以定义符号名和块的编号。

单击"系统诊断"的"高级设置"选项卡进入参数化界面，如图 3-44 所示。

"OB 组态"：

可以定义支持的 OB 组织块。这些 OB 块不需要手动添加到 TIA 博途软件的程序中，编译项目会自动添加所选择的 OB 组织块，并且自动调用系统诊断块到相应的 OB 组织块。需要注意的是在"循环和启动 OB"中，必须选择一个 OB1 或者其它与时间循环的组织块，这里选择默认的 OB1。

"PLC 处于 STOP 模式"：

根据"错误类别"，定义哪种错误的出现必须使 PLC 停机。

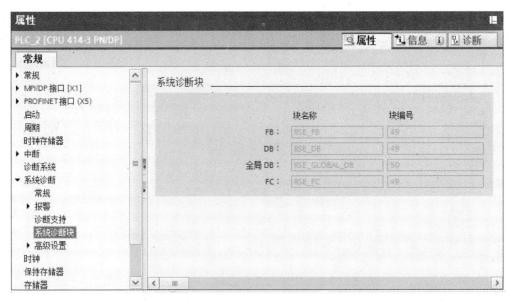

图 3-43　S7-400 CPU 系统诊断的系统诊断块界面

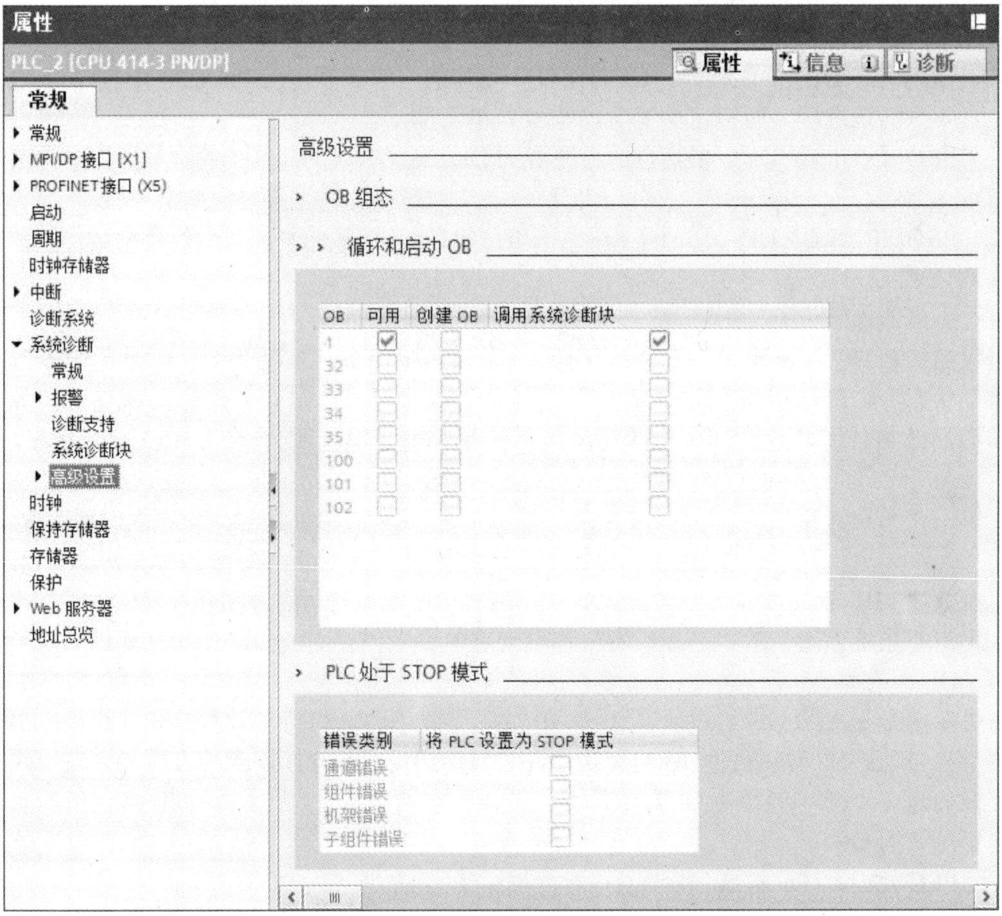

图 3-44　S7-400 CPU 系统诊断的高级设置界面

3.3.10　时钟

单击"时钟"选项卡进入时钟参数化界面，在该界面中可以设置时钟功能，如图 3-45 所示。

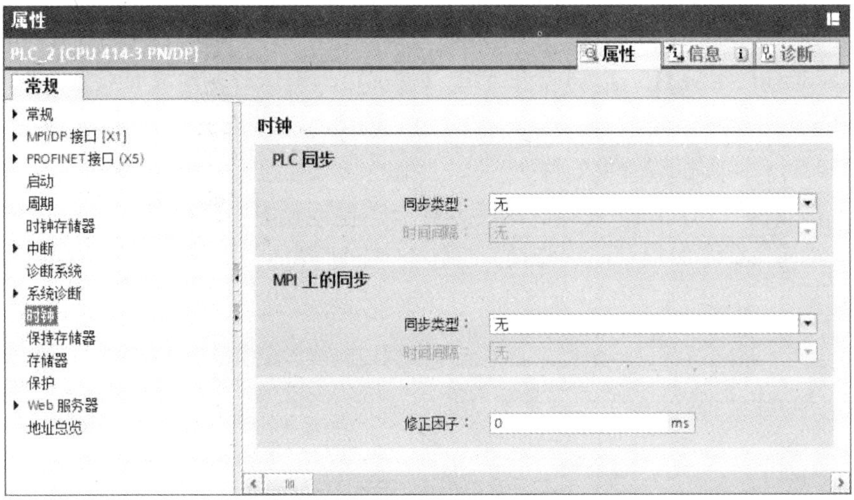

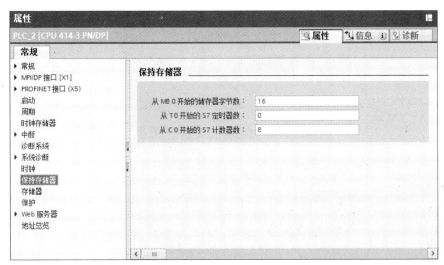

图 3-45　S7-400 CPU 时钟

在时钟同步界面中，可以设置 CPU 在 PLC 站内部或在 MPI 网络上作为时钟主站还是作为时钟从站或者不使用时钟同步功能。

修正因子（ms）用于校正系统时钟的误差。例如，时钟每 24h 快 3s，则应该在此处填入-3000。

3.3.11　保持存储区

单击"保持存储器"选项卡进入保持存储区参数化界面，在该界面中可以设置存储器 M、C、T 掉电保持的范围（S7-400 PLC 需要备份电池保持，S7-300 PLC 掉电后数据存储于 MMC 中），如图 3-46 所示。

图 3-46　S7-400 CPU 保持存储区界面

保持存储区参数化界面主要参数及选项的功能描述如下：

"保持存储器"：

设定 M、C、T 存储区的保持功能，可以分别指定从 MB0、T0 和 C0 开始需要保持的位存储区、定时器和计数器的数目（每个数据区最大保持范围参考订货样本），例如在"从 MB0 开始的储存器字节数"中填入 16，则当系统掉电后，或者 CPU 从 STOP 模式转为 RUN 时，从 MB0 到 MB15 这 16 个字节中存储的过程值保持，而没有设置为保持的位存储区将被初始化为 0。

3.3.12 存储器（不适用 S7-300 CPU）

单击"存储器"选项卡进入存储器设置界面，在该界面中可以设置区域数据区堆栈（L 堆栈）大小及通信资源的数量，这些设置将影响 CPU 存储器的使用，参数化界面如图 3-47 所示。

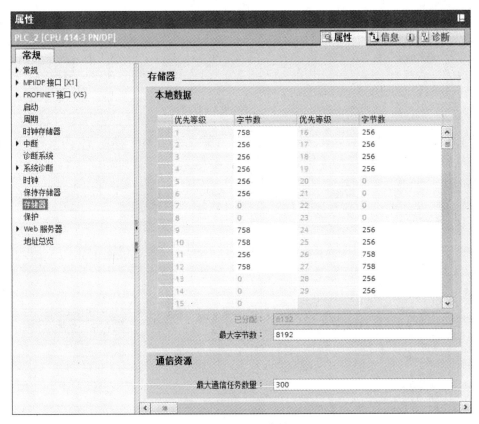

图 3-47　S7-400 CPU 存储器界面

存储器参数化界面主要参数及选项的功能描述如下：

"本地数据"：

OB 块运行及嵌套调用函数、函数块时需要占用 L 堆栈的大小。每个 OB 块都具有优先级，在同一个时刻，优先级相同的 OB 块中只能有一个运行，在这里可以为每个优先级相同的 OB 块分配 L 堆栈的字节数。分配的字节数必须为偶数且不能为 2～18，如果某些优先级的 OB 块没有使用，可以设置为 0。

"通信资源":

分配与"S7 connections"相关的最大通信任务,通信函数块包括 USEND/URCV、BSEND/BRCV、 PUT/GET/PRINT、START/STOP/RESUME、 STATUS、 USTATUS、ALARM、ALARM_8、ALARM_8P、 NOTIFY、 AR_SEND 等,每个通信函数块的背景数据块为一个通信任务。

注意:L 堆栈中每个字节占用 CPU "Data memory" 1 个字节,每个通信任务占用 CPU "Code memory" 72 个字节,设定大的 L 堆栈或多的通信资源将影响 CPU 的存储空间。如果用户程序过大,CPU 内存稍小,在不影响 CPU 工作的情况下可以减少 L 堆栈的字节数及通信任务数。

3.3.13　保护

单击"保护"选项卡进入程序保护界面,在该界面中可以设置不同的保护级别及口令,如图 3-48 所示。

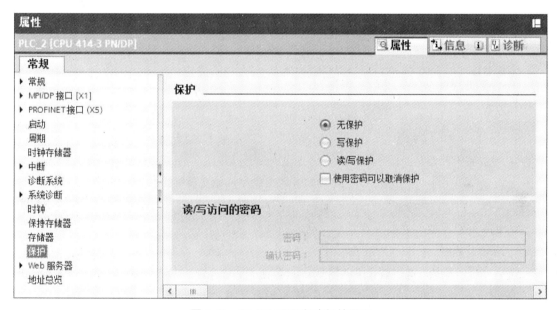

图 3-48　S7-400 CPU 程序保护界面

程序"保护"参数化界面主要参数及选项的功能描述如下:

第一级"无保护":默认级别。

第二级"写保护":写保护。

不管模式选择开关在什么位置,只能读。需要设置密码。

第三级"读/写保护":读/写保护。

不管模式选择开关在什么位置,都禁止读写操作。需要设置密码。

3.3.14　Web 服务器(只适合 PN CPU)

单击"Web 服务器"选项卡进入组态 Web 服务器界面,在该界面中可以设置相关 Web 服务器的功能,如图 3-49 所示。

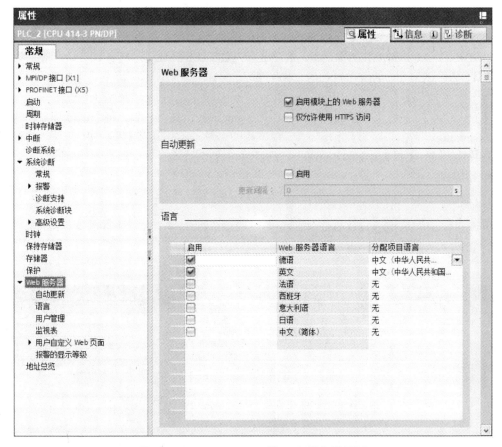

图 3-49   S7-400 PN CPU 的 Web 服务器界面

    Web 服务器参数化界面主要参数及选项的功能描述如下：

    "Web 服务器"：

    选中"启用模块上的 Web 服务器"，即激活 PN CPU 的 Web 服务器功能。默认状态，打开 IE 浏览器输入 PN CPU 的 IP 地址，例如 http://192.168.0.1，即可以浏览 PN CPU 网站的详细内容。也可以选择"仅允许使用 HTTS 访问"的方式，即通过数据加密的方式浏览网页，在 IE 浏览器中需要输入 https://192.168.0.1 才能浏览网页。需要注意的是使用 HTTS 的方式需要首先在线设置 CPU 的时间。

    "自动更新"：

    "启用"自动更新功能，并设置相应的时间间隔，这表示 Web 服务器会根据设定的时间间隔自动更新网页的内容。

    "语言"：

    最多"启用"两种语言，用于显示系统消息和诊断信息的文本信息。

    单击"Web 服务器"的"用户管理"选项卡进入相应的界面，该界面可以设置相关 Web 服务器的用户管理，如图 3-50 所示。

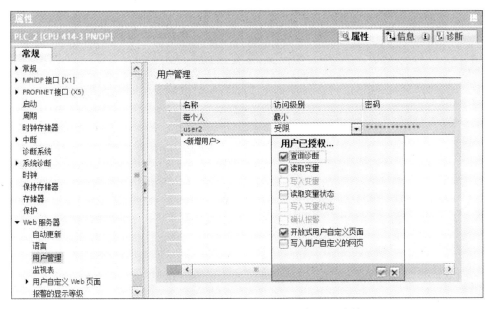

图 3-50 S7-400 PN CPU 的 Web 服务器用户管理

"用户管理"界面主要参数及选项的功能描述如下:

该界面用于控制访问网页的用户列表,可以根据需要增加和删除用户,并根据所需定义"访问级别",并设置密码。

单击"Web 服务器"的"监视表"选项卡进入相应的界面,该界面可以组态相关的监视表到 Web 服务器的网页中显示,以及访问读写权限,如图 3-51 所示。

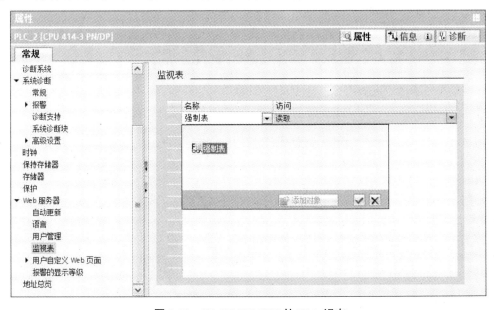

图 3-51 S7-400 PN CPU 的 Web 组态

单击"Web 服务器"的"用户自定义 Web 页面"选项卡进入相应的界面,该界面可以添加自定义的网页到 Web 服务器中显示,如图 3-52 所示。

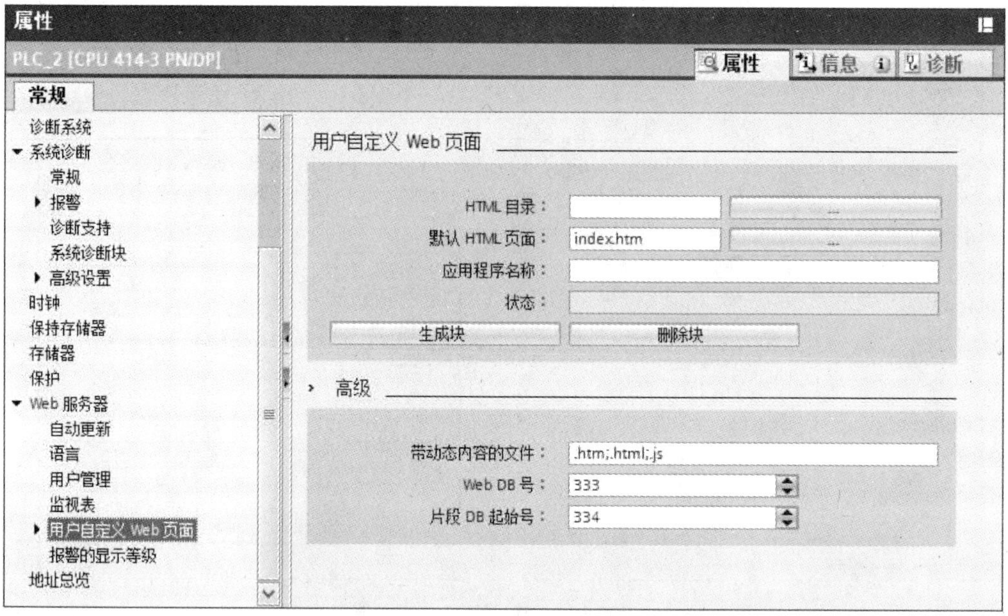

图 3-52 S7-400 PN CPU 的自定义 Web 页面

自定义网页首先在编辑器（第三方软件，例如 Cute page）中创建与工艺流程相关的 HTML 网页，然后指定自定义网页的路径到"HTML 目录"中，并设置"默认的 HTML 页面"，即指定起始页面。最后定义"应用程序的名称"，也就是在网页中看到的自定义网页的名字。然后生成"Web DB 号"，默认为 DB333。

单击"Web 服务器"的"报警的显示等级" 选项卡进入相应的界面，该界面可以组态报警的显示等级，如图 3-53 所示。

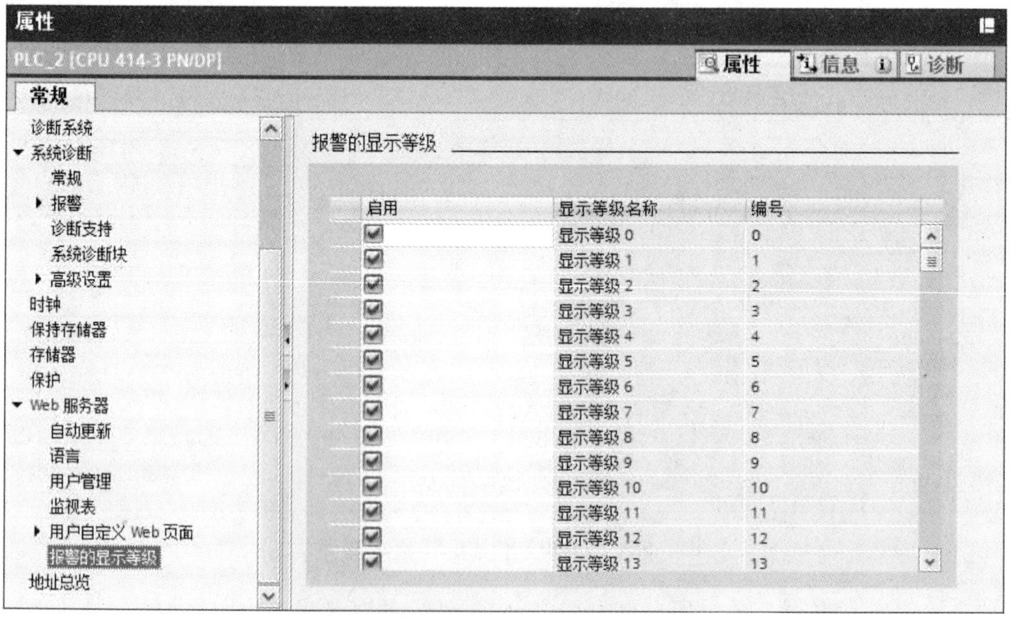

图 3-53 S7-400 PN CPU 的报警显示等级

定义消息的报警级别，最初在"系统诊断"界面中进行设置。为了避免生成的 SDB 过大而对存储器的要求过大，可以减少相应的显示等级。

3.3.15　连接资源（不适用 S7-400 CPU）

单击"连接资源"选项卡进入通信参数化界面，在该界面中可以设置不同通信方式占用 CPU 的通信资源，如图 3-54 所示。

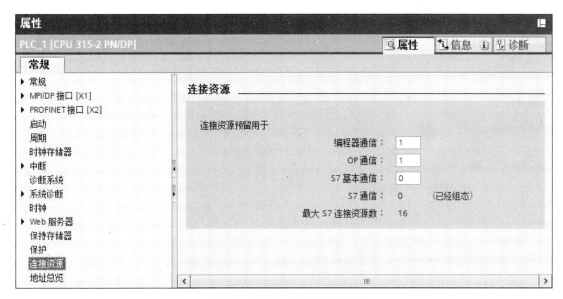

图 3-54　S7-300 CPU 连接资源

带有 MMC 卡的 S7-300 CPU 在属性界面中可以分配 CPU 的通信连接资源，"最大 S7 连接资源数"显示该 CPU 可提供的最大 S7 通信连接数（总的通信资源数量与 CPU 类型有关），编程器通信（PG）、OP 通信、S7 基本通信及 S7 通信的连接都需要占用 CPU 的 S7 通信连接资源，在参数化界面中可以为这些通信连接预留一定的连接资源。

注意：PG 至少占用一个连接资源。如果为某一个通信方式预留较多的通信资源，则不能在其它的通信方式中建立更多的连接，如果在参数化界面中为每种通信方式预留较少的通信资源，当其中一种通信方式超过预留的通信连接后将自动占用 CPU 剩余的连接资源，通信资源由 CPU 自动分配，但是连接总数不能超过 CPU 的连接资源。

3.3.16　地址总览

单击地址"地址总览"选项卡进入 CPU 的地址概览界面，如图 3-55 所示。

CPU 的地址总览可以显示 CPU 所在的中央机架中已经配置的所有模块的类型（是输入还是输出）、起始地址、结束地址、模块简介、所属的过程映像分区（需要配置）、归属总线系统（DP、PN）、机架、插槽等信息，能够给用户一个详细的地址总览。

类型	起始地址	结束地址	模块	PIP	DP	PN	机架	插槽
I*	2047	2047	MPI/DP 接口_1	-	-	-	0	2 X1
I*	2046	2046	PROFINET接…	-	-	-	0	2 X2
I*	2045	2045	Port_1	-	-	-	0	2 X2 …
I*	2044	2044	Port_2	-	-	-	0	2 X2 …
I	256	271	8AI x 12 位_1	-	-	-	0	4
I	8	9	16DI x 24VDC…	OB1-PI	-	-	0	6
Q	272	287	8AO x 12 位_1	-	-	-	0	5
Q	12	13	16DO x 24VD…	OB1-PI	-	-	0	7

图 3-55　S7-300 CPU 地址总览

3.4　S7-300/S7-400 I/O 参数

在 TIA 博途软件的设备视图中组态 I/O 模块时，可以对模块进行参数配置，包括常规信息，输入/输出通道的诊断组态信息，以及 IO 地址的分配等。在组态参数过程中，可能会发生一个模块组态完成，但在该设备中暂时不需要，（如果删除、重新添加组态参数会带来更多的工作量），这样可以使用设备视图中的停滞区功能。

单击设备视图中的 ⟷ 图标，可以出现标有"拔出的模块"的停滞区，可以使用鼠标把暂时不用的模块从机架上拖曳到该区，用于保存模块和参数的配置，如图 3-56 所示。

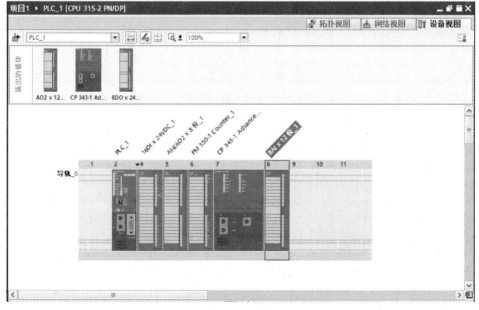

图 3-56　停滞区的使用

3.4.1　数字量输入模块参数配置

1. 更改模块逻辑地址

在机架上插入数字量 I/O 模块时，系统自动为每个模块分配逻辑地址，删除或添加模块不会导致逻辑地址冲突。有些应用中用户预先编写程序，在现场进行硬件配置，可能需要调整 I/O 模块的逻辑地址以匹配控制程序，如果需要更改模块的逻辑地址，可以单击该模块，在 TIA 博途软件的属性视图中选择"I/O 地址"选项卡，如图 3-57 所示。

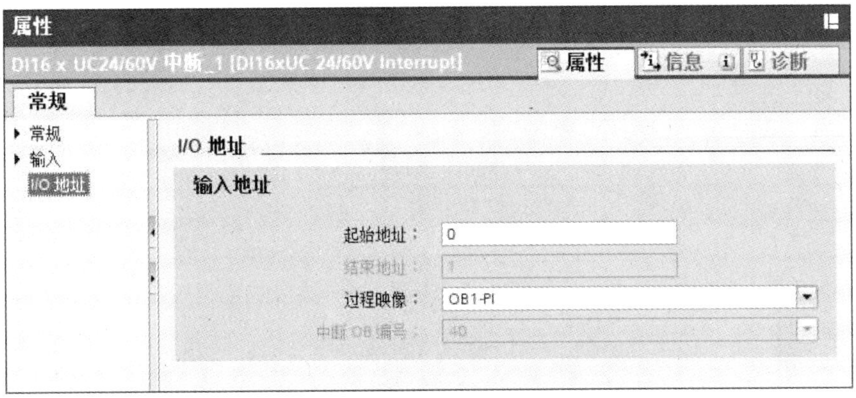

图 3-57　数字量输入模块的地址界面

在"起始地址"框中输入新的起始地址，修改后，系统将根据模块的 I/O 数量自动地计算结束地址。如果修改的模块与其它模块地址相冲突，系统自动提示地址冲突信息，修改不能被确认。

如果 I/O 模块的地址在过程映像区内，可以选择模块更新的过程映像区分区，例如选择模块在 PIP1（过程映像区分区 1）中更新，在 OB35 配置中选择更新 PIP1，该模块只能在 OB35 调用时被更新，将总的过程映像区分区，减少过程映像区更新的时间。S7-300 的 PLC 只能选择 PIP1 分区，而 S7-400PLC 可以选择分区 PP1~PP15。

如果该模块使能了硬件中断，每次出现硬件中断事件触发 CPU 调用 OB40 一次。

2. 参数化数字量输入模块

高特性的输入模块带有中断和诊断功能，使用这些功能必须进行配置，单击该模块，在 TIA 博途软件的属性视图中选择"输入"选项卡，如图 3-58 所示。

"输入"参数化界面主要参数及选项的功能描述如下。

"启用"：

如果使能选项"诊断中断"，在输入通道例如"输入 0"中选择触发诊断中断的故障类型，例如"断线"，出现监控的故障时产生诊断中断，并由 CPU 调用 OB82；如果使能选项"硬件中断"，在输入通道例如"输入 0"中"硬件中断触发器"中选择触发硬件中断的事件，例如"上升沿"，使能硬件中断功能后，每次出现硬件中断事件触发 CPU 调用 OB40 一次。

"诊断"：

选择是否激活"断线"和"空载电压 L+"诊断功能。故障信息可以通过函数 RDREC 读出。如果使能诊断中断，出现监控的故障类型时触发 CPU 调用 OB82。

"硬件中断触发器"：

选择触发硬件中断的信号源，如上升沿、下降沿或上升沿、下降沿同时产生硬件中断。

"输入延迟"：选择每个输入通道的输入延时时间，输入延时越长，信号越不容易受到干扰，但是影响响应速度。

"对错误的响应"：如果诊断事件出现，模块将按下列设定提供输入信号：

"替换值"： CPU 读入的信号选择替代值，如果激活应用替代值"1"，则替代值为1；如果不择，则替代值为0。

"保持上一值"： CPU 读入信号选择上次有效的值。模块故障消除，恢复原先读取的方式（过程映像区输入）。

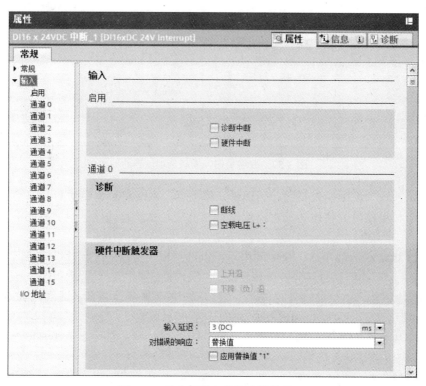

图 3-58　数字量输入模块参数化界面

3.4.2　数字量输出模块参数配置

有些数字量输出模块带有诊断功能，可以进行参数化，例如输出模块 6ES7322-8BF00-0AB0 参数化界面，如图 3-59 所示。

"输出"参数化界面主要参数及选项的功能描述如下：

"启用"：

如果使能选项"诊断中断"，在"诊断"栏中选择触发诊断中断的故障类型，例如"断线"，出现监控的故障时产生诊断中断，并由 CPU 调用 OB82。

"诊断"：

选择是否激活断线、缺失负载电压、接地短路和与 L＋短路诊断功能。故障信息可以通过函数 RDREC 读出。如果使能诊断中断，出现监控的故障时触发 CPU 调用 OB82。

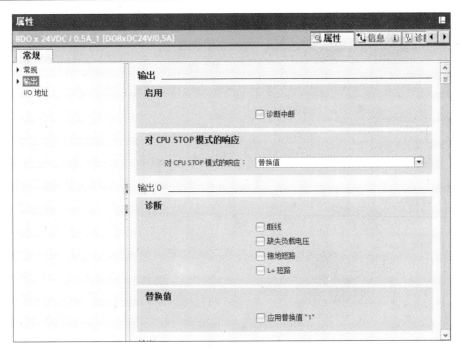

图 3-59　数字量输出模块参数化界面

"对 CPU STOP 模式的响应":

如果诊断事件出现,模块按下列设定输出:

"保持上一个值": CPU 停止,模块输出保持上次有效值。

"替换值": CPU 停止,模块输出使用替换值,在"替换值"选项设置替换值。

3.4.3　模拟量输入模块参数配置

通常 1 个模拟量输入模块可以连接多种传感器,在模块上需要跳线以匹配不同的传感器,同样在硬件配置中也必须进行参数化并与实际安装类型及模块设置相匹配。以经常使用的模拟量输入模块 6ES7 331-7KF02-0AB0 为例介绍模块的参数化。

在"I/O 地址"选项卡栏设置模块的开始地址,模拟量值通常不需要过程映像区处理,开始地址位于过程映像区外。选择"输入"选项卡栏进入参数化界面,如图 3-60 所示。

模拟量"输入"参数化界面主要参数及选项的功能描述如下:

"启用":

如果使能选项"诊断中断",在"诊断"栏中选择触发诊断中断的故障类型,出现监控的故障时产生诊断中断,并由 CPU 调用 OB82;如果使能选项"超限时硬件中断",在"硬件中断"栏中的"通道"设置选择触发硬件中断的"上限"和"下限",使能硬件中断功能后,每次出现硬件中断事件触发 CPU 调用硬件中断组织块,例如 OB40 一次。

"诊断":

激活"组诊断",当一个诊断事件,例如组态/分配参数错误、断线、共模错误等出现时,PLC 会收到相应的诊断信息。

激活"检查断路",故障信息可以通过函数 RDREC 读出,并触发 CPU 调用 OB82。

"测量":

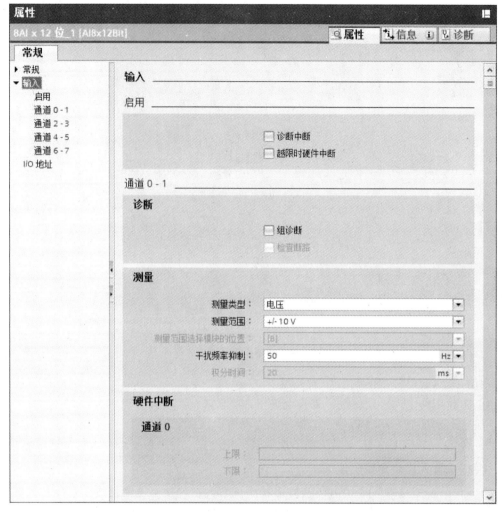

图 3-60 模拟量输入模块参数化界面

"测量类型"：选择连接传感器的类型，如电压、电流、电阻等信号。

"测量范围"：选择测量范围，如选择连接电压类型传感器，测量范围可选择＋/－10V、1～5V等信号。

"测量范围选择模块的位置"：与量程卡跳线位置相匹配。

"干扰频率抑制"：选择与交流供电频率一致的数值，例如50Hz。

"积分时间"：选择输入信号的积分时间，积分时间长、模拟量转换时间长、分辨率准确度高。

"硬件中断"：

设置输入信号的上限和下限，当超过这个范围时，会产生一个硬件中断，并由 CPU 调用 OB40。只有通道 0 和通道 2 可以选择。

3.4.4 模拟量输出模块参数配置

模拟量输出模块只能连接电压和电流负载，参数化比较简单，如图 3-61 所示。

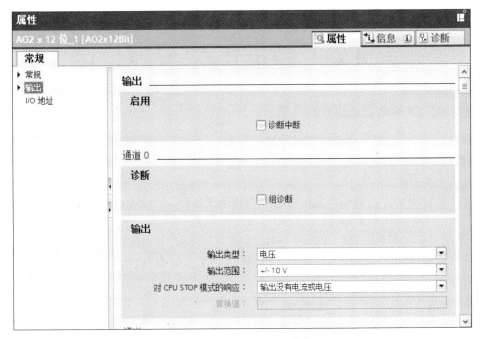

图 3-61　模拟量输出模块参数化界面

模拟量"输出"参数化界面主要参数及选项的功能描述如下：

"启用"：

选择是否使能诊断中断，模块故障触发 CPU 调用 OB82。

"组诊断"：

选择是否使能组诊断，如果选择组诊断，出现下列故障例如断线（电流输出）、与地短路（电压输出）及丢失负载电压等，PLC 会收到相应的诊断信息。

"输出"：

"输出类型"：选择输出类型，例如选择电压输出或电流输出。

"输出范围"：选择输出范围，例如电压输出类型，可以选择+/−10V、0~10V 等输出范围。

"对 CPU STOP 模式的响应"："输出没有电流和电压"，CPU 停止，模块不输出；"保持上一值"，CPU 停止，模块输出保持上次有效值。

"替换值"：CPU 停止，模块输出使用替代值，在"替代值"选项中设置替代值。

第4章 数据类型与地址区

4.1 S7-300/S7-400 PLC 的数据类型

用户程序中所有的数据必须通过数据类型来识别，只有相同数据类型的变量才能进行计算，数据类型主要分为三类：

1）基本数据类型；

2）复合数据类型，编程人员可以将基本数据类型组合为复合的数据类型；

3）参数类型，适合函数或函数块中形参的数据类型。

梯形图、语句表和功能块图的指令系统也是与数据类型相对应的，位逻辑指令只能对位信号进行操作，语句表中的装载（L）与传送（T）指令与梯形图、功能块图中的移动（MOVE）指令只能对字节、字和双字进行操作。1 个位是 1 个二进制的数字，通过 "0" 或 "1" 表示，1 个字节由 8 个位组成，1 个字由 16 个位组成，1 个双字由 32 个位组成。数学运算指令对字节、字和双字进行操作，这些字节、字和双字经过不同的编码可以转换为整数和浮点数。

4.2 基本数据类型

基本数据类型共包含 12 种，每一个数据类型都具备关键字、数据长度、取值范围和常数表达格式等属性。以字符型数据为例，该类型的关键字是 Char，数据长度 8 bit，取值范围是 ASCII 字符集，常数表达格式为两个单引号包含的字符，如 'A'。基本数据类型的关键字、长度、取值范围和以常数为例子的表示方法见表 4-1。

表 4-1 TIA博途软件的基本数据类型

数据类型及关键字	长度	取值范围	常数表示方法举例
BOOL（位）	1 bit	True 或 False	TRUE
BYTE（字节）	8 bit	十六进制表达： B#16#0~B#16#FF	B#16#10
WORD（字）	16 bit	二进制表达： 2#0 ~2#1111_1111_1111_1111	L2#0001
		十六进制表达： W#16#0 ~ W#16#FFFF	W#16#10
		无符号十进制表达： B#（0,0）~B（255,255）	B#（10，20）
		BCD（二进制编码的十进制数）表达： C#0 ~ C#999	C#998
DWORD （双字）	32 bit	二进制表达： 2#0 ~ 2#1111_1111_1111_1111 1111_1111_1111_1111	2#1000_0001 0001_1000 1011_1011 0111_1111
		十六进制表达： DW#16#0 ~ DW#16#FFFF_FFFF	DW#16#10
		无符号十进制表达： B#（0,0,0,0）~ B#（255,255,255,255）	B#（1，10，10，20）

（续）

数据类型及关键字	长度	取值范围	常数表示方法举例
CHAR （字符）	8 bit	ASCII 字符集 'A'、'b'等	'A'
INT （整数）	16 bit	-32768 ~ 32767	12
DINT （双整数，32 位）	32 bit	-L#2147483648 ~ L#2147483647	L#12
REAL （浮点数）	32 bit	-3.402823E+38 ~ -1.175495E-38, 0, +1.175495E-38 ~ +3.402823E+38	12.3
S5Time （SIMATIC 时间）	16 bit	S5T#0H_0M_0S_10MS ~ S5T#2H_46M_30S_0MS	S5T#10S
TIME （IEC 时间）	32 bit	IEC 时间格式（带符号），分辨率为 1ms: -T#24D_20H_31M_23S_648MS ~ T#24D_20H_31M_23S_648MS	T#0D_1H _1M_ 0S_0MS
DATE （IEC 日期）	16 bit	EC 日期格式，分辨率 1 天: D#1990-1-1 ~ D#2168-12-31	DATE#1996-3-15
Time_OF_DAY	32 bit	24h 时间格式，分辨率为 1ms TOD#0:0:0.0 ~ TOD#23:59:59.999	TIME_OF_ DAY#1:10:3.3

下面简单介绍不同数据类型数据的表示方法:

1. WORD（字）

一个 WORD 包含 16 个位，以二进制编码表示一个数值时，将 16 个位分为 4 个组，每个组 4 个位，组合表示数值中的一个数字或符号位，例如以 16 进制表示数值 W#16#1234 的方法如图 4-1 所示，使用 16 进制表示数值时没有符号位，所以 16 进制表示的数值不可能有负值。

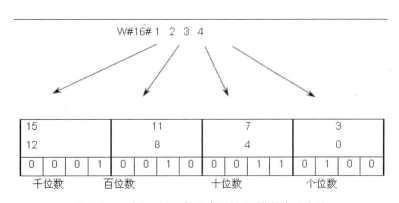

图 4-1　一个 WORD 数据类型的 16 进制表示方法

以 BCD 码表示+123 方法（见图 4-2），BCD 码通常表示时间格式数值，与 16 进制表示方法相比较，BCD 码带有符号位，数值中不能含有 A、B、C、D、E、F 等 16 进制数字。计数器 C 同样使用 BCD 码表示，但是不识别符号位，例如+123 和-123 表示计数器的值相同都是 C#123。

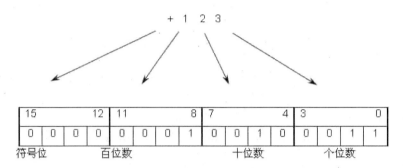

图 4-2 一个 WORD 数据类型的 BCD 码表示方法

DWORD 与 WORD 的表示方法相同。

2. INT（整数）

一个 INT 包含 16 个位，在存储器中占用 1 个字的空间。第 16 位为符号位，可以表示数值的正负。以二进制编码表示 1 个数值时，除符号位以外将每一位信号的数值相加即可以表示一个整数，例如以整数方式表示＋34 的位图排列如图 4-3 所示。

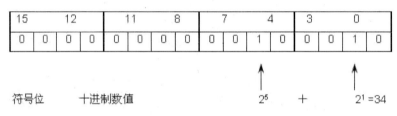

图 4-3 一个 INT 数据类型的正整数表示方法

1 个负数的位表示方法则是在正数的基础上将所有位信号取反后加 1，如–34 的表示方法如图 4-4 所示。

图 4-4 一个 INT 数据类型的负整数表示方法

DINT 与 INT 的表示方法相同。

3. REAL（浮点数）

一个 REAL 包含 32 个位，在存储器中占用两个字的空间。STEP7 中的 REAL 数据类型符合"IEEE standard 754-1985"标准，一个 REAL 数值包括符号位 S、指数 e 和尾数 m，分别占用的位数如图 4-5 所示。

图 4-5　一个 REAL 数据类型的表示方法

指数 e 和尾数 m 的取值参考表 4-2，

表 4-2　指数 e 和尾数 m 的取值

浮点值的组成部分	位号	值
符号位 S	31	
指数 e	30	2^7
…	…	…
指数 e	24	2^1
指数 e	23	2^0
尾数 m	22	2^{-1}
…	…	…
尾数 m	1	2^{-22}
尾数 m	0	2^{-23}

REAL 数据类型的值等于 $1.m * 2^{(e-bias)}$，其中：

e：$1 \leq e \leq 254$

Bias：bias = 127

S：S=0 值为正，S=1 值为负。

例如浮点值 12.25 的表示方法：

符号位 S = 0

指数 $e = 2^7 + 2^1 = 128 + 2 = 130$

尾数 $m = 2^{-1} + 2^{-5} = 0.5 + 0.03125 = 0.53125$

浮点数值 = $(1 + 0.53125) * 2^{(130-127)} = 1.53125 * 8 = 12.25$

西门子 PLC 规定浮点值的小数部分最多为 6 位数，如果相差大于等于 10^7 的两个浮点数进行运算，可能导致不正确的结果，例如 100，000，000.0 ＋ 1.0 = 100，000，000.0，因为值 1.0 在前者中无法表示（最小数值分辨率）。为了增加浮点运算的准确性，在程序中避免相差大于 10^7 的两个浮点值进行加减运算。

4. S5 Time（SIMATIC 时间）

S7 PLC 中的定时器使用 S5 TIME 的数据类型，格式为 S5T#XH_XM_XS_XMS，

其中 H 表示为小时；M 表示为分钟；S 表示为秒；MS 表示为毫秒。时间数据以 BCD 码二进制编码的格式存储于 16 个位中，例如时基为 1s（时间最小变化率为 1s），时间值为 127s 的位图表示方法如图 4-6 所示。

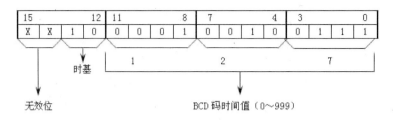

图 4-6 一个 S5 TIME 数据类型的表示方法

时基为时间的最小变化率，时基的几种方式见表 4-3：

表 4-3 S5 TIME 数据格式的时基

时基类型	二进制编码值
10 ms	00
100 ms	01
1 s	10
10 s	11

同样 1 个定时器，BCD 码的时间值最大为 999，通过选择不同的时基可以改变定时器的定时长度，10ms 时基的最大定时长度为 9990ms；100ms 时基的最大定时长度为 99900ms；1s 时基的最大定时长度为 999s；10s 时基的最大定时长度为 9990s。所以定时器最大的定时长度为 9990s（2H_46M_30s），但是最小分辨率将变为 10s。在编写用户程序时可以直接装载设定的时间值，CPU 根据时间值大小自动选择时基值，例如在程序中设定时间值为 S5T#2M_30s，等于 150s，大于 100ms 时基最大的定时长度而小于 1s 时基最大的定时长度，时基自动选择为 1s；如果选择时间值为 1 个变量，则需要对时基值进行赋值，例如使用不支持 SIAMTIC S5 TIME 数据格式的第三方 HMI 监控软件设定时间值时，需要设定时基值（西门子 WINCC 软件中支持 SIAMTIC S5 TIME 数据格式，不需要选择）。

5. TIME（IEC 时间）

TIME（IEC 时间）采用 IEC 标准的时间格式，占用 32 个位，格式为，T#XD_XH_XM_XS_XMS，其中 D 表示为天；H 表示为小时；m 表示为分钟；s 表示为秒；ms 表示为毫秒。在规定的取值范围内，TIME（IEC 时间）类型数据可以与 DINT 类型的数据相互转换（T#0ms 对应 L#0），DINT 数据每增加 1，时间值增加 1ms。与 SIMATIC S5 TIME 相比，没有时基，定时时间更长，但是每一个 IEC 定时器需要占用 CPU 的存储区。

6. DATE（IEC 日期）

DATE（IEC 日期）采用 IEC 标准的日期格式，占用 16 个位，例如 2006 年 8 月 12 日的表示格式为，D#2006-08-12，按年-月-日排序。在规定的取值范围内，DATE（IEC 日期）类型数据可以与 INT 类型的数据相互转换（D#1990-01-01 对应 0），INT 数据每增加 1，日期值增加 1 天。

7. Time_OF_DAY（时间）

Time_OF_DAY（时间），占用 32 个位，例如 10 小时 11 分 58 秒 312 毫秒的表示格式为：TOD#10:11:58.312，按时:分:秒.毫秒排序。在规定的取值范围内，Time_OF_DAY（时间）类型数据可以与 DINT 类型的数据相互转换（TOD#00:00:00.000 对应 0），DINT 数据每增加 1，时间值增加 1ms。

注意：上述介绍的为 S7 CPU 的数据类型，如果与第三方数据通信，需要注意数据类型的构成，如一些串口设备自定义浮点数据类型，与 S7 CPU 的数据类型不匹配，需要用户编程转换。

4.3　复合数据类型

复合数据类型中的数据是由基本数据类型的数据组合而成或者长度超过 32 bit 的数据类型。TIA PORTAL 中可以有 DATE_AND_TIME、STRING、ARRAY、STRUCT、用户数据类型、FB 和 SFB 等复合数据类型。

1. DATE_AND_TIME（时钟）

DATE_AND_TIME 数据类型表示时钟信号，数据长度为 8 个字节（64 位），分别以 BCD 码的格式表示相应的时间值，如时钟信号为 1993 年 12 月 25 日 8 点 12 分 34 秒 567 毫秒存储于 8 个字节中，每个字节代表的含义见表 4-4。

表 4-4　DATE_AND_TIME 数据类型中每个字节的含义

字节数	含义及取值范围	示例（BCD 码）
0	年（1990～2089）	B#16#93
1	月（1～12）	B#16#12
2	日（1～31）	B#16#25
3	时（00～23）	B#16#8
4	分（00～59）	B#16#12
5	秒（00～59）	B#16#34
6	毫秒中前 2 个有效数字（0～99）	B#16#56
7（高 4 位）	毫秒中第 3 个有效数字（0～9）	B#16#7
7（低 4 位）	星期：（1～7） 1=星期日 2=星期一 3=星期二 4=星期三 5=星期四 6=星期五 7=星期六	B#16#5

通过函数块可以将 DATE_AND_TIME 时间类型的数据与基本数据类型的数据相转换，如下：

1）转换 DATE 和 TIME OF DAY 值到 DATE_AND_TIME 值需要调用函数 T_COMBINE；

2）从 DATE_AND_TIME 数据中选取 DATE 及 TIME OF DAY 值需要调用函数 T_CONV

2. STRING（字符串）

STRING 字符串最大长度为 256 个字节，前两个字节存储字符是串长度信息，所以最多包含 254 个字符，其常数表达形式为由两个单引号包括的字符串，例如'SIAMTIC S7'。STRING 字符串第一个字节表示字符串中定义的最大字符长度，第二个字节表示当前字符串中有效字符的个数，从第三个字节开始为字符串中第 1 个有效字符（数据类型为 "CHAR"），例如定义为最大 4 个字符的字符串 STRING[4]中只包含两个字符'AB'，实际占用 6 个字节，字节排列如图 4-7 所示。

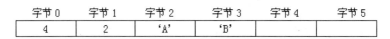

字节 0	字节 1	字节 2	字节 3	字节 4	字节 5
4	2	'A'	'B'		

图 4-7　STRING 字符串数据类型数据排列

3. ARRAY（数组）

由相同数据类型的数据组成数组。数组的维数最大可以到 6 维；数组中的元素可以是基本数据类型或者复合数据类型中任意数据类型（Array 类型除外，即数组类型不可以嵌套）；例如，Array[1..3,1..5,1..6] INT，定义了 1 个元素为整数，大小为 3×5×6 的三维数组，可以使用索引（[2，2]）访问数组中的数据，数组中每一维的索引取值范围是－32768 到 32767，但是索引的下限必须小于上限，例如 1..2、－5..－1 都是合法的定义，索引值按偶数占用 CPU 存储区空间，例如 1 个单元为字节的数组 ARRAY[1..21]，数组中只有 21 个字节，实际占用 CPU 22 个字节。定义 1 个数组时，需要指明数组的元素类型、维数和每一维的索引范围，可以用符号名加上索引来引用数组中的某一个元素，例如 a[1,2,3]，也可以通过地址直接访问。

与其它高级语言相比，索引必须为常数，不能作为变量间接寻址，只能通过使用指针间接寻址，这样必须清楚数组元素的排列顺序及绝对地址，例如 1 个元素为字节的两维数组 ARRAY[1..2,1..3]在数据块中的排列顺序如图 4-8 所示。

		名称	数据类型
1		▼ Static	
2		▼ test	Array [1..2,1..3]of Byte
3		test[1,1]	Byte
4		test[1,2]	Byte
5		test[1,3]	Byte
6		test[2,1]	Byte
7		test[2,2]	Byte
8		test[2,3]	Byte
9		添加	

Data_block_1

图 4-8　数组单元的排列顺序

4. STRUCT（结构体）

结构体是由不同数据类型组成的复合型数据，通常用来定义一组相关的数据，例如在数据块 DB1 中定义电机的一组数据如图 4-9 所示（框中为结构体中的元素及绝对地址）。

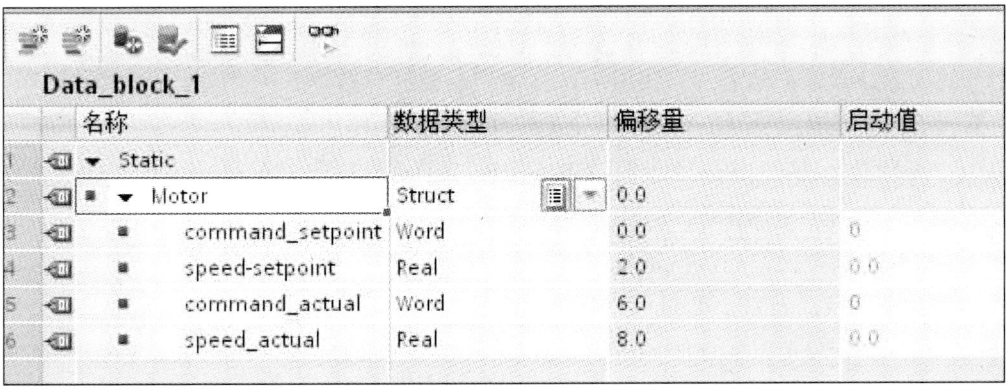

	名称	数据类型	偏移量	启动值
1	▼ Static			
2	▼ Motor	Struct	0.0	
3	command_setpoint	Word	0.0	0
4	speed-setpoint	Real	2.0	0.0
5	command_actual	Word	6.0	0
6	speed_actual	Real	8.0	0.0

图 4-9 结构体变量的定义和绝对地址

如果引用整个结构体变量，可以直接填写符号地址，例如"DB1.motor"，如果引用结构体变量中的 1 个单元例如"command_setpoint"，可以直接访问绝对地址如 DB1.DBW0，也可以使用符号名访问如"DB1.motor. command_setpoint"。

5. 用户数据类型

用户数据类型与 STRUCT 数据类型的定义相同，可以由不同的数据类型组成，如基本数据类型和复合数据类型，与 STRUCT 不同的是，用户数据类型是 1 个用户自定义数据类型模板，作为 1 个整体的变量可以多次使用。例如在项目树下，双击"PLC 数据类型"新建 1 个用户数据类型，在用户数据类型中定义图 4-9 中的 motor 数据结构作为 1 个模板，然后在数据块或程序块的形参中插入多个已经定义的用户数据类型，可以定义不同电机的变量，如图 4-10 所示。

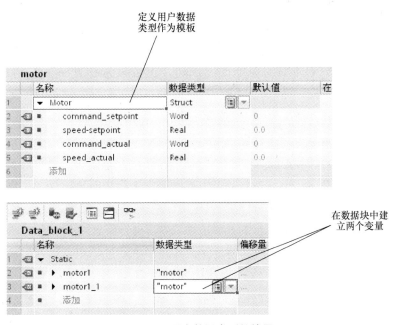

图 4-10 用户数据类型的使用

注意：上述复合数据类型只能在数据块（DB）和本地数据区（L）中建立，对于超出 4 个字节的数据必须以符号名的方式引用，例如一个数组类型数据包含 10 个元素，每个元素为字节，首先在 DB1 中按要求建立一个数组类型数据，10 个元素，每个元素为字节，符号名称为"ARR"，赋值时必须填写 DB1.ARR，数组中的数据可以按单字节变量处理。DATE_AND_TIME、STRING、STRUCT 数据类型变量与数组类型变量处理方式相同（通过指令只能对基本数据类型的数据进行操作）。

6. FB 函数块

这种数据类型仅可以在 FB 的静态变量区作定义，可以将多次调用 FB 块而生成的多个背景数据传送到 1 个背景数据块中（多背景 DB）。

4.4　参数类型

参数数据类型是专用于 FC（函数）或者 FB（函数块）的接口参数的数据类型。可以包括以下几种接口参数的数据类型：

1. Timer，Counter（定时器和计数器类型）

在 FC、FB 中定义定时器和计数器只有程序块调用时才执行，如果将定时器和计数器定义为形参，对应的实参必须为定时器（T）和计数器（C），数据类型的表示方法与基本数据类型中的定时器（T）和计数器（C）相同。

2. BLOCK_FB，BLOCK_FC，BLOCK_DB，BLOCK_SDB（块类型）

将定义的程序块作为输入输出接口，参数的声明决定程序块的类型如 FB、FC、DB 等，如果将块类型作为形参，赋实参时必须为相应的程序块如 FC101（也可以使用符号地址）。

3. Pointer（6 字节指针类型）

一个指针只包含地址而不是实际值，将指针数据类型作为形参时，赋实参时必须定义一个地址，实参可以是一个简单的地址如 M50.0，也可以是指针格式指向地址的开始如 P#M50.0。

4. Any（10 字节指针类型）

如果实参是未知的数据类型或任意的数据类型时可以选择"ANY"类型。

使用这些参数类型，可以把定时器、计数器、程序块、数据块甚至不确定类型和长度的数据通过参数传递给 FC 和 FB。参数类型为程序提供了很高的灵活性，可以实现更通用的控制功能。

参数传递时允许的数据类型将在 FC、FB 章节中详细介绍。

S7 CPU 的存储器中划分为不同的地址区，在程序中通过指令可以直接访问存储于地址区的数据。地址区包括过程映像输入区（I）、过程映像输出区（Q）、标志位存储区（M）、计数器（C）、定时器（T）、数据块（DB）、本地数据区（L）、外设地址输入区（PI）、外设地址输出输出（PQ），地址区可访问的单位及表示方法见表 4-5。

表 4-5　S7-300/400 地址区

地址区域	可以访问的地址单位	S7 符号及表示方法（IEC）	地址区域	可以访问的地址单位	S7 符号及表示方法（IEC）
过程映像输入区	输入（位）	I	数据块	数据字	DBW
	输入（字节）	IB		数据双字	DBD
	输入（字）	IW		数据块，用"OPN DI"打开	DI
	输入（双字）	ID		数据位	DIX
过程映像输出区	输出（位）	Q		数据字节	DIB
	输出（字节）	QB		数据字	DIW
	输出（字）	QW		数据双字	DID
	输出（双字）	QD	本地数据区	局部数据位	L
标志位存储区	存储器（位）	M		局部数据字节	LB
	存储器（字节）	MB		局部数据字	LW
	存储器（字）	MW		局部数据双字	LD
	存储器（双字）	MD	外设地址（I/O）输入	外设输入字节	PIB
定时器	定时器（T）	T		外设输入字	PIW
计数器	计数器（C）	C		外设输入双字	PID
数据块	数据块，用"OPN DB"打开	DB	外设地址（I/O）输出	外设输出字节	PQB
	数据位	DBX		外设输出字	PQW
	数据字节	DBB		外设输出双字	PQD

5. 过程映像输入区（I）

过程映像输入区位于 CPU 的系统存储器，在循环执行用户程序之前，CPU 首先扫描输入模块的信息并将这些信息记录到过程映像输入区中，与输入模块的逻辑地址相匹配。使用过程映像输入区的好处是在一个程序执行周期中保持数据的完整性。使用地址标识符"**I**"（不分大小写）访问过程映像输入区，如果在程序中访问输入模块中一个输入点，在程序中表示方法如图 4-11 所示。

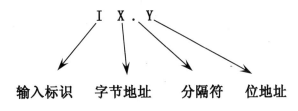

图 4-11　输入模块地址表示方法

1 个字节包含 8 个位，所以位地址的取值范围位 0～7，一个输入点即为一个位信号，如果 1 个 32 点的输入模块设定的逻辑地址为 8，那么第 1 个点的表示方法为 I8.0；第 10 个点的表示方法为 I9.1；第 32 个点的表示方法为 I11.7。按字节访问地址表示方法为 IB8、IB9、IB10、IB11（B 为字节 BYTE 的首字母）；按字访问表示方法为 IW8、IW10（W 为字 WORD 的首字母）；按双字访问表示方法为 ID8（D 为双字 DOUBLE WORD 的首字母）。

6. 过程映像输出区（Q）

过程映像输出区位于 CPU 的系统存储器，在循环执行用户程序中，CPU 将程序逻辑输出的值存放在过程映像输出区，在一个程序执行周期开始更新过程映像输出区并将所有输出值发送到输出模块，保证输出模块输出的一致性。在 S7-300 PLC 中过程映像输出区固定为128 个字节，在 S7-400 PLC 中过程映像输出区的大小可以设置，过程映像输出区与输出模块的逻辑地址相匹配。

使用地址标识符"**Q**"（不分大小写）访问过程映像输出区，在程序中表示方法与输入信号相同，输入模块与输出模块分别属于两个地址区，模块逻辑地址可以相同。

7. 标志位存储区（M）

标志位存储区位于 CPU 的系统存储器，地址标识符为"**M**"，数据区的大小与 CPU 的类型有关，早期 S7-300 PLC 的标志位存储区只有 256 个字节，新的 S7- CPU315-2DP（2AG10）的标志位存储区为 2048 个字节，CPU412-2DP 的标志位存储区为 4096 个字节。在程序中访问标志位存储区的表示方法与输入信号相同。M 区中掉电保持的数据区大小可以在 CPU 中设置。

8. 定时器（T）

定时器存储区位于 CPU 的系统存储器，地址标识符为"**T**"，定时器的数量与 CPU 的类型有关，定时器的表示方法为 T X，T 表示定时器标识符，X 表示第几个定时器，每一个定时器占用 1 个字的存储空间。存储区中掉电保持的定时器个数可以在 CPU 中设置。

9. 计数器（C）

计数器存储区位于 CPU 的系统存储器，地址标识符为"**C**"，定时器的数量与 CPU 的类型有关，计数器的表示方法为 C X，C 表示计数器的标识符，X 表示第几个计数器，每一个计数器占用 1 个字的存储空间。存储区中掉电保持的计数器个数可以在 CPU 中设置。

注意：如果在程序中访问 M 区、定时器、计数器地址超出 CPU 规定地址区范围，CPU将报错，并提示程序不能下载。

10. 数据块存储区（DB）

数据块可以存储于装载存储器、工作存储器以及系统存储器中（块堆栈），共享数据块地址标识符为"**DB**"，函数块 FB 的背景数据块地址标识符为"**DI**"。以标识符 DB 为例，按位访问 DB 区的表示方法为 DB1.DBX20.0（第一个数据块中，第 21 个字节的第一位，X 表示位信号）；按字节访问 DB 区的表示方法为 DB1.DBB20（第一个数据块中，第 21 个字节，B 为字节 BYTE 的首字母）；按字访问 DB 区的表示方法为 DB1.DBW8（W 为字 WORD 的首字母）；按双字访问 DB 区的表示方法为 DB1.DBD8（D 为双字 DOUBLE WORD 的首字母）。数据块的个数与数据块存储区的大小与 CPU 类型有关，每一个数据块的大小与使用S7-300 CPU 或 S7-400 CPU 有关，通常 S7-300 PLC 数据块的容量为 32K，S7-400 PLC 数据块的容量为 64K。数据块中的数据默认设置为掉电保持，不需要额外设置。

注意：在语句表编程中，通过"DB"或"DI"区分两个打开的数据块，在其它应用中函数块 FB 的背景数据块也可以使用"DB"表示。

11. 本地数据区（L）

本地数据区位于 CPU 的系统数据区，地址标识符为"L"。包括函数、函数块的临时变量、组织块中的开始信息、参数传送信息及梯形图编程的内部逻辑结果。在程序中访问本地数据区的表示方法与输入信号相同。

在 S7-300 PLC 中每一类优先级组织块及其程序调用相关函数所占用最大的本地数据区固定为 256 个字节，例如在主程序 OB1 中调用函数 FC1 和 FC2，三者使用总的临时变量不能超过 256 个字节；在 S7-400 PLC 中，每一类优先级组织块及其程序调用相关函数所占用的本地数据区大小可以设置，CPU 可以使用的本地数据区大小与 CPU 的类型有关，如 CPU414-3 的本地数据区为 16K。

注意：如果使用本地数据区超出 CPU 的限制，CPU 将停机。

12. 外设地址输入区

外设地址输入区位于 CPU 的系统数据区，地址标识符为"：P"，加在过程映像区地址的后面。与过程映像区功能相反，不经过过程映像区的扫描，程序访问外设地址区时直接将输入模块当前的信息读入并作为逻辑运算的条件，例如在程序中直接读出模拟量输入的信息等，同样一个模块，逻辑地址的设定决定该模块数据信息的读取方式，例如 S7-300 PLC 过程映像输入区为 128 个字节，如果设定模块逻辑地址大于 128，那么该模块只能通过外设输入区读取。访问外设输入地址区最小单位为字节，例如访问 1 个字节表示方法为 IB X :P（B 为字节 BYTE 的首字母，X 为外设地址区），访问 1 个字表示方法为 IW X :P（W 为字 WORD 的首字母，X 为外设地址区），访问 1 个双字表示方法为 ID X :P（D 为双字 DOUBLE WORD 的首字母，X 为外设地址区）。

13. 外设地址输出区

外设地址输出区位于 CPU 的系统数据区，地址标识符为"：P"，加在过程映像区地址的后面。与外设地址输入区的访问方式相同，访问字节、字和双字的表示方法为 QB X :P、QW X :P 和 QD X:P（X 为外设地址区）。

注意：过程映像区内 I/O 地址的数据也可以直接使用立即读或立即写的方式直接访问，访问最小单位为字节，方式与访问外设输入/输出地址相同。

4.5 全局变量与区域变量

1）全局变量可以在 CPU 范围内被所有的程序块调用，例如在 OB（组织块）、FC（函数）、FB（函数块）中使用，在某一个程序块中赋值后，在其它的程序中可以读出，没有使用限制。全局变量包括 I、Q、M、定时器（T）、计数器（C）、数据块（DB）、PI、PQ 等数据区。

2）区域变量只能在所属的程序块（OB、FC、FB）范围内调用，在程序块调用时有效，程序块调用完成后被释放，所以不能被其它程序块使用，本地数据区（L）中的变量为区域变量，例如每个程序块中的临时变量都属于区域变量。

1 个双字包括两个字，1 个字又包括 2 个字节，1 个字节包括 8 个位，它们之间的排列关系如图 4-12 所示（以 MD20 为例）。

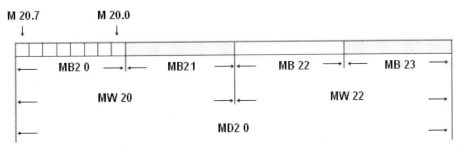

图 4-12 位寻址、字节寻址、字寻址和双字寻址之间的关系

　　注意数据的排列次序，序号低的字节或字为高字节或高字，例如将 123 存放于 MD20 中，数据先存放于 MB23 中，如果数据超过 1 个字节的上限 255 后，将数据高位存放在 MB22 中，依此类推。如果在程序中使用字变量如 MW20、MW21 或双字变量如 MD20、MD22，从图 4-12 中可以看出每两个变量中都有相互重叠的部分，这样将在程序造成数据冲突，影响程序的执行，为避免数据区使用冲突与重叠，使用字节时建议地址按一的倍数增加，使用字时建议地址为偶数并按二的倍数增加，使用双字时建议地址为偶数并按四的倍数增加。

　　S7 PLC 与其它设备进行数据通信时应注意字节的排列顺序，例如在 PLC 中一个 WORD 的值为 W#16#1234，在通信方读出的数据可能为 W#16#3412，这是由于 WORD 数据中高低字节颠倒造成的，需要在通信方作处理或在本地 PLC 中编程转换。

第5章 编程指令

TIA 博途软件集成了梯形图 LAD（Ladder Logic Programming Language）、语句表 STL（Statement List Programming Language）、功能块图 FBD（Function Block Diagram Programming Language）、结构化控制语言 SCL（Structured Control Language）和图表化的 GRAPH 等五种编程语言，不同的编程语言为编程人员的不同需求提供了选择：

1）LAD：梯形图和继电器原理图类似，采用诸如触点和线圈等符号。这种编程语言适合于对继电器控制电路比较熟悉的技术人员，梯形图上手快，编程指令可以直接从指令集窗口中拖曳出来使用。LAD 程序可以转换成 STL 语言。

2）STL：语句表包含了丰富的指令，采用文本编程的方式，可以简化编程量，在以前的 STEP7 版本中没有助记功能，编程指令必须事先了解或从在线帮助中查询，在 TIA 博途软件中则和 LAD 一样列出了相关指令，编程指令可以直接从指令集窗口中拖曳出来使用，由于 STL 编程简练，绝大多数程序不能转换成 LAD 程序（如果按照 LAD 格式规范编写，可以转换）。

3）FBD：功能块图使用不同的功能"盒"相互搭接成一段程序，逻辑采用"与"、"或"、"非"进行判断。与梯形图相似，编程指令也可以直接从指令集窗口中拖曳出来使用，大部分程序可以与梯形图程序相互转换。

4）SCL：结构化控制语言是一种类似于 PASCAL 的高级编程语言，其在具有 PLC 的典型元素（例如，输入/出、定时器，符号表）之外还具有以下的高级语言特性：循环、选择、分支、数组、高级函数等。非常适合于复杂的运算功能、数学函数、数据管理和过程优化等。

5）GRAPH：是一种图表化的语言，非常适合顺序控制程序，添加了诸如顺控器、步骤、动作、转换条件、互锁、监控等概念。

任何一种编程语言都有相应的指令集，指令集是最基本的编程元素，通过指令集可以调用使用指令集编写的函数和函数块以及库函数。在以往的 STEP7 版本中函数和函数块分别放在几个函数库（Library）中，在 TIA 博途软件 V11 中将相关指令及一些 SFC、SFB 根据功能进行了相应的重新分类，统一放到了"基本指令"、"扩展指令"、"工艺"和"通信"的任务卡下，然后又根据功能作进一步的细分，五种编程语言的指令集如图 5-1 所示。

本章节将介绍 LAD 和 STL 这两种编程语言的指令集。

LAD	STL	FBD	SCL	GRAPH
指令	指令	指令	指令	指令
选件	选件	选件	选件	选件
> 收藏夹	> 收藏夹	> 收藏夹	> 收藏夹	> 收藏夹
∨ 基本指令	∨ 基本指令	∨ 基本指令	∨ 基本指令	∨ 基本指令
名称	名称	名称	名称	名称
▶ 常规	▶ 定时器操作	▶ 常规	▶ 定时器操作	图形结构
▼ 位逻辑运算	▶ 计数器操作	▼ 位逻辑运算	▶ 计数器操作	步和转换条件
—| |—	▶ 数学函数	&	▶ 数学函数	步
—|/|—	▶ 移动操作	>=1	▶ 移动操作	转换条件
—|NOT|—	▶ 转换操作	x	▶ 转换操作	顺控器结尾
—( )—	▶ 程序控制操作	—[=]	▼ 编程控制操作	跳转到步
—(R)	▶ 字逻辑运算	—[R]	SCL IF ... THEN ...	选择分支
—(S)	▶ 其它操作	—[S]	SCL IF ... THEN ... ELSE ...	并行分支
SR	▼ 基本指令	SR	SCL IF ... THEN ... ELSIF ...	关闭分支
RS	▼ 位逻辑运算	RS	SCL CASE ... OF ...	
—|P|—	A	—|P|—	SCL FOR ... TO ... DO ...	
—|N|—	AN	—|N|—	SCL FOR ... TO ... BY ... DO ...	
P_TRIG	O	P_TRIG	SCL WHILE ... DO ...	
N_TRIG	ON	N_TRIG	SCL REPEAT ... UNTIL ...	
▶ 定时器操作	X	▶ 定时器操作	SCL CONTINUE	
▶ 计数器操作	XN	▶ 计数器操作	SCL EXIT	∨ 扩展指令
▶ 比较器操作	A(	▶ 比较器操作	SCL GOTO ...	名称
▶ 数学函数	AN(	▶ 数学函数	SCL RETURN	▶ 日期和时间
▶ 移动操作	O(	▶ 移动操作	运行时控制	▶ 字符串 + 字符
▶ 转换操作	ON(	▶ 转换操作	压缩 CPU 内存	▶ 过程映像
程序控制操作	X/	程序控制操作	RE_TRIG	▶ 分布式 I/O
> 扩展指令	> 扩展指令	> 扩展指令	> 扩展指令	> 扩展指令
> 工艺	> 工艺	> 工艺	> 工艺	> 工艺
> 通信	> 通信	> 通信	> 通信	> 通信

图 5-1 LAD、STL、FBD、SCL、GRAPH 指令系统

5.1 程序编辑器

程序编辑器的界面主要由工具栏、块接口变量声明窗口、收藏夹、编程窗口、指令任务卡、信息窗口等构成如图 5-2 所示。

1. 工具栏

使用工具栏可以完成以下主要功能：显示或隐藏绝对地址、显示或隐藏收藏夹、转到语法错误处、更新块调用、显示或隐藏程序状态等，其因编程语言的不同而有变化。工具栏中的图标功能依次如下：

1）插入程序段 ；

2）删除程序段 ；

3）插入行 ；

4）添加行 ；

5）复位启动值 ；

6）打开所有程序段 ；

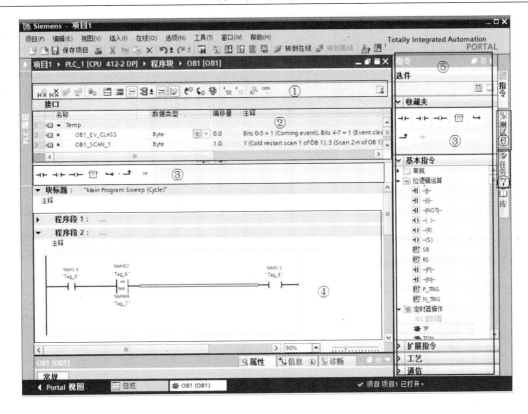

图 5-2　程序编辑器

7）关闭所有程序段；

8）启用/禁用自由格式的注释；

9）绝对/符号地址选择；

10）启用/禁用程序段注释；

11）在编辑器中显示收藏；

12）转到上一个错误；

13）转到下一个错误；

14）更新不一致的块调用；

15）启用代码；

16）禁用代码；

17）详细比较；

18）启用/禁用监视。

2.块接口变量声明窗口

用于声明在块中使用的函数调用接口和局部变量。

3. 收藏夹

可以将常用的指令放到收藏夹中，这样可以将指令任务卡最小化以扩大编辑窗口，同时便于快速使用指令避免了繁琐的指令查找过程，提高了编程效率，所有的基本指令均能放到收藏夹中，也可以对收藏夹中的指令进行删除操作。

4. 编程窗口

用于输入程序代码，在 TIA 博途软件平台中，采用了一些新的方式来优化编程，在图 5-2 中是采用展开和折叠的方法使得界面中程序段的移动更为方便直观，同时对未完成的程序段给予明确的提示。与以前版本比较，TIA 博途软件即使在编程有错误或不完整时也能保存，提高了编程的灵活性，同时如图 5-3 所示，在 LAD 的编程方式下也可以给功能框和线圈添加注释，提高了程序的可读性。右下角的比例尺和边框的可拖曳性使得可根据需要对窗口进行调节。

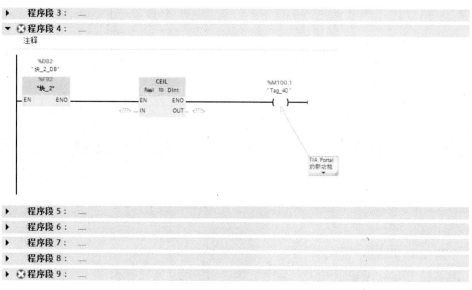

图 5-3　编程窗口

5. 指令任务卡

指令任务卡中包含了收藏夹、基本指令、扩展指令、工艺和通信指令等，各任务卡可展开和折叠，使用非常灵活。

6. 测试任务卡

仅在在线模式下可用，可用于对故障的排除。其包含 CPU 操作面板、断点、PLC 寄存器、顺序控制、测试设置、调用环境、调用层级等窗口。

7. 任务

包含两部分，其一为查找和替换，可通过选择相应的条件如全字匹配等，方便在编程时快速查找变量并替换；其二为语言和资源，可以选择期望的编程语言和参考语言。

5.2　符号编辑器

每一个变量都会对应 1 个符号名，符号名由用户定义或系统自动生成，这些变量的定义都包含在 "PLC 变量表" 中，除此之外 "PLC 变量表" 还包含符号常量的定义。系统会为项目中使用的每个 CPU 自动创建 1 个 PLC 变量表，用户也可以以层级的方式创建新的变量表，非常方便变量的归类和分组或使变量面向于设备使用。

5.2.1　变量表的分类

在项目树下的"PLC 变量"文件夹下包含"显示所有变量、添加新变量表和默认变量表选项"，选择相应的选项并双击即可打开对应的符号编辑器。

1. 显示所有变量

如图 5-4 所示，在"显示所有变量"表下包含了所有变量（含默认变量表、变量 table_1 和变量 table_2）且该表格不能移动和删除。在该表下能够进行变量的导入和导出操作，但不能在线监视。

图 5-4　"显示所有变量"编辑器

2. 默认变量表

每个 CPU 均有一个默认变量表，该表不可移动、重命名或删除。可在此表中声明所有的 PLC 变量，也可以根据需要创建其它的用户定义变量表。

3. 创建新的变量表

用户可根据 PLC 的分类（如按工艺段等）定义自己的变量表，可删除、重命名和移动。

5.2.2　变量表的结构

每个 PLC 变量表均包含"变量"、"用户常量"两个选项，在"默认变量表"和"显示所有变量"表中还包含"系统常量"的选项。如图 5-5 所示，在"用户常量"中可以定义整个 CPU 范围内有效的符号常量，选项内的内容可编辑、移动、删除和导出等。

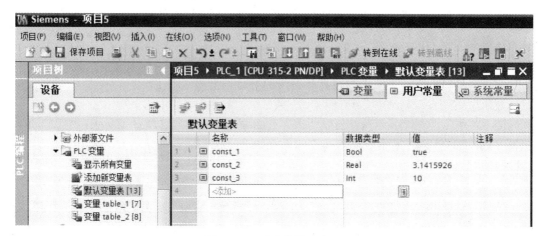

图 5-5 "用户常量"选项

系统需要的常量显示在"系统常量"选项下，该选项下的内容由系统根据配置自动生成，不能编辑、移动和删除和导出等操作。在图 5-6 中，显示了 S7-1200 需要的系统常量。

图 5-6 "系统常量"选项

5.2.3 变量表的操作

1. 导入和导出

在"显示所有变量"表下可以执行变量的导入和导出，而自定义变量表和默认变量表则只能进行导出操作。如图 5-7 所示变量和常量可以执行导入导出操作，但系统变量不可以。导出的文件为标准的 XLSX 格式，需要使用 microsoft office Excel 2007 以上版本进行编辑。

图 5-7 导出到 Excel 中

2. 保持性

在 PLC 变量表中，可以为 PLC 变量指定保持性存储区的宽度。在该存储区中的所有变量随即被标识为有保持性。 通过 PLC 变量表的"保持"列中的复选标记可以识别变量是否具有保持性。设置的方法如下：

1）在变量表的工具栏上，单击"保持性"按钮，将打开"保持性存储器"对话框；

2）通过输入存储字节数指定保持性存储区的宽度；

3）单击"确定"按钮。

注意：在当前版本下只对 S7-1200 有效,S7-300/400 需要在硬件组态中进行保持性的设置。

3. 监视

单击变量表中的"全部监视"按钮，可以对变量进行在线监视。

5.2.4 变量的操作

对于变量的操作非常灵活，可以先在 microsoft office Excel 2007 中进行定义然后导入，也可以在符号编辑器中直接编辑。符号编辑器采用了 Office 的编辑风格，可以通过复制、粘贴或下拉拖曳的方式创建变量。在程序编辑器中也可以先输入符号名，然后通过鼠标右键打开下拉菜单，选中"定义变量"的方式来定义变量， 如图 5-8 所示。

图 5-8 程序编辑器中定义变量

变量创建完成后，在默认的情况下，选项"在 HMI 可见"和"可从 HMI 访问"是使能的，这两个选项与同项目下 HMI 通信有关，详细介绍可以参考与 HMI 通信章节。

5.3 指令的处理

5.3.1 LAD 指令处理

LAD 逻辑处理中以能流的方式从左到右进行传递（见图 5-9），位信号 M0.0 和 M0.1 相"与"，结果和位信号 M0.2 相"或"并将逻辑执行结果传递到输出线圈 M0.3，图中位信号 M1.1 和 M1.2 信号为 1，均处于导通状态，此时将能流传递给 M0.3 触发线圈的输出。

LAD 程序中数据运算、比较等指令也都是由位信号触发的，在这些指令中左边输入端为"EN"使能信号，如果使能信号为 1，则指令执行，如果条件满足则触发输出信号"ENO"。如图 5-10 所示，位信号 M0.4 为 1，触发"CMP<=I"比较指令的执行，变量 MW2 大于 MW4，所以 ENO 为零，没有将能流传递到输出线圈 M0.5。

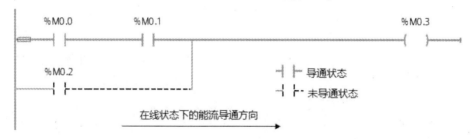

图 5-9　LAD 逻辑处理能量流向

注：图中的"%"，在使用绝对寻址时无需输入，其会自动添加。为便于理解在以后的文本例子中保留%的添加方式。

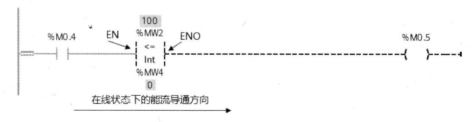

图 5-10　LAD 运算处理能量流向

5.3.2 STL 指令处理

1. 状态字的使用

与 LAD 指令相比，STL 使用指令直接对地址区进行操作，例如位处理的"与"指令，如图 5-11 所示。

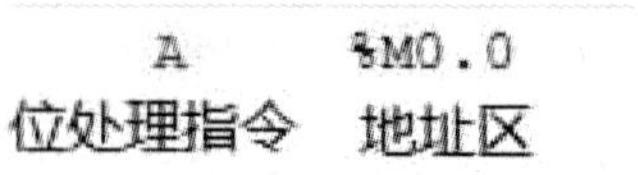

```
      A      %M0.0
  位处理指令   地址区
```

图 5-11　位指令示意

操作指令在前地址区在后，通过指令直接对地址操作，STL 指令的执行与监控通过 CPU 内部寄存器中的状态字来实现，状态字中的前 9 位分别表示地址的状态、逻辑处理结果、数据溢出等操作状态，状态字的结构如图 5-12 所示。

	状态字								
位号	15~9	8	7	6	5	4	3	2	1	0
内容	0	BR	CC1	CC0	OV	OS	OR	STA	RLO	/FC

图 5-12　CPU 寄存器的状态字

状态字中每一个位的作用如下：

1）/FC：首次检测位，控制逻辑操作的开始，每一个逻辑操作都需要查询/FC 位的状态和被操作的逻辑地址状态，如果/FC 位为 1，结合检测逻辑地址状态，并将结果存储于 RLO 位；如果/FC 位为 0，开始新的逻辑操作，例如赋值指令（S，R，=）或基于 RLO 的跳转指令，都会结束逻辑的操作并将/FC 位复位。

2）RLO：存储逻辑操作或比较指令的结果，RLO 在程序调试中很重要，赋值指令根据 RLO 的状态判断线圈是否输出。在线状态下 STL 语句后面会有一个表格显示程序的状态，包括 RLO、当前值等，如图 5-13 所示。

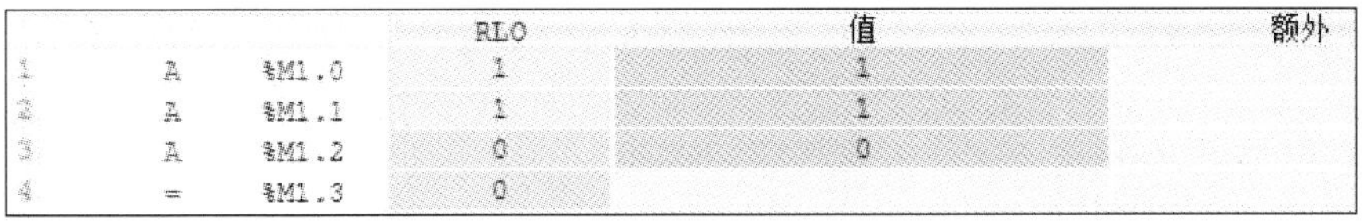

图 5-13　RLO 状态显示

3）STA：存储 1 个位地址的值，即位的状态，参考图 5-13 中的"值"。

状态位/FC、RLO、STA 的关系,可以通过以下程序，并打开"测试"任务卡,通过 PLC 寄存器的状态来观察，如图 5-14 所示。

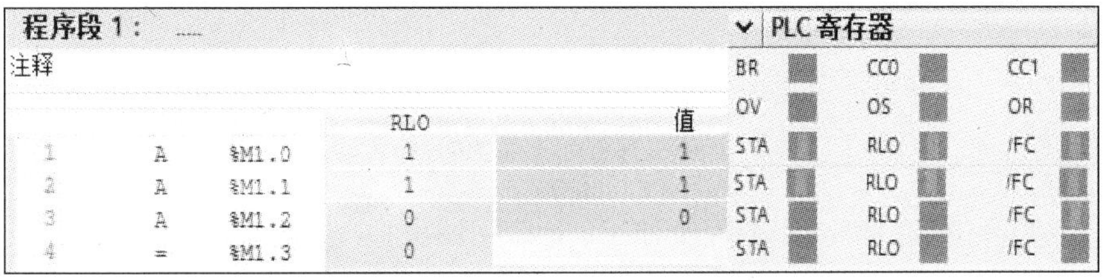

图 5-14　状态位/FC、RLO、STA 的关系

在上面的程序中，根据状态字可以判断位的状态，M1.0=1；M1.1=1；M1.2=0，输出结果为 0，赋值指令复位/FC 位，由于 M1.2 的 RLO 位为 0，即使 M1.0 和 M1.1 的 STA 位为 1，与上面指令的逻辑结果 RLO 仍然为 0，如果 M1.2 为 1，三条"与"指令的逻辑结果 RLO 为 1，赋值指令根据 RLO 输出。

4）OR：如果在"或"运算之前执行"与"运算，则使用 OR 状态位。如果"与"运算的 RLO 为"1"，则置位 OR 位。其它任何二进制指令都将复位 OR 位。如图 5-15 所示，将 M1.0、M1.1 相"与"的结果再与 M1.2"或"，"O"指令前 M1.1、M1.2 相"与"的逻辑结果为 1，所以 OR 位为 1。

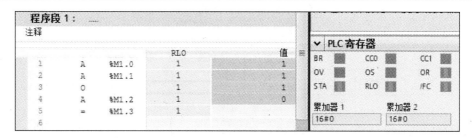

图 5-15 状态位 OR

5）OS：如果浮点运算故障，触发 OV 位并置位 OS 位，故障消除 OS 位保持，所以 OS 位可以记录 OV 的是否出过故障。JOS（OS 为 1 跳转）、 块调用、块结束指令复位 OS 位。

6）OV：溢出位，浮点运算故障（溢出、非法操作、无序比较），OV 位置位，故障消除，OV 位复位。

7）CC1，CC0：条件代码，指示位逻辑操作、比较指令、算数指令、移位选择指令等操作状态，也表示累加器 1、2 的关系，例如累加器 2 中的值大于累加器 1 中的值，通过 CC0、CC1 的状态触发程序跳转指令等。

8）BR：二进制结果位，解释字逻辑的结果，例如两个字相"与"的结果等。另一方面，在编写函数或函数块时，如果没有将 RLO 位存储到 BR，使用 LAD 调用时，不能激活函数输出"ENO"（不导通状态）（见图 5-16），调用用户编写的函数 FB1 时，函数执行，但是 ENO 没有输出，能流没有导通。在函数的结尾简单使用 SAVE 指令可以显示的状态。

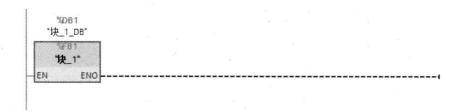

图 5-16 状态位 BR=0

状态字中的位信号，可以在编程中使用，如调用 SET、CLR 指令对 RLO 位进行操作，在调试阶段根据状态位的值调试程序，如使用 STA、RLO 位的信号可以判断操作地址的状态和指令处理结果。

2. 累加器的使用

对于运算指令，STL 使用累加器作为数据的缓存区，累加器属于 CPU 内部寄存器，S7-300 CPU（319 除外）中有两个累加器（ACCU1 和 ACCU2），S7-400 CPU（含 319）中有 4 个累加器（ACCU1、ACCU2、 ACCU3、ACCU4），每个累加器占用 32 位地址空间，可以将 4 个字节的变量放置在累加器中进行运算，累加器的使用参考下面的程序：

```
L    %MD  10   //装载变量 MD10 进入累加器 1
L    %MD14     //装载变量 MD14 进入累加器 1，MD10 进入累加器 2
AD            //累加器 1 与累加器 2 中的值相与，将结果传送到累加器 1 中
T    %MD  18   //将累加器 1 中存储的运算结果传送到变量 MD18
```

累加器 1 和 2 中的数据通过"L"指令自动堆栈。两个累加器往往不能满足复杂的运算，需要先将运算结果存储于其它数据区中，才能进行下一步的运算，占用大量存储器的空间，使用 4 个累加器作为数据的缓存区可以解决上面的问题，累加器 ACCU3 和 ACCU4 必须使用特殊指令进行操作。LAD 没有累加器的概念，大量的计算需要数据的转存。与累加器相关的指令如图 5-17 所示，在 TIA 博途中选中相应指令按 F1 键即可获得相应的使用说明。

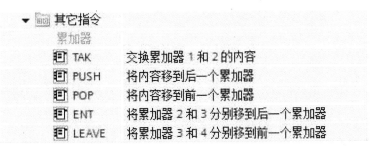

图 5-17　累加器相关指令

5.4　基本指令

5.4.1　位逻辑指令

1. 触点指令

位逻辑指令处理布尔值"1"和"0"。在 LAD 中分为标准触点指令、取反指令、沿检测指令和线圈指令。位逻辑指令扫描信号状态，"1"表示动作或通电，"0"表示未动作或未通电，并根据布尔逻辑对它们进行组合。这些组合产生结果 1 或 0，称为逻辑运算结果（RLO），参考表 5-1。

1）标准触点指令：触点表示 1 个位信号的状态，地址可以选择 I、Q、M、DB、L 数据区，触点可以是输入信号、程序处理的中间点及与其它站点通信的位信号，在 LAD 中常开触点指令为"┤├"常闭触点为"┤/├"，当值为 1 时，常开触点闭合，当值为 0 时，常闭触点闭合，在 LAD 编程时，标准触点间的"与"、"或"、"异或"关系需要通过图形搭接出来；使用 STL 编程，对常开触点使用 A（与）、O（或）、X（异或）指令，对常闭触点使用 AN（与非）、ON（或非）、XN（异或非）指令，如果两段程序间的逻辑操作，需要使用嵌套符号"（ ）"。LAD 没有异或指令，通过逻辑的搭接可以实现异或功能。

2）取反指令：取反指令（┤NOT├、NOT）改变能流输入的状态，将当前值由 0 变 1，或由 1 变 0。

3）沿检测指令：信号沿的检测分为 RLO 信号沿的检测和位地址信号沿的检测。上升沿检测（P_TRIG、FP）和下降沿检测（N_TRIG、FN），将比较逻辑运算结果（RLO）的当前信号状态与先前查询的信号状态（保存在边沿存储位中）。如果该指令检测到 RLO 从"0"变为"1"（或"1"变为"0"），则说明出现了一个上升沿（或下降沿）。

┤P├和┤N├和前面的指令功能相同，只不过前者检查指令前面 RLO 信号的跳变，后者检测 1 个位地址的跳变。沿信号在程序中比较常见，如电机起动、停止信号，故障信号的捕捉等都是通过沿信号实现的。上升沿检测指令检测每一次 0 到 1 的正跳变，让能流接通一个扫描周期，下降沿检测指令检测每一次 1 到 0 的负跳变，让能流接通一个扫描周期。

注意：对于 S7-300/400 而言所有的触点指令不能对外设输入输出区进行操作。例如 A I0.0:P 指令为非法。在程序中能流不能反向，"或"操作不能短路，在这些情况下，PROTAL 会自动检查，不能进行有效连接。

2. 线圈指令

在线圈指令中分为输出指令和置位/复位指令，参考表 5-1。

1）线圈输出指令：线圈指令对 1 个位信号进行赋值，地址可以选择 Q、M、DB、L 数据区，线圈可以是输出信号，当触发条件满足（RLO=1），线圈被赋值 1，当条件再次不满足（RLO=0），线圈被赋值 0。在程序处理中每个线圈可以带有若干个触点，线圈的值决定常开触点、常闭触点的状态。在 LAD 中线圈输出指令为"-( )"，总是在 1 个编程网络的最右边。

2）置位/复位指令：当触发条件满足（RLO=1），置位指令将 1 个线圈置 1，当条件再次不满足（RLO=0），线圈值不变，只有触发复位指令才能将线圈值复位为 0。单独的复位指令也可以对定时器、计数器的值进行清零。LAD 编程指令中 RS、SR 触发器带有触发优先级，置位、复位信号同时为 1 时，优先级高的指令触发，如 RS 触发器，S（置位在后）优先级高。STL 编程中没有 RS、SR 触发器，置位、复位的优先级与在程序中的位置有关，通常后编程的指令优先级高。

注意：对于 S7-300/400 而言所有的线圈指令不能对外设输入输出区进行操作。例如 = Q0.0:P 指令为非法。

STEP7 中触点指令见表 5-1。

表 5-1　触点指令

类　型	LAD	说　明	STL	说　明
触 点 指 令	⊣ ├	常开触点（地址）	A	"与"操作
	⊣ / ├	常闭触点（地址）	A（	"与"操作嵌套开始
	⊣ NOT ├	信号流反向	AN	与非操作
	N_TRIG	RLO 下降沿检测	AN（	与非操作嵌套开始
	P_TRIG	RLO 上升沿检测	O	或操作
	⊣ N ├	地址下降沿检测	O（	或操作嵌套开始
	⊣ P ├	地址上升沿检测	ON	或非操作
			ON（	或非操作嵌套开始
			X	异或操作
			X（	异或操作嵌套开始
			XN	异或非
			XN（	异或非嵌套开始
			）	嵌套闭合
			NOT	非操作（RLO 取反）
			FN	下降沿
			FP	上升沿
			SET	将 RLO 置位为 1
			CLR	将 RLO 复位为 0
			SAVE	将 RLO 保存到 BR 位

（续）

类　型	LAD	说　明	STL	说　明
线圈指令	─( )─	结果输出/赋值	=	赋值
	─(R)	复位	R	复位
	─(S)	置位	S	置位
	RS	复位置位触发器		
	SR	置位复位触发器		

5.4.2　定时器指令

在以前的 STEP7 版本中 SIMATIC 定时器和 IEC 定时器分别放在不同的位置，SIMATIC 定时器放在定时器指令下，IEC 定时器则放在库函数中。在新的 TIA 博途软件中则把它们统一放在了"指令"任务卡下的"定时器操作"目录下。对于 SIMATIC 定时器而言在 CPU 的系统存储器中，为定时器保留有存储区，每一定时器占用 1 个 16 位的字。而具体能够使用的定时器数目由具体的 CPU 决定，定时器指令见表 5-2。

表 5-2　定时器指令

类型		LAD	说明	STL	说明
定时器指令	SIMATIC 计数器	S_PULSE	脉冲 S5 定时器	SP	脉冲定时器
		S_PEXT	扩展脉冲 S5 定时器	SE	扩展脉冲定时器
		S_ODT	接通延时 S5 定时器	SD	接通延时定时器
		S_ODTS	保持型接通延时 S5 定时器	SS	带保持的接通延时定时器
		S_OFFDT	断电延时 S5 定时器	SF	断电延时定时器
		─(SP)	脉冲定时器输出		
		─(SE)	扩展脉冲定时器输出		
		─(SD)	接通延时定时器输出		
		─(SS)	保持型接通延时定时器输出		
		─(SF)	断开延时定时器输出		
				FR	定时器允许（例如，FR T0）
				L	以整数形式把当前的定时器值写入 ACCU1（例如，L T32）
				LC	把当前的定时器值以 BCD 码形式装入 ACCU1（例如，LC T32）
				R	复位定时器（例如，R T32）
	IEC 定时器	TP	生成脉冲	TP	生成脉冲
		TON	延时接通	TON	延时接通
		TOF	关断延时	TOF	关断延时

在 LAD 编程语言中，对 SIMATIC 定时器的操作指令分为定时器指令如 S_PULSE（脉冲定时器）和定时器线圈指令如 ─(SP)（脉冲定时器输出），定时器指令为 1 个指令块，包含触发条件、定时器复位、预置值等与定时器所有相关的条件参数，定时器线圈指令将与定时器相关的条件参数分开使用，可以在不同的程序段中对定时器参数进行赋值和读取；在 STL 编程语言中，定时器指令与 LAD 中的定时器线圈指令使用方式相同，除此之外，FR 指

令可以重新启动定时器，例如设定定时器初值需要 1 个沿触发信号，如果触发信号常为 1，不能再次触发设定指令，使用 FR 指令，将清除定时器的沿存储器，常 1 的触发信号可以再次产生沿信号，触发定时器开始计时，FR 指令在实际编程中很少使用；L 指令以整数的格式将定时器的计时剩余值写入到累加器 1 中，LC 指令以 BCD 码的格式将定时器的计时剩余值和时基一同写入到累加器 1 中；使用普通复位指令 R 可以将定时器复位（禁止启动）。

在前面的章节中已经介绍了定时器的数据类型，定时器使用的时间值为 BCD 码，给定时器赋值可以输入定时器时基格式为，W#16#TXYZ，T 为时基值，XYZ 为时间值（BCD 码），总的定时时间为 T*XYZ，1 个字的 12 位、13 位（T 的最低两位）组合选择时基，00 表示时基为 10ms，01 表示时基为 100ms 10 表示时基为 1s，11 表示时基为 10s，如 W#16#1234 转换时间值为 100*234ms=23s400ms；定时器赋值也可以直接输入时间常数格式为，S5T#aH_bM_cS_dMS，a 为小时值，b 为分钟值，c 为秒值，d 为毫秒值，时基自动选择，如 S5T#23s400ms。时基表示为时间的分辨率，与设定的时间范围有关，例如 10 ms 到 9s_990ms 的分辨率为 10 ms（时基为 10ms，时间的最小变化为 10ms），1s 到 16m_39s 的分辨率为 1s（时基为 1s，时间的最小变化为 1s）。

5.4.3　计数器指令

在以前的 STEP7 版本中 SIMATIC 计数器和 IEC 计数器分别放在不同的位置，SIMATIC 计数器放在计数器指令下，IEC 计数器则放在库函数中。在新的 TIA 博途软件中则把它们统一放在了"指令"任务卡下的"计数器操作"目录下。对于 SIMATIC 计数器而言，在 CPU 的系统存储器中，留有计数器存储区。该存储区为每一个计数器地址保留 1 个 16 位字。而能够使用的计数器数目由具体的 CPU 决定，计数器指令见表 5-3。

表 5-3　计数器指令

类型	LAD	说明	STL	说　　明
SIMATIC 计数器	─(CD)	减计数器线圈	CD	降计数器
	─(CU)	加计数器线圈	CU	升计数器
	─(SC)	预置计数器值	S	计数值置初值（例如，S C15）
	S_CD	减计数器	R	复位计数器（例如，R C15）
	S_CU	加计数器	FR	重新启动计数器（例如，FR C10）
	S_CUD	加-减计数器	L	以整数形式把当前的计数器值写入 ACCU1（例如，L C15）
			LC	把当前的计数器值以 BCD 码形式装入 ACCU1（例如，LC C15）
IEC 计数器	CTU	加计数函数	CTU	加计数函数
	CTD	减计数函数	CTD	减计数函数
	CTUD	加-减计数函数	CTUD	加-减计数函数

使用 LAD 编程，计数器指令分为两种：①加减计数器线圈如─（CD）、─（CU），使用计数器线圈时必须与预制计数器值指令─（SC）、计数器复位指令结合使用；②加减计数器，计数器中包含计数器复位、预制等功能。

使用 STL 编程，计数器指令只有升计数器 CU 和降计数器 CD 两个指令，S、R 指令为位操作指令，可以对计数器进行预制初值和复位操作，FR 指令可以重新启动计数器，例如设定计数器初值需要一个沿触发信号，如果触发信号常为 1，不能再次触发设定指令，使用

FR 指令，将清除计数器的沿存储器，常 1 的触发信号可以再次产生沿信号，设定计数器初值，FR 指令在实际编程中很少使用。

注意：计算计数器采样的最大频率需要考虑 CPU 的扫描时间、输入信号 0—>1 跳变时间和 1—>0 跳变时间，如果输入频率过高，计数器可能丢失采样脉冲，建议采用高速计数器模块。计数器的最大值为 999，如果需要更大的计数范围，可以使用两个计数器叠加或调用 IEC 计数器。

5.4.4 比较指令

LAD 的比较指令对两个输入参数 IN1 和 IN2 的值进行比较，比较的内容可以是相等、不等、大于、小于、大于等于和小于等于。如果比较结果为真，则 RLO 为"1"。比较指令有三类，分别用于整数、双整数和实数；STL 分别将两个值装载到累加器 1 和 2 中，然后将两个累加器进行比较，比较的内容和指令类别与 LAD 相同，但是 STL 编程更灵活，可以将字节间、字节与字、字与双字相比较，使用 LAD 编程时，参数 IN1 和 IN2 的数据类型必须相同。比较指令见表 5-4。

表 5-4 比较指令

LAD	说明	STL	说明
CMP==	Int：整数等于比较 DInt：双整数等于比较 Real：实数等于比较 Byte：字节等于比较 Word：字等于比较 DWord：双字等于比较 Time：Time 变量等于比较	==I ==D ==R	整数等于比较 双整数等于比较 实数等于比较
CMP >=	Int：整数大于等于比较 DInt：双整数大于等于比较 Real：实数大于等于比较 Time：Time 变量大于等于比较	>=I >=D >=R	整数大于等于比较 双整数大于等于比较 实数大于等于比较
CMP<=	Int：整数小于等于比较 DInt：双整数小于等于比较 Real：实数小于等于比较 Time：Time 变量小于等于比较	<=I <=D <=R	整数小于等于比较 双整数小于等于比较 实数小于等于比较
CMP>	Int：整数大于比较 DInt：双整数大于比较 Real：实数大于比较 Time：Time 变量大于比较	>I >D >R	整数大于比较 双整数大于比较 实数大于比较
CMP<	Int：整数小于比较 DInt：双整数小于比较 Real：实数小于比较 Time：Time 变量小于比较	<I <D <R	整数小于比较 双整数小于比较 实数小于比较
CMP<>	Int：整数不等于比较 DInt：双整数不等于比较 Real：实数不等于比较 Byte：字节不等于比较 Word：字不等于比较 DWord：双字不等于比较 Time：Time 变量不等于比较	<>I <>D <>R	整数不等于比较 双整数不等于比较 实数不等于比较

使用 LAD 编程时，在输入参数 IN1 和 IN2 输入的变量必须完全符合要求的数据类型，例如 CMP ==R 比较指令，输入参数必须为 Real 类型，如果输入变量 MD52 和 MD56 在符号表中定义数据类型为"DWORD"，则在输入变量时报错不能输入，输入变量变为警示颜色"红色"，如图 5-18 所示。

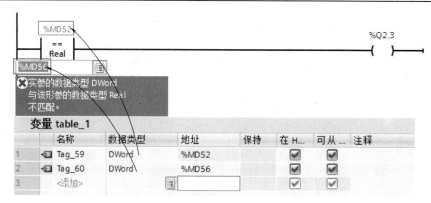

图 5-18　输入数据类型不符

使用 STL 编程，相同的程序不会提示故障信息，程序如下：

L　%MD　52

　L　%MD　56

　==R

　=　%Q　2.3

因为在使用 STL 编程时，并不进行严格的数据类型检查。

建议：在实际编程中最好使用相同类型的数据进行比较。

5.4.5　数学函数指令

在数学函数指令中包含了整数运算指令、实数运算指令及三角函数等指令。其中整数运算指令用于实现 16 位整数或者 32 位双整数之间的加、减、乘、除、取余等算术运算。浮点数运算指令用于实现对 32 位实数的算术运算，与整数运算相比，浮点运算结果可以有小数，所以多出一些适合浮点运算的指令，例如平方、平方根、正余弦运算等。数学函数指令见表 5-5。

表 5-5　数学函数指令

类型	LAD	说明	STL	说　　明
整数运算指令	ADD_DI	双整数加法	+D	ACCU1 和 ACCU2 双字整数相加（32 位）
	ADD_I	整数加法	+I	ACCU1 和 ACCU2 整数相加（16 位）
			+	整数常数加法（16 位，32 位）
	SUB_DI	双整数减法	-D	从 ACCU2 减去 ACCU1 双字整数（32 位）
	SUB_I	整数减法	-I	从 ACCU2 减去 ACCU1 整数（16 位）
	MUL_DI	双整数乘法	*D	ACCU1 和 ACCU2 双字整数相乘（32 位）
	MUL_I	整数乘法	*I	ACCU1 和 ACCU2 整数相乘（16 位）
	DIV_DI	双整数除法	/D	ACCU2 除以 ACCU1 双字整数（32 位）
	DIV_I	整数除法	/I	ACCU2 除以 ACCU1 整数（16 位）
			INC	递增累加器 1 中的值，增幅为所指令参数的值
			DEC	递减累加器 1 中的值，减幅为所指令参数的值
			+	将指定常数的值与累加器 1 中的内容相加
	NEG_I	整数取反	NEGI	整数取反

（续）

类　型	LAD	说　明	STL	说　　　明
整　数 运　算 指　令	NEG_DI	双整数取反	NEGDI	双整数取反
	MOD_DI	双整数取余数	MOD	双字整数形式的除法取余数（32 位）
	MIN	获取最小值函数	MIN	获取最小值函数
	MAX	获取最大值函数	MAX	获取最大值函数
	LIMIT	设置限值函数	LIMIT	设置限值函数
浮　点 运　算 指　令	ADD_R	实数加法	+R	ACCU1ACCU2 相加（32 位 IEEE 浮点数）
	SUB_R	实数减法	-R	从 ACCU2 减去 ACCU1 实数（32 位 IEEE 浮点数）
	MUL_R	实数乘法	*R	ACCU1ACCU2 相乘（32 位 IEEE 浮点数）
	DIV_R	实数除法	/R	ACCU2 除以 ACCU1（32 位 IEEE 浮点数）
	NEG_R	实数取反	NEGR	实数取反
	ABS	浮点数绝对值运算	ABS	绝对值（32 位 IEEE 浮点数）
	SQR	浮点数平方	SQR	求平方（32 位 IEEE 浮点数）
	SQRT	浮点数平方根	SQRT	求平方根（32 位 IEEE 浮点数）
	EXP	浮点数指数运算	EXP	求指数（32 位 IEEE 浮点数）
	LN	浮点数自然对数运算	LN	求自然对数（32 位 IEEE 浮点数）
	COS	浮点数余弦运算	COS	余弦（32 位 IEEE 浮点数）
	SIN	浮点数正弦运算	SIN	正弦（32 位 IEEE 浮点数）
	TAN	浮点数正切运算	TAN	正切（32 位 IEEE 浮点数）
	ACOS	浮点数反余弦运算	ACOS	反余弦（32 位 IEEE 浮点数）
	ASIN	浮点数反正弦运算	ASIN	反正弦（32 位 IEEE 浮点数）
	ATAN	浮点数反正切运算	ATAN	反正切（32 位 IEEE 浮点数）
	MIN	获取最小值函数	MIN	获取最小值函数
	MAX	获取最大值函数	MAX	获取最大值函数
	LIMIT	设置限值函数	LIMIT	设置限值函数

5.4.6　移动操作指令

移动指令用于将在输入端（源区域）的特定值复制到输出端（目的区域）上指定的地址中。MOVE 只能复制 BYTE（字节）、WORD（字）或 DWORD（双字）数据对象。用户定义的数据类型（例如数组或结构）必须使用 "BLKMOVE" 等函数来进行复制。移动操作指令见表 5-6。

表 5-6　移动操作指令

LAD	说　　　明	STL	说　　　明
MOVE	将输入变量的值传送给输出变量		
BLKMOV	将一段存储区（源区域）的数据移动到另一段存储区（目标区域）中	BLKMOV	将一段存储区（源区域）的数据移动到另一段存储区（目标区域）中
UBLKMOV	将一段存储区（源区域）的数据移动到另一段存储区（目标区域），此复制操作不会被操作系统的其它任务打断。	UBLKMOV	将一段存储区（源区域）的数据移动到另一段存储区（目标区域），此复制操作不会被操作系统的其它任务打断
FILL	将源区域的数据移动到目标区域，直到目标区域写满为止	FILL	将源区域的数据移动到目标区域，直到目标区域写满为止

5.4.7 转换指令

转换指令可以将 1 个输入参数的数据类型转换为 1 个需要的数据类型，在大多数的数据运算时，运算的数据类型有可能不相同，例如数据类型可能为整数、双整数、浮点等，这样需要转换为统一的数据类型进行运算（字与整数类型不需要转换，在符号表或在数据块中可以定义变量的数据类型，如果变量没有定义数据类型例如 MW100，在编程时既可以作为 1 个字类型也可以作为 1 个整数类型，数据类型根据指令自动转换），转换指令见表 5-7。

表 5-7 转换指令

LAD		说明	STL	说明
CONVERT[①]	Bcd16 to Int	BCD 码转换为整数	BTI	BCD 转成单字整数（16 位）
	Int to Bcd16	整数转换为 BCD 码	ITB	16 位整数转换为 BCD 数
	Int to DInt	整数转换为双整数	ITD	单字（16 位）转换为双字整数（32 位）
	Bcd32 to DInt	BCD 码转换为双整数	BTD	BCD 转成双字整数（32 位）
	DInt to Bcd32	双整数转换为 BCD 码	DTB	双字整数（32 位）转换为 BCD 数
	DInt to Real	双整数转换为浮点数	DTR	双字整数（32 位）转换为实数（32 位 IEEE 浮点数）
ROUND		舍入为双整数	RND	取整
TRUNC		舍去小数取整为双整数	TRUNC	截尾取整
CEIL		上取整	RND+	取整为较大的双字整数
FLOOR		下取整	RND−	取整为较小的双字整数
SCALE		将整数转换为介于上下限物理量间的浮点数	SCALE	将整数转换为介于上下限物理量间的浮点数
UNSCALE		将介于上下限间的物理量量转换为整数	UNSCALE	将介于上下限间的物理量量转换为整数
			CAD	改变 ACCU1 字节的次序（32 位）
			CAW	改变 ACCU1 字中字节的次序（16 位）

① 通过下标来确定具体设计的数据类型和完成的功能。

5.4.8 程序控制指令

在新的 TIA 博途软件中将指令进行了一些重新归类，将数据块操作指令、跳转指令，块操作指令等放在了程序控制指令之下，下面对这些指令分别进行介绍。

1. 数据块操作指令

数据块占用 CPU 的工作存储区和装载存储区，数据块的个数及每个数据块的大小用户可以自由定义（数据块的个数和大小不能超出 CPU 的最大限制），数据块中包含用户定义的变量，访问数据块中的变量首先需要将数据块打开。数据块的打开指令是一种数据块无条件调用。数据块打开后，可以通过 CPU 内的数据块寄存器 DB 或 DI 直接访问数据块的内容。数据块的操作指令见表 5-8。

2. 跳转指令

可以通过跳转指令及程序跳转识别标签（Label），控制程序的跳转满足控制需求，相关跳转指令见表 5-8。

3. 块操作指令

可以通过块操作指令实现程序块的调用和终止。集成于 TIA 博途软件 V11 指令任务卡（含基本指令、扩展指令、工艺、通信等）下的函数或函数块及用户编写的函数及函数块（FB Blocks、FC Blocks 目录）必须在主程序中调用才能运行，在 LAD 的编程方式下使用拖曳的方式即可实现对不同函数块进行调用，将已经存在的函数或函数块拖曳到 LAD 编程网络的程序线中，形成一个类似盒子形状的程序框图，如果调用的函数带有形参，在程序框图的左边为输入端及输入输出端，在程序框图的右边为输出端。如果在主程序中执行返回指令，程序扫描从新开始，如果在子程序中执行返回指令，程序扫描返回子程序调用处，共同的特点是返回指令后面的程序不执行。

在 STL 编程语言中"CALL"指令则使用如下格式：

函数采用固定格式 CALL %FC X。X 为函数号。

例如函数 FC6 的调用，FC6 带有形参，符号"："左边为形参，右边为赋值实参，如果形参不赋值，程序调用报错。

```
CALL                %FC6
形参               实参
NO OF TOOL        := %MW100
FOUND            := %Q 0.1
ERROR            := %Q 100.0
```

函数块采用固定格式 CALL %FB X，%DB Y。X 为函数块号，Y 为背景数据块号，函数块与背景数据块使用符号"，"隔离。

例如函数块 FB99 的调用，背景数据块为 DB1，带有形参，符号"："左边为形参，右边为赋值实参，由于调用函数块带有背景数据块，形参可以直接赋值，也可以对背景数据块中的变量赋值。多次调用函数块时必须分配不同的数据块作为背景数据块。

```
CALL  %FB99, %DB1
形参          实参
MAX_RPM        := #RPM1_MAX
MIN_RPM        := %MW2
MAX_POWER      := %MW4
MAX_TEMP       := #TEMP1
```

如果函数块 A 作为函数块 B 的形参，在函数块 B 调用函数块 A 时不分配背景数据块，例如函数块 FB_A 的调用：

```
CALL  #FB_A
IN_1 :=
IN_2 :=
OUT_1:=
OUT_2 :=
```

调用函数块 B 时分配的背景数据块中包括所有函数 A 和 B 的背景参数，如果在函数块 B 中插入多个函数作为形参，程序调用时只使用 1 个数据块，节省数据块的资源（不节省 CPU 的存储区），这样函数块具有多重背景能力，在函数块创建时可以选择。

CC（有条件调用）与 UC（无条件调用）指令只能调用无形参的函数、函数块，与 CALL 指令的使用相同。

BE（程序结束）与 BEU（程序无条件结束）指令使用方法相同，如果程序执行上述指令，CPU 终止当前程序块的扫描跳回程序块调用处继续扫描其它程序，如果程序结束指令被跳转指令跳过，程序扫描不结束，从跳转的目标点继续扫描。指令使用参考下面程序：

```
A   %I 1.0
JC NEXT         //如果 I1.0 为 1，程序跳转到 NEXT。
L   %IW4        //如果没有跳转，程序从这里连续扫描。
T   %QW10
A   %I 6.0
A   %I 6.1
S   %M 12.0
BE              //程序结束。
NEXT: NOP 0     //跳转执行，程序从这里连续扫描。
```

BEC 为程序有条件结束，在 BEC 指令前必须加入条件触发，例如程序：

```
A %M 1.1
BEC
= %M 1.2
```

如果 M1.1 为 1，程序结束，如果 M1.1 为 0，程序继续运行，与 BE、BEU 指令不同，BEC 指令触发条件没有满足，置 RLO 位为 1，所以 M1.1 为 0 时，M1.1 为 1。

4. 运行时控制函数

在 TIA 博途软件 V11 中将与运行时控制相关的函数及函数块统一归类，放在了"程序控制操作"任务卡下，其中包括 CPU 内存压缩及设置等待时间等，运行时控制指令见表 5-8。

表 5-8　运行时控制指令

类型	LAD	说　明	STL	说　明
数据块指令	—（OPN）	打开数据块	OPN	打开数据块
	—（OPNI）	打开背景数据块	OPNDI	打开背景数据块
			CDB	交换 DB 与 DI 寄存器
			L DBLG	把共享数据块的长度写入 ACCU1
			L DBNO	把共享数据块的号写入 ACCU1
			L DILG	把背景数据块的长度写入 ACCU1
			L DINO	把背景数据块的号写入 ACCU1
跳转指令	—（JMP）	跳转	JC	如果 RLO=1 则跳转
	—（JMPN）	若非则跳转	JCN	如果 RLO=0 则跳转
	LABEL	标号	JCB	如果 RLO=1 则跳转，并把 RLO 的值存于状态字的 BR 位中
			JBI	如果 BR=1 则跳转
			JL	跳转到表格（多路多支跳转）
			JM	如果为负则跳转
			JMZ	如果小于等于 0 则跳转
			JN	如果非 0 跳转
			JNB	如果 RLO=0 则跳转，并把 RLO 的值存于状态字的 BR 位中
			JNBI	如果 BR=0 则跳转

（续）

类型	LAD	说　明	STL	说　明
跳转指令			JO	如果 OV=1 则跳转
			JOS	如果 OS=1 则跳转
			JP	如果大于 0 则跳转
			JPZ	如果大于等于 0 则跳转
			JU	无条件跳转
			JUO	若无效数则跳转
			JZ	为 0 则跳转
			LOOP	循环
块操作指令			CALL	块调用
			CC	条件调用
			UC	无条件调用
			BE	块结束
			BEC	条件块结束
	─（RET）	返回	BEU	无条件块结束
运行时控制	COMPRESS	压缩 CPU 内存	COMPRESS	压缩 CPU 内存
	RE_TRIGR	重新启动循环周期	RE_TRIGR	重新启动循环周期
	STP	退出程序	STP	退出程序
	WAIT	设置等待时间	WAIT	设置等待时间
	PROTECT	更改保护等级	PROTECT	更改保护等级
	CIR	控制 CIR 过程	CIR	控制 CIR 过程

5.4.9　字逻辑指令

字逻辑指令除包含将两个 WORD（字）或 DWORD（双字）逐位进行"与"、"或"、"异或"逻辑运算外，还包含编码解码等操作，字逻辑指令见表 5-9。

表 5-9　字逻辑指令

LAD		说　明	STL	说　明
AND[①]	DWord	双字和双字相"与"	AD	双字"与"（32 位）
	Word	字和字相"与"	AW	字"与"操作（16 位）
OR[①]	DWord	双字和双字相"或"	OD	双字或操作（32 位）
	Word	字和字相"或"	OW	单字或操作（16 位）
XOR[①]	DWord	双字和双字相"异或"	XOD	双字异或操作（32 位）
	Word	字和字相"异或"	XOW	单字异或操作（16 位）
INVERT[①]	Int	整数的二进制反码	INVI	单字整数反码（16 位）
	DInt	双整数的二进制反码	INVD	双字整数反码（32 位）
DECO		解码	DECO	解码
NECO		编码	NECO	编码
SEL		选择指令将根据开关（输入 G）的情况，选择输入 IN0 和 IN1 中的 1 个，并将其内容移动到输出 OUT	SEL	选择指令将根据开关（输入 G）的情况，选择输入 IN0 和 IN1 中的 1 个，并将其内容移动到输出 OUT

①通过下标来确定具体设计的数据类型和完成的功能。

"与"操作可以判断两个字或双字在相同的位数上有多少位为 1，通常用于变量的过滤，例如 1 个字变量与常数 W#16#00FF 相"与"，则可以将字变量中的高字节过滤为 0；"或" 操作可以判断两个字或双字中为 1 位的个数；"异或" 操作可以判断两个字或双字有多少位不相同。与、或、异或等字逻辑指令影响状态字的 CC1 位，如果字逻辑结果等于 0，CC1 位为 0，如果字逻辑结果不等于 0，CC1 位为 1，可以与状态位指令结合使用，例如前面介绍立即读的方法就是利用"与"指令与状态位指令结合使用判断 1 个位的信号。INV 等指令不影响状态字的 CC1 位。

5.4.10 移位和循环指令

LAD 移位指令可以将输入参数 IN 中的内容向左或向右逐位移动；循环指令可以将输入参数 IN 中的全部内容循环地逐位左移或右移，空出的位用输入 IN 移出位的信号状态填充。

STL 移位指令将累加器 1 的低字或全部内容向左或向右逐位移动；循环指令将累加器 1 的全部内容循环地逐位左移或右移，空出的位用累加器 1 移出位的信号状态填充，移位和循环指令见表 5-10。

表 5-10 移位和循环指令

LAD	说　明	STL	说　明
ROL	双字左循环	RLD	双字循环左移操作（32 位）
		RLDA	带 CC1 位的 ACCU1 循环左移（32 位）
ROR	双字右循环	RRD	双字循环右移（32 位）
		RRDA	带 CC1 位的 ACCU1 循环右移（32 位）
SHL	字或双字左移	SLD	双字左移（32 位）
		SLW	单字左移（16 位）
SHR	字、双字、整数、双整数右移	SSD	移位有符号双字整数（32 位）
		SRD	双字右移（32 位）
		SSI	移位有符号单字整数（16 位）
		SRW	单字右移（16 位）

字移位指令移位的范围为 0～15，双字移位指令移位的范围为 0～31，对于字、双字移位指令，移出的位信号丢失，移空的位使用 0 补足，例如将 1 个字左移 6 位，移位前后位排列次序如图 5-19 所示。

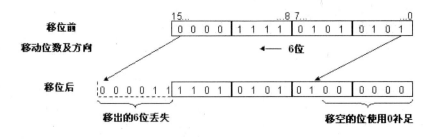

图 5-19　左移 6 位示意图

带有符号位的整数移位范围为 0～15，双整数移位范围为 0～31，移位方向只能向右移，移出的位信号丢失，移空的位使用符号位补足，如整数为负值，符号位为 1，整数为正值，符号位为 0。例如将 1 个整数右移 4 位，移位前后位排列次序如图 5-20 所示。

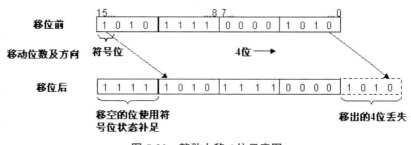

图 5-20　整数右移 4 位示意图

使用 STL 编程时注意固定的格式，例如 1 个字左移 5 位的程序：

L 5　　　　　　　　　//移动的位数。
L %MW120　　　　　　//移位的变量。
SLW
T %MW122　　　　　　//移位结果。

执行移位指令时，将累加器 2 中的值作为移动的位数，对累加器 1 中的值进行移位操作。

循环移位指令只能对双字进行操作，移位范围为 0~31，如果移位大于 32，实际移位为（(N-1) modulo 32）+1，高位移出的位信号插入到低位移空的位中，例如将 1 个双字左移 3 位，移位前后位排列次序如图 5-21 所示。

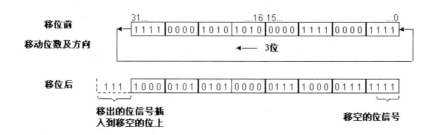

图 5-21　循环移位示意图

STL 编程语言中，RLDA 与 RRDA 指令对双字进行循环移位操作，每次触发时循环左移、右移一位，将上面状态字中 CC1 的信号插入移空的位上。如果移出的位信号为 1，置位状态字中 CC1 位，可以触发 JP 程序跳转指令进行逻辑判断。

5.4.11　其它操作指令

在 TIA 博途软件 V11 将主控继电器，数组操作等其它未归类指令（含函数及函数块）统一归到了"其它"指令下。其它指令见表 5-11。

表 5-11　其它指令

类型	LAD	说　明	STL	说　明
状态位指令	＝0 ⊣ ⊢	结果位等于"0"		
	>0 ⊣ ⊢	结果位大于"0"		
	>=0 ⊣ ⊢	结果位大于等于"0"		
	<=0 ⊣ ⊢	结果位小于等于"0"		
	<0 ⊣ ⊢	结果位小于"0"		
	<>0 ⊣ ⊢	结果位不等于"0"		
	BR ⊣ ⊢	异常位二进制结果		
	OS ⊣ ⊢	存储溢出异常位		
	OV ⊣ ⊢	溢出异常位		
	UO ⊣ ⊢	无序异常位		
	＝0 ⊣ / ⊢	结果位取反等于"0"		
	>0 ⊣ / ⊢	结果位取反大于"0"		
	>=0 ⊣ / ⊢	结果位取反大于等于"0"		
	<=0 ⊣ / ⊢	结果位取反小于等于"0"		
	<0 ⊣ / ⊢	结果位取反小于"0"		
	<>0 ⊣ / ⊢	结果位取反不等于"0"		
	BR ⊣ / ⊢	异常位二进制结果取反		
	OS ⊣ / ⊢	存储溢出异常位取反		
	OV ⊣ / ⊢	溢出异常位取反		
	UO ⊣ / ⊢	无序异常位取反		
	⊣(CALL)	调用块		
RLO	⊣(SAVE)⊢	将 RLO 保存到 BR 位	SAVE	将 RLO 保存到 BR 位（位于基本指令）
主控分程	⊣(MCR<)	主控分程传递接通	MCR（	把 RLO 存入 MCR 堆栈，开始 MCR
	⊣(MCR>)	主控分程传递断开	）MCR	把 RLO 从 MCR 堆栈中弹出，结束 MCR
	⊣(MCRA)	主控分程传递启动	MCRA	激活 MCR 区域
	⊣(MCRD)	主控分程传递停止	MCRD	去活 MCR 区域
置复位	SET	连续多点置位	SET	连续多点置位
	SETP	I/O 区域置位	SETP	I/O 区域置位
	SETI	字节置位	SETI	字节置位
	RESET	连续多点复位	RESET	连续多点复位
	RESETP	I/O 区域复位	RESETP	I/O 区域复位
	RESETI	字节复位	RESETI	字节复位
	BITSUM	统计置位位数量	BITSUM	统计置位位数量
REPL_VAL	REPL_VAL	输入替换值	REPL_VAL	输入替换值
LEAD_LAG	LEAD_LAG	提前和滞后算法	LEAD_LAG	提前和滞后算法
TONR_X	TONR_X	时间累加器	TONR_X	时间累加器
顺控	DRUM	执行顺控程序	DRUM	执行顺控程序
	DRUM_X	执行顺控程序	DRUM_X	执行顺控程序
	SMC	比较扫描矩阵	SMC	比较扫描矩阵
	IMC	比较输入位与掩码位	IMC	比较输入位与掩码位
报警	DCAT	离散控制定时器报警	DCAT	离散控制定时器报警
	MCAT	电机控制定时器报警	MCAT	电机控制定时器报警

（续）

类型	LAD	说　明	STL	说　　明
移位寄存器	WSR	将数据保存到移位寄存器	WSR	将数据保存到移位寄存器
	SHRB	将位移动到移位寄存器	SHRB	将位移动到移位寄存器
码制转换	SEG	创建 7 段显示的位模式	SEG	创建 7 段显示的位模式
	BCDCPL	求十进制补码	BCDCPL	求十进制补码
累加器指令			TAK	交换 ACCU1 和 ACCU2 的内容
			PUSH	ACCU3→ACCU4, ACCU2→ACCU3, ACCU1→ACCU2 （S7-400 CPU）
			PUSH	ACCU 1→ACCU 2 （S7-300 CPU）
			POP	ACCU 1←ACCU 2, ACCU2←ACCU3, ACCU3←ACCU4 （S7-400 CPU）
			POP	ACCU 1←ACCU 2 （S7-300 CPU）
			ENT	ACCU3→ACCU4, ACCU2→ACCU3
			LEAVE	ACCU3→ACCU2, ACCU4→ACCU3
			INC[①]	ACCU1 加 1
			DEC[①]	ACCU1 减 1
			+AR1	ACCU1 与 AR1 相加
			+AR2	ACCU1 与 AR2 相加
			BLD	程序显示指令
			NOP 0	空操作 0
			NOP 1	空操作 1
			CAW[②]	改变 ACCU1 字中字节的次序（16 位）
			CAD[②]	改变 ACCU1 字节的次序（32 位）

①位于数学函数指令下。
②位于转换操作指令下，因与累加器有关此处列出。

1. 状态位指令

前面已经介绍状态字是 CPU 中存储区中的 1 个寄存器，用于指示 CPU 运算结果的状态。状态位指令是位逻辑指令，针对状态字的各个位进行操作。通过状态位可以判断 CPU 运算中溢出、异常、进位、比较结果等状态。由于编程方法的原因，状态位指令只能在 LAD 中使用，STL 编程语言中对状态位的信息有的可以直接使用，有的可以通过跳转指令完成，同样可以完成状态位指令的功能。

2. 主控分程传递指令

主控分程传递指令可以将程序段分区、嵌套控制，在 LAD 编程方式中，分程控制启动指令–(MCRA)和分程控制停止指令–(MCRD)间通过主控分程传递接通指令–(MCR<)和主控分程传递断开指令–(MCR>)可以最多将一段程序分成 8 个区，只有第一个区打开，才能打开第二个区，以此类推，每 1 个区打开，才能执行本区的程序。–(MCRA)、–(MCRD)及–(MCR>)指令前不能加入触发条件，–(MCR<)指令前必须加入触发条件。STL 与 LAD 编程语言中使用主控分程传递指令的方法相同。

3. 累加器指令

累加器指令只适合 STL 编程语言使用，对累加器 1（ACCU1）、累加器 2（ACCU2）、累加器 3（ACCU3）、累加器 4（ACCU4）进行操作，S7-300 CPU（319 除外）只有累加器 1 和累加器 2，S7-400 CPU 具有 4 个累加器，累计器 3、4 的使用减少运算指令中中间变量的使用。对累加器 1、2 进行数据的装载和传送使用 L、T 就可以完成，对累加器 3、4 进行操作必须使用累加器指令。

5.4.12 加载和传送指令

在 LAD 编程语言中 MOVE（赋值）指令将输入端 IN 指定地址中的值或常数复制到输出端 OUT 指定的地址中。MOVE 最大可以复制 4 个字节的变量，用户定义的数据类型（例如数组或结构）必须使用系统函数"BLKMOVE"（SFC 20）进行复制。在 STL 编程语言中使用装载和传递指令实现相同功能，装载功能实现将一个最大 4 个字节的常数、变量或地址寄存器传送到累加器，传递功能实现将累加器中的值传送到变量，除此之外，装载和传递指令中还包含对地址寄存器操作的指令。

CPU 内部寄存器中有两个地址寄存器，分别以 AR1、AR2 表示，每个地址寄存器占有 32 位地址空间，地址寄存器存储区域内部和区域交叉地址指针，用于地址的间接寻址。

加载和传送指令见表 5-12。

表 5-12 加载和传送指令

LAD	说　明	STL	说　　　明
MOVE	赋值	L	把数据装载入 ACCU1
		L STW	把状态字写入 ACCU1
		LAR1	将 ACCU1 存储的地址指针写入 AR1
		LAR1 <D>	将指明的地址指针写入 AR1
		LAR1 AR2	将 AR2 的内容写入 AR1
		LAR2	将 ACCU1 存储的地址指针写入 AR2
		LAR2 <D>	将指明的地址指针写入 AR2
		T	把 ACCU1 的内容传到目标单元
		T STW	把 ACCU1 的内容传输给状态字
		TAR1	将 AR1 存储的地址指针传输 ACCU1
		TAR1<D>	将 AR1 存储的地址指针传输给指明的变量中
		TAR1 AR2	将 AR1 存储的地址指针传输 ACCU2
		TAR2	将 AR2 存储的地址指针传输 ACCU1
		TAR2 <D>	将 AR2 存储的地址指针传输给指明的变量中
		CAR	交换 AR1 和 AR2 的内容

5.5 扩展指令

按照功能的分类，扩展指令包括以下几类：

1. 日期和时间

包含了先前版本中与时间相关的各个函数和函数块，其中通过 "T_COMP"等函数可以实现 DT 和 TIME 及 S5TIME 等时间的转换和时间偏移等。通过"WR_SYS_T"等时间函数可以设置和读取系统的时间及同步从站时钟。使用运行时间定时器等函数可以记录并获知设备的运行时间。而与本地时间（如"LOC_TIME"）相关的函数则可以完成例如时区偏移的功能等。

2．字符及字符串

与字符和字符串相关的函数及函数块，包括字符格式转换，字符串的合并、比较、查询等相关操作。

3．过程映像

使用更新过程映像输入函数，可以更新输入的 OB1 过程映像（包含过程映像分区）或根据组态定义更新输入过程映像分区，而使用更新过程映像输出函数则可以将输出的 OB1 过程映像（过程映像分区）或根据组态定义的输出过程映像分区的信号状态传送到输出模块。如果已为所选过程映像分区指定了一致性范围，则将对应的数据作为一致性数据传送到各自的 I/O 模块。使用同步过程映像输入/出函数，可以同步更新过程映像分区输入/出表。在与 DP 循环或 PN 循环关联的用户程序可使用该指令，可实现一致性同步更新过程映像分区输入表中采集的输入数据，或一致性同步将过程映像分区输出中的输出数据传送到 I/O。

4．分布式 I/O

对分布式 I/O 进行相关操作的函数及函数块，例如读写分布式 IO（profibus 或 profinet）的数据记录，刷新过程映像，启用禁止从站等。

5．模块参数化分配

有的智能模块会具有 1 个只读、只写或可读、可写的系统数据区域，通过程序可向该区域传送或读取数据记录。数据存储的数据记录编号从 0 一直到 240，但并不是每个模块都包含所有数据记录。对于同时具有可读、可写的系统数据区域的模块而言，两个区域是分开的，只是它们的逻辑结构相同。

6．中断

与中断相关的函数及函数块，通过这些函数及函数块可以控制包括时间中断、延时中断、错误事件中断和多处理器中断的启动禁止条件等。

7．报警

用于向人机界面发送各种报警信息，或将用户自定义事件写入诊断缓冲区，实现对报警信息的监控等。

8．诊断

包含了与诊断相关的函数及函数块，通过这些函数及函数块可以获得当前连接的状态，或当前 OB 的启动信息等，也可以使用读取系统状态列表的方式获得需要的诊断信息。其中系统状态列表 （SZL） 中描述了自动化系统的当前状态，内容只能使用信息功能来读取，无法更改其内容，且其中部分列表为虚拟列表，换言之，只有在专门请求时，CPU 的操作系统才会创建部分列表。系统状态列表包含以下信息：系统数据、CPU 中的模块状态数据、模块诊断数据、诊断缓冲区等。

9．数据块控制

可以在装载存储区或工作存储区内创建或删除数据块，并能够对装载存储区内的数据块进行读写操作，和测试数据块的状态等。

10．表

与表相关的各种指令，如创建表、填充数据、规定出入栈顺序以及表内数据的处理方法等。

11．寻址

通过该条目下的函数及函数块，可以确定模块的地址和槽位等信息。

扩展指令见表 5-13。

表 5-13 扩展指令

类 型	LAD/STL	说 明
日 期 和 时 间	T_COMP	比较时间变量
	T_CONV	转换时间并提取
	T_ADD	时间加运算
	T_SUB	时间相减
	T_DIFF	时间值相减
	T_COMBINE	组合时间
	WR_SYS_T	设置时间
	RD_SYS_T	读取时间
	SET_CLKS	设置时间和时间状态
	SNC_RTCB	同步时钟从站
	TIME_TCK	读取系统时间（时间计数器）
	RTM	运行时间定时器
	SET_RTM	设置运行时间定时器
	CTRL_RTM	启动/停止运行时间定时器
	READ_RTM	读取运行时间定时器
	LOC_TIME	计算本地时间
	BT_LT	通过基准时间计算本地时间
	LT_BT	通过本地时间计算基准时间
	S_LTINT	使用本地时间设置日期时间中断
	SET_SW	设置无状态的夏令时标准时间
	SET_SW_S	设置带状态的夏令时标准时间
	TIMESTMP	传送时间戳报警
字符 及字 符串	S_COMP	比较字符串
	S_CONV	转换字符串
	ATH	将 ASCII 字符串转换为十六进制值
	HTA	将十六进制值转换为 ASCII 字符串
	LEN	确定字符串的长度
	CONCAT	组合字符串
	LEFT	读取字符串中的左侧字符
	RIGHT	读取字符串中的右侧字符
	MID	读取字符串中的中间字符
	DELETE	删除字符串中的字符
	INSERT	在字符串中插入字符
	REPLACE	替换字符串中的字符
	FIND	查找字符串中的字符
过程 映像	UPDAT_PI	更新过程映像输入
	UPDAT_PO	更新过程映像输出
	SYNC_PI	同步过程映像输入
	SYNC_PO	同步过程映像输出
分布 式 I/O	RDREC	读取数据记录
	WRREC	写入数据记录
	GETIO	读取过程映像
	SETIO	传送过程映像

（续）

类　型	LAD/STL	说　　明
分布式 I/O	GETIO_PART	读取过程映像区
	SETIO_PART	传送过程映像区
	RALRM	接收中断
	D_ACT_DP	启用/禁用 DP 从站
	RD-REC	从 I/O 中读取数据记录
	WR_REC	向 I/O 写入数据记录
	DPRD_DAT	读取 DP 标准从站的一致性数据
	DPWR_DAT	将一致性数据写入 DP 标准从站
	DP_PRAL	在 DP 标准从站上触发硬件中断
	DPSYC_FR	同步 DP 从站/冻结输入
	DPNRM_DG	读取 DP 从站的诊断数据
	DPTOPOL	获取 DP 主站系统的拓扑结构
	RCVREC	接收数据记录
	PRVREC	使数据记录可用
	SALRM	发送中断
	ASi_3422	控制 ASi 主站行为
ProfiEnergy	PE_START_END	启用或禁用 PROFINET 设备待机
	PE_CMD	发送 PROFIenergy 命令
	PE_DS3_Write_ET200S	用于控制 ET200S 上电源模块的开关状态
	PE_I_DEV	接收 PROFIenergy 命令，并传送到用户程序处理
	PE_Error_RSP	生成错误的响应信息
	PE_Start_RSP	生成 "START_PAUSE" 命令的响应信息
	PE_End_RSP	生成 "END_PAUSE" 命令的响应信息
	PE_List_Modes_RSP	生成 "LIST_OF_ENERGY_SAVING_MODES" 命令的响应信息
	PE_Get_Mode_RSP	生成 "GET_MODE" 命令的响应信息
	PE_PEM_Status_RSP	生成 "PEM_STATUS" 命令的响应信息
	PE_Identify_RSP	生成 "PE_IDENTIFY" 命令的响应信息
	PE_Measurement_List_RSP	生成 "GET_MEASUREMENT_LIST" 命令的响应信息
	PE_Measurement_Value_RSP	生成 "GET_MEASUREMENT_VALUES" 命令的响应信息
模块参数化	RD_DPAR	读取模块数据记录
	PARM_MOD	传送模块数据记录
	RD_DPARM	从组态系统数据中读取数据记录
	WR_PARM	向模块写入数据记录
	WR_DPARM	传送数据记录
中断	SET_TINT	设置时间中断
	CAN_TINT	取消时间中断
	ACT_TINT	启用时间中断
	QRY_TINT	查询时间中断状态
	SRT_DINT	启动延时中断
	CAN_DINT	取消延时中断
	QRY_DINT	查询延时中断的状态
	MSK_FLT	屏蔽同步错误事件
	D_MSK_FLT	取消屏蔽同步错误事件

（续）

类 型	LAD/STL	说　明
中断	READ_ERR	读取事件错误状态寄存器
	DIS_IRT	禁用中断事件
	EN_IRT	启用中断事件
	DIS_AIRT	延时执行较高优先级的中断和异步错误事件
	EN_AIRT	启用较高优先级的中断和异步错误事件的执行
	MP_ALM	多重计算中断
报警	NOTIFY_8P	报告最多 8 个信号的变化
	ALARM_8	创建不带相关值得 PLC 报警（针对 8 个信号）
	ALARM_8P	创建带相关值得 PLC 报警（针对 8 个信号）
	NOTIFY	报告信号变化
	ALARM	生成带确认显示的 PLC 报警
	ALARM_S	生成报警信息
	ALARM_SQ	生成需要确认的报警信息
	ALARM_D	创建永久确认的 PLC 报警
	ALARM_DQ	创建可确认的 PLC 报警
	ALARM_SC	确定最后 ALARM_SQ 进入报警的确认状态
	WR_USMGS	向诊断缓冲区写入用户自定义诊断事件
	AR_SEND	发送归档数据
	EN_MSG	启用 PLC 报警
	DIS_MSG	禁用 PLC 报警
	READ_SI	读取动态分配的系统资源
	DEL_SI	删除动态分配的系统资源
诊断	RD_SINFO	读取当前 OB 启动信息
	RDSYSST	读取系统状态列表
	OB_RT	计算 OB 程序运行时间
	C_DIAG	确定当前连接状态
数据块控制	DEL_DB	删除数据块
	CREAT_DB	创建数据块
	CREA_DB	在装载存储器中创建数据块
	READ_DBL	从装载存储器的数据块中读取数据
	WRIT_DBL	将数据写入到装载存储器的数据块中
	TEST_DB	测试数据块
表	ATT	将值添加到表中
	FIFO	输出表格中的第 1 个值（先进先出）
	TBL_FIND	在表格中查找值
	LIFO	输出表格中的最后 1 个值（后进先出）
	TBL	执行表格指令
	TBL_WRD	从表中复制值
	WRD_TBL	将值与表格元素进行逻辑组合并保存
	DEV	计算标准偏差
	CDT	关联数据表
	TBL_TBL	链接表
	PACK	收集/分发表格数据

（续）

类 型	LAD/STL	说　　　明
寻址	GEO_LOG	获取模块的起始地址
	LOG_GEO	通过逻辑地址查询槽位
	RD_LGADR	获取模块的所有逻辑地址
	GADR_LGC	确定模块的逻辑起始地址
	LGC_GADR	通过逻辑地址查询槽位
其它	SET_ADDR	为智能从站设置网络地址

5.6　工艺

5.6.1　PID 控制

包含了 PID 基本功能和 PID 自整定器。

1. PID 基本功能

集成了先前版本中的 PID 功能块（FB41/42/43/58/59），分别适用于连续的 PID 控制和步进及脉冲输出控制。

2. PID 自整定器

TUN_EC 适用于 PID 基本函数、标准 PID（选项包）中的连续控制器和 FM355C/455C 的自整定工作，特别适用于温度控制系统、液位控制系统、流量控制系统等。

TUN_SC 适用于 PID 基本函数、标准 PID（选项包）中的步进控制 PID 函数和 FM355S/455S 的自整定工作，特别适用于温度控制系统、液位控制系统、流量控制系统等。

5.6.2　功能模块

1. FMx50-1 计数

FM350-1 和 FM450-1 使用的函数块。CNT_CTL 指令用于控制计数和测量模式，CNT_CTL1 与其相比增加了在运行时更改参数，并置位以及复位计数器模块的输出的功能。CNT_CTL2 的功能基本上与 CNT_CTL1 指令的功能相同，且仅能用于等时模式，更适合于涉及向 FM x50-1 快速、连续传送相同命令（如负载比较值）的应用。

2. FM350-2 计数

FM350-2 的相关函数块，通过这些函数块可实现正常的计数和测量等功能。其中计数器数据块 DB 是用户程序和 FM350-2 之间的数据接口，它包含并应用控制和操作模块所需的所有数据，通过读写作业的方式来实现修改当前计数值、装载值等操作。

3. FMx51 定位

FM351 和 FM451 定位模块所使用的函数块，与其配合使用的是各种数据块。通道 DB 是用户程序和 FMx51 之间的数据接口，它包含并存储控制和操作通道所需的所有数据。当在运行时更改机器数据和增量表时，则需要 1 个参数 DB 存储该数据，可以从用户程序或从 HMI 系统中更改这些参数。诊断 DB 是指令 ABS_DIAG 或 ABS_DIAG_451 的存储区域，其中包含模块的缓冲区，该缓冲区由指令处理。

4. FMx52 凸轮控制

FM352 和 FM452 凸轮模块所使用的函数块，与其配合使用的是各种数据块。通道 DB 是用户程序和电子凸轮控制器 FMx52 之间的数据接口，它包含并保存控制和操作模块所需的所有数据。机器和凸轮数据存储在参数 DB 中，可以从用户程序或从 HMI 系统中更改这些参数，修改过的数据可以导入到参数分配界面并显示，也可以将参数分配界面中显示的数据导出至参数 DB。

5. FM455 PID Control

PID 控制模块 FM455 的相关函数块。指令 PID_FM_455 用于将操作参数或控制器参数传送到 FM455 及从 FM455 读取过程值。指令 FUZ_455 用于读取或写入 FM455 中的模糊温度控制器的控制器参数，适合应用在模块更换后传送已通过识别确立的 FM455 控制器参数和调整 FM455 以适应不同过程。指令 CJ_T_PAR_455 用于在线修改已组态的基准结温度，如果想要在不将 Pt100 连接到每个 FM455 的情况下来操作具有多个带热电偶输入的 FM455 的温度控制系统时，则需要使用该指令。

6. FM355 PID Control

PID 控制模块 FM355 的相关函数块，其功能与上述 FM455 的功能块类似，只是仅适用于 FM355。

7. FM355-2 Temp Control

温度 PID 控制模块 FM355-2 的相关函数块，其功能上作了进一步的优化，更适合于温度控制。

5.6.3   S7-300C PLC 功能

CPU 31xC 本身带有集成 I/O，这些集成 I/O 可以用于工艺功能或作为标准 I/O 使用。当用于工艺功能时，借助于该条目下的函数可以实现定位、计数和频率测量等功能。

工艺指令见表 5-14。

表 5-14   工艺指令

类　型			LAD/STL	说　　　明
PID 控制			CONT_C	连续控制器
			CONT_C_SF	连续控制器（集成的系统函数）
			CONT_S	用于带积分功能执行器的步进控制器
			CONT_S_SF	用于带积分功能执行器的步进控制器（集成的系统函数）
			PULSEGEN	用于带比例功能执行器的脉冲发生器
			PULSEGEN_SF	用于带比例功能执行器的脉冲发生器（集成的系统函数）
			T CONT_CP	带有脉冲发生器的连续温度控制器
			T CONT_S	用于带积分功能执行器的温度控制器
			TUN_EC	对连续控制器进行自动调节
			TUN_ES	对步进控制器进行自动调节
功能模块	FMx50-1		CNT_CTRL	控制计数器模块 FMx50-1
			DIAG_INF	读取 FMx50-1 的诊断数据
			CNT_CTL1	控制计数器模块 FMx50-1（支持等时同步模式）
			CNT_CTL2	控制计数器模块 FMx50-1（快速：仅适用于等时同步模式）
	FM350-2		CNT2WRPN	装载 FM350-2 的实际计数值、限值和比较值
			CNT2RDPN	读取 FM350-2 4 个通道的计数值和测量值
			CNT2_CTR	控制计数器模块 FM350-2
			DIAG_RD	如果存在诊断中断，则读取 FM350-2 的诊断信息

（续）

类　型		LAD/STL	说　　明
功能模块	FMx51 定位	ABS_INIT	初始化 FMx51 的通道数据块
		ABS_CTRL	控制与 FMx51 的数据交换
		ABS_DIAG	读取 FMx51 的诊断数据
		ABS_CTRL_451	控制与 FM451 的数据交换
		ABS_DIAG_451	读取 FM451 的诊断数据
	FMx52 凸轮	CAM_INIT	初始化 FMx52 的通道数据块
		CAM_CTRL	控制与 FMx52 的数据交换
		CAM_DIAG	读取 FMx52 的诊断数据
		CAM_CTRL_452	控制与 FM452 的数据交换
		CAM_DIAG_452	读取 FM452 的诊断数据
		CAM_MSRM_452	在硬件中断时读取 FM452 的测量值
	FM455 PID 控制	PID_FM_455	通过用户程序将参数传送至 FM455 模块
		FUZ_455	从 FM455 读取模糊参数或将其下载到 FM455
		FORCE_455	模拟 FM455 的模拟量和数字量输入信号
		READ_455	从 FM455 读取模拟量和数字量输入信号
		CH_DIAG_455	从 FM455 读取通道特定的诊断变量
		PID_PAR_455	在线更改 FM455 的参数
		CJ_T_PAR_455	在线更改 FM455 上的基准结温度
		LP_ZONE	调用多个加热/冷却区域
		ADM_ZONE	将多个加热/冷却区域分组在一起
		ZONE	加热/冷却区域的控制器数据
	FM355 PID 控制	PID_FM	通过用户程序将参数传送至 FM355 模块
		FUZ_355	从 FM355 读取模糊参数或将其下载到 FM355
		FORCE_355	模拟 FM355 的模拟量和数字量输入信号
		READ_355	从 FM355 读取模拟量和数字量输入信号
		CH_DIAG	从 FM355 读取通道特定的诊断变量
		PID_PAR	在线更改 FM355 的参数
		CJ_T_PAR	在线更改 FM355 上的基准结温度
	FM355-2 温度	FMT_PID	通过用户程序将参数传送至 FM355-2 模块
		FMT_PAR	在线更改 FM355-2 的参数
		FMT_CJ_T	在线更改 FM355-2 上的引用节点温度
		FMT_DS1	从 FM355-2 读取诊断数据记录 1
		FMT_TUN	读取控制器调节的详细信息
		FMT_PV	从 FM355-2 读取并模拟模拟量和数字量输入信号
300C 功能		ANALOG	通过模拟量输出进行定位
		DIGITAL	通过数字量输出进行定位
		COUNT	控制计数器
		FREQUENC	控制频率测量
		PULSE	控制脉冲宽度调制

5.7　通信

1. S7 通信

S7 通信指令用于需要组态连接的 S7 通信，包括以下几种类型：数据交换指令、操作模式更改指令、操作模式查询指令及用于查询连接的各种指令。

2. 开放式用户通信

用于实现开放式以太网通信的函数块，通过这些函数块能够实现面向连接的 TCP 及 ISO on TCP 的协议通信和非基于连接的 UDP 通信。对于面向连接的通信在数据传输开始之前建立到通信伙伴的逻辑连接，数据传输完成后，这些协议会按需终止连接。当对数据交付的可靠性要求较高时，应该使用面向连接的协议来实现数据传输，通常在一条物理线路上可以有多个逻辑连接。对于 UDP 而言协议不需要连接，因此无需建立和终止与远程通信伙伴之间的连接。在将数据传输到远程伙伴的过程中不进行确认，因此数据有可能会丢失，而函数块也不会产生报警信息。

3. Web Server

用户通过自定义的 Web 页面借助于 Web 浏览器可将数据传送给 PLC，同时也能在 Web 浏览器中显示 CPU 的各种数据。在用户程序中调用 WWW 指令可以同步用户程序和 Web 服务器，以及初始化操作。

4. 通信处理器

1）PTP 链接

包含了 S7-300/400 所使用的支持串口通信模块使用的函数块，因各模板支持的协议类型和使用的函数块各不相同，所以分别归类于所隶属的模块。通过这些函数块配合模板可以完成 ASCII、3964（R）、打印机通信、RK512、Modbus 等通信，各模块支持的协议在硬件配置中有相应描述。

2）ET200S 串行接口

利用 ET200S 的串口模板可以实现 ASCII、3964（R）、Modbus、USS 通信。当进行 ASCII、3964（R）、Modbus 主站通信时使用 S_SEND 和 S_RCV 来完成数据的传送。当 ET200S 的串口模板作为 Modbus 从站通信时需要使用 S_MODB 指令。如果进行 USS 通信，则需要调用 S_USST、S_USSR、S_USSI 指令。

3）Modbus 从站（RTU）

CP341 和 CP441-2 可以作为 Modbus RTU 的主站或从站运行，当作为 Modbus RTU 的主站时不需要单独的 Modbus 指令进行通信，CP341 可以使用 P_SND_RK 和 P_RCV_RK 指令处理 CP341 和 CPU 之间的数据传送，CP441-2 使用指令 BSEND 和 BRCV 处理 CP441 和 CPU 之间的数据传送。当 CP341 和 CP441-2 作为 Modbus RTU 的从站时，则需要调用 Modbus RTU 从站指令，该指令对 CP 进行初始化，并与 Modbus RTU 主站建立通信连接。必须在 CPU 每次冷启动或暖启动之后执行 Modbus RTU 从站指令，通过输入 CP_START 的上升沿触发初始化。

4）Simatic NET CP

S7-300/400 的 CP 模板使用作以太网和 PROFIBUS 通信时，所需要使用的指令，其中所有的指令均可用于以太网通信，AG_SEND/LSEND 和 AG_RCV/LRCV 既可以用于以太网通信也可用于 PROFIBUS 的 FDL 通信。

5. 300C 功能

CPU 31xC-2 PtP 除 MPI 接口以外，本身还带有 1 个集成的串口，使用该串口配合本条目下的通信指令可以实现 ASCII、3964R 和 RK512 的通信。

6. 与智能从站/智能设备进行通信

用于本地 S7 站内的通信伙伴进行非组态的 S7 通信，使用指令"I_GET"，可以读取本地 S7 站内的通信伙伴的数据，通信伙伴可以位于中央控制器或者扩展单元上，也可以是分布式智能从站，此时需确保已将分布式通信伙伴分配给本地 CPU。同样使用指令"I_PUT"，可以将数据写入本地 S7 站内的通信伙伴。使用指令"I_ABORT"，可以终止由指令"I_GET"或者"I_PUT"建立的到本地 S7 站内通信伙伴的连接并释放两端所使用的连接资源。

7. MPI 通信

用于无组态连接的 MPI 通信的功能块，其中 X_SEND 和 X_RCV 用于双边编程的方式，X_GET 和 X_PUT 用于单边编程的方式。使用指令"X_ABORT"，可以终止上述指令创建的到本地 S7 站之外的通信伙伴的连接。

8. 远程服务

Teleservice 可通过远程服务指令向控制器提供远程通信功能。其包括以下几项功能：

1）访问远程系统（远程维护）

通过 CPU S7-1200 或 CPU S7-300/400 以及 TS Adapter MPI 或 TS Adapter IE 远程连接可实现集中管理、控制、维护和监视功能。

2）建立与远程系统之间的连接（PG-AS 远程链接）

可以使用 PRODAVE MPI V5.0 以上版本，并使用通信指令 "PG_DIAL" 建立与远程系统的连接。

3）设备间的数据交换（AS-AS 远程链接）

使用通信指令 "AS_DIAL"，两个自动化系统可以通过电话网络交换过程数据。

a）从系统发送 SMS

使用通信指令 "SMS_SEND"，自动化系统可以通过 GSM 无线调制解调器发送消息（SMS）。

b）从设备发送邮件

自动化系统可使用通信指令 "AS_MAIL" 发送邮件。

通信指令见表 5-15。

表 5-15　通信指令

类　型	LAD/STL	说　　明
S7 通信	GET	从远程 CPU 读取数据
	GET_S	从远程 CPU 读取数据（S7-300 CP）
	PUT	向远程 CPU 写入数据
	PUT_S	向远程 CPU 写入数据（S7-300 CP）
	USEND	无协调的数据发送
	USEND_S	无协调的数据发送（S7-300 CP）
	URCV	无协调的数据接收
	URCV_S	无协调的数据接收（S7-300 CP）
	BSEND	发送分段数据
	BRCV	接收分段数据
	CONTROL	S7-400 查询连接的状态指令
	C_CNTRL	S7-300 使用的查询连接状态的指令
	PRINT	将数据发送到打印机（S7-400）
	START	在远程设备上初始化 1 个暖或冷启动（S7-400）

（续）

类　型		LAD/STL	说　　明
S7 通信		STOP	停止远程设备（S7-400）
		RESUME	在远程设备上初始化 1 个热启动（S7-400）
		STATUS	查询远程通信伙伴的状态（S7-400）
		USTATUS	无协调的接收远程设备的状态（S7-400）
开放式用户通信		TCON	建立通信连接
		TDISCON	终止通信连接
		TSEND	通过现有的通信连接发送数据
		TRCV	通过通信连接接收数据
		TUSEND	通过以太网发送数据
		TURCV	通过以太网接收数据
		IP_CONF	更改 IP 组态参数
		FW_TCP	使用 FETCH 和 WRITE 通过 TCP 实现数据交换
		FW_IOT	使用 FETCH 和 WRITE 通过 ISO-on-TCP 实现数据交换
Web Server		WWW	同步用户定义的 Web 页
通信处理器	PTP CP340	P_RCV	接收数据
		P_SEND	发送数据
		P_PRINT	打印最多包含 4 个变量的消息文本
		P_RESET	删除接收缓冲区
		V24_STAT_340	从 RS232C 接口读取伴随信号
		V24_SET_340	在 RS232 接口处写入伴随信号
	PTP CP341	P_RCV_RK	接收数据
		P_SND_RK	发送数据
		P_PRT341	打印最多包含 4 个变量的消息文本
		V24_STAT	从 RS232C 接口读取伴随信号
		V24_SET	在 RS232 接口处写入伴随信号
	PTPCP440	RECV_440	接收数据
		SEND_440	发送数据
		RES_RECV	删除接收缓冲区
	CP441	V24_STAT_441	从 RS232C 接口读取伴随信号
		V24_SET_441	在 RS232 接口处写入伴随信号
	Simatic NET CP	AG_SEND	将数据传送到 CP，用于通过已组态连接进行传送
		AG_RECV	接收来自 CP 的数据
		AG_LOCK	禁止在选用的连接上使用 FETCH 或 WRITE 进行数据交换
		AG_UNLOCK	启用对 S7-CPU 的用户存储区的外部访问，在选用的连接上可以使用 FETCH 或 WRITE 进行数据交换
		AG_CNTRL	用于对连接进行诊断，终止和复位
		AG_LSEND	将数据传送到 CP，用于通过已组态连接进行传送（仅用于 400，发送大于 240 个字节的数据）
		AG_SSEND	快速地将数据传送到 CP，用于通过已组态连接进行传送（仅用于 400，最大发送 1452 个字节）
		AG_LRECV	接收来自 CP 的数据（仅用于 400，接收大于 240 个字节的数据）

（续）

类　型		LAD/STL	说　　明
通信处理器	Simatic NET CP	AG_SRECV	接收来自 CP 的数据（仅用于 400）
		FTP_CMD	建立 FTP 连接，并从 FTP 服务器传送文件或将文件传送到服务器
		IP_CONFIG	将连接数据传送到 CP
		DP_SEND	300 的 CP 将数据传送到 PROFIBUS CP
		DP_RECV	300 的 CP 通过 PROFIBUS 接收数据
		DP_DIAG	300 的 CP 用于请求诊断信息，读取 DP 从站的当前状态
		DP_CTRL	300 的 CP 将控制作业传送到 PROFIBUS CP，如设置 DP 从站的操作模式
		PNIO_SEND	300 的 CP 在 PROFINET IO 控制器或 PROFINET IO 设备模式下传送数据
		PNIO_RECV	300 的 CP 在 PROFINET IO 控制器或 PROFINET IO 设备模式下接收数据
		PNIO_RW_REC	300 的 CP 在 PROFINET IO 控制器模式下用于"读取数据记录"和"写入数据记录"
		PNIO_ALARM	从 PROFINET IO 设备接收报警信息（S7-300）
		LOGICAL_TRIGGER	CP 343-1 ERPC 用于 ERPC（Enterprise connect）通信时使用该指令
	ET200S 串行接口	S_RCV	接收数据
		S_SEND	发送数据
		S_VSTAT	从 RS232C 接口读取伴随信号
		S_VSET	在 RS232 接口处写入伴随信号
		S_XON	通过 XON/XOFF 设置数据流控制
		S_RTS	通过 RTS/CTS 设置数据流控制
		S_V24	通过自动操作 RS232C 伴随信号，设置数据流的控制参数
		S_MODB	ET200S 1SI 的 Modbus 从站指令
		S_USST	将数据发送至 USS 从站
		S_USSR	从 USS 从站接收数据
		S_USSI	初始化 USS
	Modbus 从站（RTU）	MODB_341	CP341 的 Modbus 从站通信块
		MODB_441	CP441 的 Modbus 从站通信块
300C 功能	ASCII（3964R）	SEND_PTP_300C	发送数据
		RCV_PTP_300C	接收数据
		RES_RCVB_300C	复位接收缓冲区
	RK512	SEND_RK_300C	发送数据
		FETCH_RK_300C	获取数据
		SERVE_RK_300C	接收并提供数据
与智能设备/智能从站进行通信		I_GET	读取本地 S7 站内的通信伙伴的数据
		I_PUT	将数据写入本地 S7 站内的通信伙伴
		I_ABORT	中止与本地 S7 站内的通信伙伴的现有连接
MPI 通信		X_SEND	将数据发送给本地 S7 站之外的通信伙伴
		X_RCV	从本地 S7 站之外的通信伙伴接收数据
		X_GET	读取本地 S7 站之外的通信伙伴的数据
		X_PUT	将数据写入本地 S7 站之外的通信伙伴
		X_ABORT	中止与本地 S7 站之外的通信伙伴的连接
远程服务		PG_DIAL	建立与 PG/PC 的远程连接
		AS_DIAL	与 AS 建立远程连接

（续）

类　型	LAD/STL	说　　明
远程服务	SMS_SEND	发送 SMS 消息
	AS_MAIL	通过电子邮件传送

限于篇幅，本书无法对上述的指令一一详述。关于这些指令的详细内容可以参考先前版本的《S7-300/400 梯形逻辑-编辑手册》、《S7-300/400 功能块图编程手册》和《S7-300/400 语句表编程手册》，或者可以在 TIA 博途软件 V11 程序编辑器中选中相应的指令，按 F1 键获得在线帮助。

5.8　编程指令亮点

1. 可见及可用性

TIA 博途软件是 1 个框架结构式软件，也是西门子 PLC 的平台软件，除了支持 S7-300/400 的编程，还支持 S7-1200 系统的编程，对于功能相同的指令，由于应用于不同的系统，具体的指令可能不同，例如 S7-300 PLC 的 S7 通信指令与 S7-400 PLC S7 通信指令不同，如果打开的是 S7-300 PLC 的程序块，对应的指令集只适合 S7-300 PLC，所能见到的指令或函数都可用，如图 5-22 所示 S7-300/400 S7 通信函数的区别。

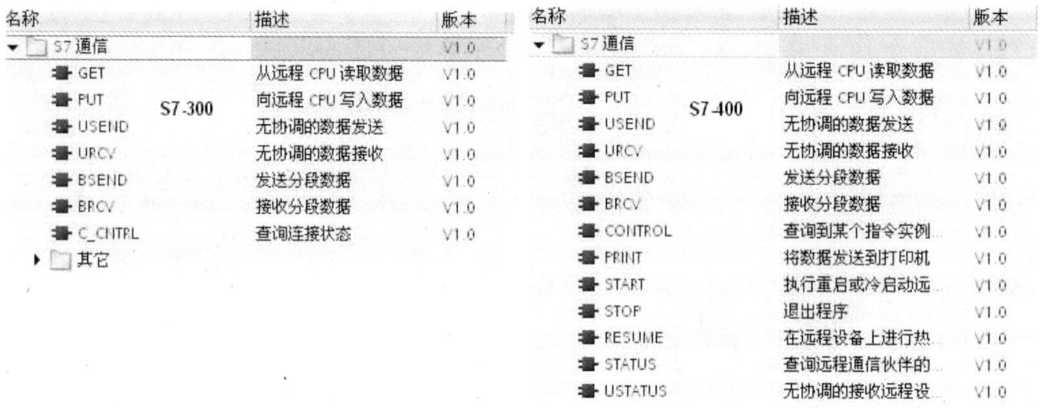

图 5-22　S7-300/400 S7 通信函数

2. 指令按功能划分

指令集按功能划分，与 STEP7 软件相比，用户面对的指令或函数不再是 FC、FB、SFC 和 SFB，取而代之的是以符号为名称的指令或函数并加以相关的描述，便于用户的快速使用。

3. 不同系统的程序块可以相互使用

使用 S7-300 指令编写的函数可以直接复制到 S7-1200 中使用，同样 S7-1200 的函数也可以复制到 S7-300 中使用。如果 S7-1200 函数中带有特殊指令而 S7-300 不支持，例如高速计数器的指令，复制到 S7-300 中，只是相关指令出现故障提示，非特殊指令不受影响。

4. 指令的丰富性

与原 STEP7 相比，指令库更加丰富，减少编程人员编写不必要额外的指令，例如使用 LAD 比较两个字节的大小，原 STEP7 中只有对 I、D、R 数据类型变量的比较，必须将字节先转换为 INT 类型才能比较，这样编程人员还有编写与程序无关的转换指令，而 TIA 博途软件的比较指令不固定，可选择的数据类型丰富，如图 5-23 所示。

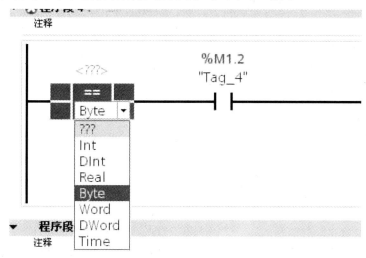

图 5-23　比较指令

5．指令的灵活性

插入的指令如果带有黄色标志，表示指令的不固定性，可以任意进行修改，例如在程序中使用 1 个常开触点，发现应使用常闭触点，通常的情况下，将常开删除，再插入常闭触点，最后赋地址，在 TIA 博途软件中只需使用鼠标单击一下即可，图 5-24 所示。

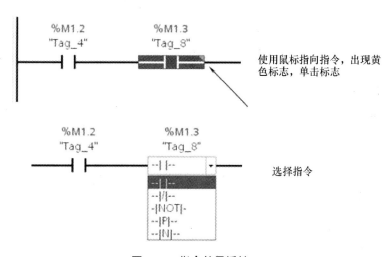

图 5-24　指令的灵活性

6．指令可以任意拖放

使用 LAD 编程时，已经使用的指令可以任意复制、粘贴和拖放，增加编程人员的灵活性（见图 5-25），使用鼠标将"Tag_9"拖出来后，软件指示有 3 个位置可以拖放。

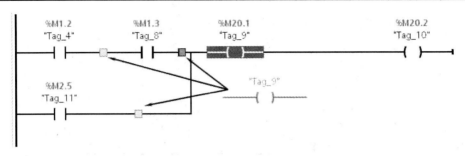

图 5-25　变量的自由拖放

　　TIA 博途软件指令中所有这些改变就是为了增加编程人员自由度，灵活使用指令并快速完成控制任务。

第6章 程 序 块

每个 S7 系列的 CPU 中都运行着操作系统程序和用户程序两种程序。操作系统处理底层系统级任务,提供了一套用户程序的调用机制;用户程序则工作在这个平台上,完成用户自己的自动化任务。

操作系统程序是固化在 CPU 中的程序,购买 PLC 时已经安装在其中。操作系统用于组织所有与用户控制任务无关的 CPU 功能和运行顺序。操作系统主要完成下列各项任务:

1)处理启动(暖启动、冷启动和热启动);
2)更新输入输出过程映像区;
3)调用用户程序;
4)检测中断并调用中断程序;
5)检测并处理错误;
6)管理存储区;
7)与编程设备和其它设备的通信。

CPU 中的用户程序是为了完成特定的自动化任务,由用户自己编写并下载到 CPU 中的应用程序。用户程序任务包括:

1)暖启动、冷启动和热启动时的初始化工作;
2)进行数据处理,IO 交换和工艺相关的控制;
3)对中断的响应;
4)对异常和错误的处理。

6.1 用户程序中的程序块

用户程序中包含不同的程序块,其实现的功能不同,TIA 博途软件中包含程序块的类型及功能描述见表 6-1。

表 6-1 程序块类型

程序块	功能简要描述
组织块(OB)	OB 块决定用户程序的结构
函数块(FB)	FB 块可以使用户编写的函数带有"存储区"
函数(FC)	FC 可以作为子程序也可以作为经常调用的函数使用
背景数据块(DI)	背景 DB 块与 FB 调用相关,在调用时自动生成,存储 FB 块中的所有数据并作为它们的"存储区"
共享数据块(DB)	DB 块存储用户数据,与背景 DB 块相比,DB 块格式由用户定义,背景 DB 块格式与 FB 相关

程序部分包含的 OBs、FBs、FCs 以及指令函数作为逻辑程序块,每种类型的程序块允许的数量及每个程序块最大的容量与 CPU 的技术参数有关。

6.1.1 组织块与程序结构

组织块(OB)是 CPU 操作系统与用户程序的接口,被操作系统自动调用,CPU 通过组织块循环或者以事件驱动方式控制用户程序的执行，此外 CPU 的启动及故障处理都要调用不同的组织块，在这些组织块中编写用户程序可以判断 CPU 及外部设备的状态。

PLC 的 CPU 循环执行操作系统程序，操作系统程序在每一个循环中调用主程序 OB1 一次，因此在 OB1 中编写的用户程序循环执行，操作系统与主程序执行过程如图 6-1 所示。

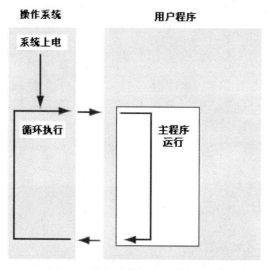

图 6-1 操作系统与主程序关系

循环执行的程序可以被高优先级的中断事件中断，如果中断事件出现，当前执行的程序在当前指令执行完成后（两个指令边界处）中断而执行相应中断程序，中断程序执行完成后跳回到中断处继续执行。不同的中断事件由操作系统触发不同的 OB 块，中断程序编写在相应的 OB 块中，这样中断事件出现，执行相应中断 OB 块中程序一次，然后回到中断点继续执行中断前程序，事件中断过程如图 6-2 所示。

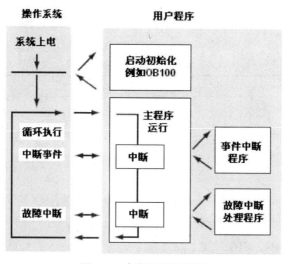

图 6-2 中断程序的执行

早先程序设计中通常使用线性化编程方式，即将所有的程序指令都写在主程序中以实现一个自动化控制任务，这样的编程方式不利于程序的查看、修改和调试，在与线性化编程方式相对应的结构化编程方式中，将整个控制任务划分为相对独立的控制任务，每个相对独立的控制任务可以对应结构化程序中的一个程序段或子程序（FC 或者 FB），OB1 通过调用这些程序块来完成整个自动化任务，两种编程方式及程序结构的对比如图 6-3 所示。

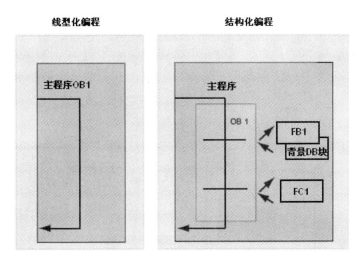

图 6-3　线型化编程与结构化编程

结构化的编程方式是使用不同的程序块构成的，其具有下列优点：
1）程序一目了然；
2）独立的程序段可以标准化；
3）程序的修改简单；
4）控制任务分开，设备调试方便。

6.1.2　用户程序的分层调用

用户编写的函数或程序块必须在 OB 块中调用才能执行，在一个程序块中可以使用指令调用其它程序块，被调用的程序块执行完成后返回原程序中断处继续运行，程序块的调用过程如图 6-4 所示。

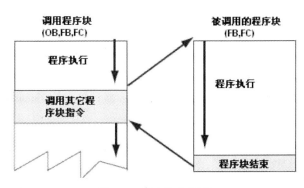

图 6-4　程序块的调用

调用的程序块类型只能是 OB、FB、FC，被调用的程序块可以是 FB 块和 FC 块，OB 块不能被调用。

在自动化控制任务中，可以将工厂级控制任务划分为几个车间级控制任务，将车间级控制任务再划分为几组生产线的控制任务，将生产线的控制任务划分为几个电机的控制，这样从上到下将控制任务分层划分，同样也可以将控制程序根据控制任务分层划分，每一层控制程序作为上一层控制程序的子程序，同时调用下一层的控制程序作为子程序，形成程序块的嵌套调用。用户程序的分层调用就是将整个程序按照控制工艺划分为小的子程序，按次序分层嵌套调用（嵌套深度参考 CPU 样本手册，例如 S7-300 V3.2 版本不能超过 16 层），例如将一个控制任务划分为 3 个独立的子任务，在每个子任务下划分小的控制任务，程序的分层调用如图 6-5 所示。

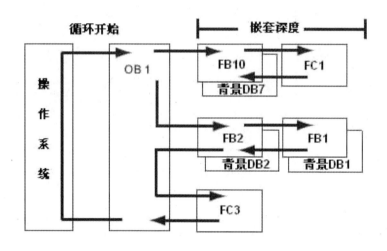

图 6-5　用户程序的分层调用

3 个独立的子程序分别为 FB10、FB2 和 FC3，在 FB2 中又嵌套调用 FB1，这样控制任务的分层通过程序块或子程序的嵌套调用实现。用户程序执行次序为:OB1 > FB10 + 背景 DB7 > FC1 > FB2 +背景 DB2 > FB1 + 背景 DB1 > FC3 > OB1。用户程序的分层调用是结构化编程方式的延伸。

6.2　组织块（OB）

组织块（OB）由操作系统自动调用，同时执行编写在组织块中的用户程序，用户程序中没有组织块不可能执行用户程序，所以组织块最基本的功能就是调用用户程序。组织块代表 CPU 的系统功能，不同类型的组织块完成不同的系统功能，1 个 CPU 功能越强大，相应的组织块个数及类型越多，例如 S7-300 CPU 硬件中断只能触发 OB40，在 S7-400 CPU 中硬件中断可以选择触发的 OB 块（OB40～OB47）。

在 TIA 博途软件中每个 CPU 支持的组织块会被智能显示，即当组态了某型号的 CPU 后则在创建组织块时仅能看到其支持的组织块列表，如图 6-6 所示。

通常情况下，在 S7-300/400 PLC 的 1 个组织块中可以编写最大的程序容量为 64K。

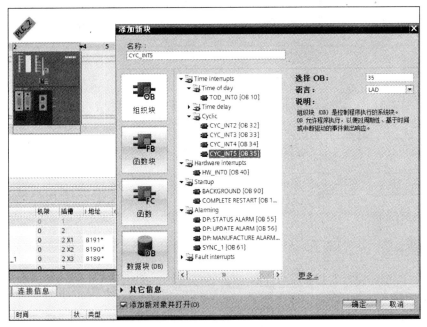

图 6-6　添加组织块

6.2.1　组织块类型与优先级

　　系统为每个组织块分配相应的优先级，如果系统同时触发调用多个组织块，通过优先级可以决定组织块之间的调用次序，同时也决定每个组织块中用户程序的执行次序，通常情况下组织块号码越大，优先级越高，例如 CPU 硬件中断为 OB40，循环执行为 OB1，硬件中断事件可以中断 OB1 的执行并触发 OB40，OB40 执行一个周期后返回 OB1 中断处，再次循环执行用户程序。除主程序循环 OB1 外，其它的组织块都是由事件触发的中断，组织块的中断类型及优先级分类见表 6-2。

表 6-2　OB 块类型及优先级

类型	OB	优先级（默认）
主程序循环	OB1	1
时间中断	OB10 至 OB17	2
延时中断	OB20 OB21 OB22 OB23	3 4 5 6
循环中断	OB30 OB31 OB32 OB33 OB34 OB35 OB36 OB37 OB38	7 8 9 10 11 12 13 14 15

（续）

类型	OB	优先级（默认）
硬件中断	OB40 OB41 OB42 OB43 OB44 OB45 OB46 OB47	16 17 18 19 20 21 22 23
状态中断	OB55 OB56 OB57	2 2 2
多处理器中断	OB60 多处理器	25
PROFIBUS 时钟同步中断	OB61 OB62 OB63 OB64	25
工艺同步处理中断	OB65	25
冗余错误中断	OB70 I/O 冗余错误 （只适用于 H 系统） OB72 CPU 冗余错误 （只适用于 H 系统）	25 28
异步故障中断	OB80 时间错误 OB81 电源故障 OB82 诊断中断 OB83 插入/移走模板中断 OB84 CPU 硬件故障 OB85 程序循环错误 OB86 机架故障 OB87 通信错误	26 （或者如果异步错误 OB 存在于启动程序中则为 28）
处理中断	OB88	28
背景循环中断	OB90	29[①]
启动中断	OB100 暖启动 OB101 热启动 OB102 冷启动	27
同步错误中断	OB121 编程错误 OB122 访问错误	引起错误 OB 的优先级

①优先级别29相当于优先级0.29，其数值最低。因此背景循环OB90的优先级低于自由循环（OB1）。

1. 自由循环组织块 Main（OB1）

S7 CPU 启动完成后，操作系统循环执行 OB1，OB1 执行完成后，操作系统再次启动 OB1。在 OB1 中可以调用 FBs、FCs 等用户程序使之循环执行。除 OB90 以外，OB1 优先级最低，可以被其它 OB 块中断。OB1 默认扫描监控时间为 150ms（可设置），扫描超时，CPU 自动调用 OB80 报错，如果程序中没有建立 OB80，CPU 进入停止模式。

2. 日期中断组织块 TOD_INT0（OB10）～TOD_INT7（OB17）

在 CPU 属性中可以设置日期中断组织块 OB10～OB17 触发的日期、执行模式（到达设定的触发日期后，OB 块只执行一次或按每分、每小时、每周、每月周期执行）等参数，当 CPU 的日期值大于设定的日期值时，触发相应的 OB 按设定的模式执行。在用户程序中也可以通过调用 SET_TINT 指令设定 CPU 日期中断的参数，调用 ACT_TINT 激活日期中断投入运行，与在 CPU 属性中的设置相比，通过用户程序可以在 CPU 运行时灵活修改设定的参数，两种方式可以任意选择，也可以同时对 1 个 OB 块进行设置。

3. 时间延迟中断组织块 OB20～OB23

时间延迟中断组织块 OB20～OB23 的优先级及更新过程映像区参数需要在 CPU 属性中设置，通过调用系统函数 SRT_DINT 触发执行，OB 块号及延迟时间在 SRT_DINT 参数中设定，延迟时间为 1～60000ms，延迟准确度为 1ms，大大优于 S5 定时器准确度。

4. 循环中断组织块 OB30～OB38

循环中断组织块 OB30～OB38 按设定的时间间隔循环执行，循环中断的间隔时间在 CPU 属性中设定，每一个 OB 块默认的时间间隔不同，例如 OB35 默认的时间间隔为 100ms，在 OB35 中的用户程序将每隔 100ms 调用一次，时间间隔可以自由设定，最小时间间隔不能小于 1ms。OB 块中的用户程序执行时间必须小于设定的时间间隔，如果间隔时间较短，由于循环中断 OB 块没有完成程序扫描而再次被调用，从而造成 CPU 故障，触发 OB80 报错，如果程序中没有创建 OB80，CPU 进入停止模式。通过调用 DIS_IRT、DIS_AIRT、EN_IRT 系统指令可以禁用、延迟、使能循环中断的调用。循环中断组织块通常处理需要固定扫描周期的用户程序，例如 PID 函数块通常需要在循环中断中调用以保证采样时间的恒定。

5. 硬件中断组织块 OB40～OB47

硬件中断也称过程中断，由外部设备产生的，例如功能模块 FM、通信处理器 CP 及数字量输入、输出模块等。使用具有硬件中断的数字量输入模块触发中断响应，然后为每一个模块配置相应的中断 OB 块（1 个模块只能触发 1 个中断 OB 块，S7-300 CPU 只能触发硬件中断 OB40），在模块配置中可以选择输入点的上升沿、下降沿或全部作为触发中断 OB 块的事件。配置的中断事件如果出现，则中断当前主程序，执行中断 OB 块中的用户程序 1 个周期，然后跳回中断处继续运行主程序。使用中断与普通输入信号相比，没有主程序扫描和过程映像区更新时间，适合需要快速响应的应用。

如果输入模块中的 1 个通道触发硬件中断，操作系统将识别模块的槽号及触发相应的 OB 块，中断 OB 块执行之后发送与通道相关的确认。在识别和确认过程中该通道再次触发的中断事件将丢失；如果模块其它通道触发中断事件，中断不会丢失，在当前正在运行的中断确认之后触发；如果是不同的模块触发的中断事件，中断请求被记录，中断 OB 块在空闲（没有其它模块的中断请求）时触发。通过调用 DIS_IRT、DIS_AIRT、EN_IRT 系统函数可以禁用、延迟、使能硬件中断的调用。

6. DPV1 中断组织块 OB55～OB57

CPU 响应 PROFIBUS-DP V1 从站触发的中断信息。

7. 多处理器中断组织块 OB60

用于 S7-400 PLC 多 CPU（1 个机架中最多插入 4 个 CPU 完成同一个复杂任务）处理功能，通过调用 MP_ALM 可以触发 OB60 在多个 CPU 中同时执行。

8. PROFIBUS 时钟同步中断组织块 OB61～OB64

用于处理 PROFIBUS-DP 的等时同步，从采集各个从站的输入到逻辑结果输出需要经过从站输入信号采样循环（信号转换）、从站背板总线循环（转换的信号从模块传递到从站接口）PROFIBUS-DP 总线循环（信号从从站传递到主站）、程序执行循环（信号的程序处理）、PROFIBUS-DP 总线循环（信号从主站传递到从站）、从站背板总线循环（信号从站接口传递到输出模块）及模块输出循环（信号转换）7 个循环，时钟同步中断将 7 个循环同步，优化数据的传递并保证 PROFIBUS－DP 各个从站数据处理的同步性。PROFIBUS 等时中断只能用于 S7-400 CPU（具有 DP V1 功能）及当前 V3 固件版本系列的 S7-300 CPU（只支持 OB61）。

9. 工艺同步处理中断组织块 OB65

用于 T-CPU（具有运动控制功能的 CPU）工艺块与用户程序的同步处理。

10. 冗余故障中断组织块 OB70、OB72

用于 S7-400H 冗余系统，当 I/O 冗余故障，例如冗余的 PROFIBUS-DP 从站故障时触发 OB70 的调用，当 CPU 冗余故障如 CPU 切换、同步故障时触发 OB72 的调用。如果 I/O 冗余或者 CPU 冗余故障而在 CPU 中没有创建 OB70、OB72，CPU 不会进入停止模式。

11. 异步故障中断组织块 OB80～OB87

异步故障中断用于处理各种故障事件。

OB80:处理时间故障、CIR（Configuration In Run）后的重新运行等功能，例如OB1或OB35运行超时，CPU自动调用OB80报错，如果程序中没有创建OB80，CPU进入停止模式。

OB81:处理与电源相关的各种故障信息（S7-400 CPU只有电池故障时调用），出现故障，CPU自动调用OB81报错，如果程序中没有创建OB81，CPU不会进入停止模式。

OB82:诊断中断，如果使能1个具有诊断中断模块的诊断功能（例如断线、传感器电源丢失），出现故障时调用OB82，如果程序中没有创建OB82，CPU进入停止模式。

诊断中断还对CPU所有内、外部故障包括模块前连接器拔出、硬件中断丢失等作出响应。

OB83:用于模块插拔事件的中断处理，事件出现，CPU自动调用OB83报警，如果程序中没有创建OB83，CPU进入停止模式。

OB84:用于处理存储器、冗余系统中两个CPU的冗余连接性能降低等事件。

OB85:用于处理操作系统访问模块故障、更新过程映像区时I/O访问故障、事件触发但是相应的OB块没有下载到CPU等事件，事件出现，CPU自动调用OB85报错，如果程序中没有创建OB85，CPU进入停止模式。

OB86:用于处理扩展机架（不适用S7-300）、PROFIBUS－DP主站、PROFIBUS-DP或PROFINET IO分布I/O系统中站点故障等事件，事件出现，CPU自动调用OB86报错，如果程序中没有创建OB86，CPU进入停止模式。

OB87:用于处理时钟同步故障，当事件出现，CPU自动调用OB87报错，如果程序中没有创建OB87，CPU不会进入停止模式。

12. 处理中断组织块 OB88

用于处理程序嵌套、区域数据分配故障，故障出现，CPU 自动调用 OB88 报错，如果程序中没有创建 OB88，CPU 进入停止模式。

13. 背景循环中断组织块 OB90

优先级最低，保证 CPU 最短的扫描时间，避免过程映像区更新过于频繁。程序的下载和 CPU 中程序的删除会触发 OB90 的调用。只能用于 S7-400 CPU。

14. 启动中断组织块 OB100～OB102

用于处理 CPU 启动事件，暖启动 CPU 调用 OB100，热启动 CPU 调用 OB101（不适合

S7-300 PLC 和 S7-400H），冷启动 CPU 调用 OB102，OB 块号数值越大，CPU 启动时清除存储器中数据区的类型越多。

15. 同步故障 OB121、OB122

OB121 处理与编程故障有关的事件，例如调用的函数没有下载到 CPU 中、BCD 码出错等，OB122 处理与 I/O 地址访问故障有关的事件，例如访问 1 个 I/O 模块时出现读故障等。如果上述故障出现，在程序中没有创建 OB121、OB122，CPU 进入停止模式。

注意：不是所有的 OB 块都可以在 S7 CPU 中使用，例如 S7-300 CPU 中只有暖启动 OB100，操作系统不能调用 OB101、OB102，CPU 中可以使用的 OB 块参考 CPU 的选型手册。

S7-300 PLC 中组织块的优先级是固定的，不能修改，在 S7-400 PLC 中下列组织块的优先级可以进行修改，

OB10～OB47: 优先级修改范围 2～23。

OB70～OB72: 优先级修改范围 2～38。

OB81～OB87: 优先级修改范围 2～26，优先级 24～26 确保异步故障中断不被其它的事件中断。

几个组织块可以具有相同的优先级，当事件同时出现时，组织块按事件出现的顺序（进入系统的顺序）触发，如果超过 12 个相同优先级的 OB 块同时触发，中断可能丢失。

6.2.2 组织块的区域数据区堆栈（L 堆栈）

CPU 为每个相同优先级类别的组织块分配了区域数据 L 区作为堆栈，堆栈包括下列数据：

1）程序块中的临时变量；

2）组织块的开始信息（组织块与操作系统的接口区）；

3）FC、FB 的参数接口；

4）LAD 程序中的中间结果。

如果 1 个程序块中使用临时变量，被调用时将占用组织块的 L 堆栈，程序块嵌套调用越深占用 L 堆栈空间越大，例如在 OB1 中调用 FC1，在 FC1 中调用 FC10、FC11，在 FC11 中又调用 FC12、FC13，占用 L 堆栈大小的计算方式见表 6-3。

表 6-3　组织块的 L 堆栈

优先级			L 堆栈中的字节数
OB1（带有 20 个字节的开始信息和 10 个字节区域变量）的调用			30
调用 FC1（带有 30 个字节的区域变量） 30 个字节（OB1）＋30 个字节（FC1）			60
	调用 FC10（带有 20 个字节的区域变量） 60 个字节（OB1＋FC1）＋20 个字节 FC10		80
	调用 FC11（带有 20 个字节的区域变量） 60 个字节（OB1＋FC1）＋20 个字节 FC11		80
		调用 FC12（带有 30 个字节的区域变量） 80 个字节（OB1＋FC1＋FC11）＋30 个字节 FC12	110
		调用 FC13（带有 40 个字节的区域变量） 80 个字节（OB1＋FC1＋FC11）＋40 个字节 FC13	120

S7-300 PLC 每个优先级别的组织块（按优先级别划分，一些具有 S7-400 功能的 S7-300 CPU 如 CPU319 除外）分配固定大小的 L 堆栈，每款 CPU 的 L 堆栈大小可能不同，具体参

数参考 CPU 样本手册。

S7-400 PLC 为每个优先级别组织块（按优先级别划分）分配 L 堆栈的大小可以在 CPU 属性进行配置，可以将没有使用的组织块 L 堆栈分配给其它需要使用的组织块，优化 L 堆栈的分配（S7-400 PLC L 堆栈占用 CPU 的工作存储区）。L 堆栈的大小决定程序中区域变量使用的数量。

注意：如果使用的区域变量超过 L 堆栈规定的限制，CPU 将停机报错。

每个组织块临时变量区前 20 个字节被称为开始信息，用于操作系统与组织块间的信息传递，开始信息中的变量类型为只读，可以查询组织块每次调用的信息。例如主循环 OB1 的开始信息如图 6-7 所示。

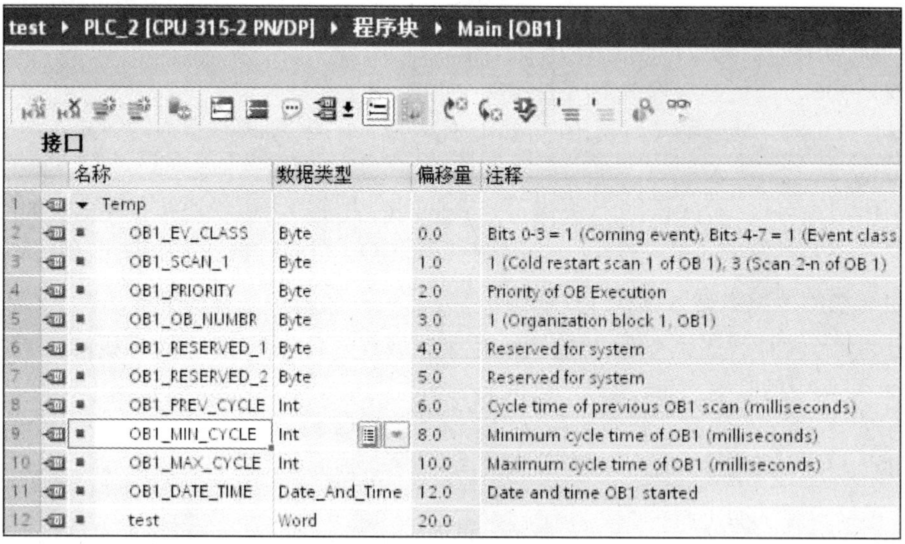

test ▶ PLC_2 [CPU 315-2 PN/DP] ▶ 程序块 ▶ Main [OB1]

接口

	名称	数据类型	偏移量	注释
1	▼ Temp			
2	OB1_EV_CLASS	Byte	0.0	Bits 0-3 = 1 (Coming event), Bits 4-7 = 1 (Event class
3	OB1_SCAN_1	Byte	1.0	1 (Cold restart scan 1 of OB 1), 3 (Scan 2-n of OB 1)
4	OB1_PRIORITY	Byte	2.0	Priority of OB Execution
5	OB1_OB_NUMBR	Byte	3.0	1 (Organization block 1, OB1)
6	OB1_RESERVED_1	Byte	4.0	Reserved for system
7	OB1_RESERVED_2	Byte	5.0	Reserved for system
8	OB1_PREV_CYCLE	Int	6.0	Cycle time of previous OB1 scan (milliseconds)
9	OB1_MIN_CYCLE	Int	8.0	Minimum cycle time of OB1 (milliseconds)
10	OB1_MAX_CYCLE	Int	10.0	Maximum cycle time of OB1 (milliseconds)
11	OB1_DATE_TIME	Date_And_Time	12.0	Date and time OB1 started
12	test	Word	20.0	

图 6-7 OB1 开始信息

开始信息数据区不能被修改，如果用户需要自定义临时变量，必须在开始信息后创建，如临时变量"test"，开始地址为 L 20.0。在 OB 块中定义的临时变量数据类型可以是基本数据类型和复合数据类型，参数类型中只能选择"ANY"指针类型。

当操作系统调用组织块时，将触发的事件类型、OB 的优先级、时间及操作系统状态传送到组织块的开始信息中，组织块执行完成后，存储于开始信息中的数据被释放，可以将开始信息传送到全局变量中以保留上次 OB 块调用的状态信息，例如将 OB1 开始信息中 CPU 上次循环扫描周期、最短扫描周期、最长扫描周期读出并将结果传送到全局变量中，示例程序如下：

```
L   #OB1_PREV_CYCLE //上次循环扫描周期（ms），数据类型为整数，使用符号名
                      编程，必须与 OB1 开始信息定义相同，也可以直接将接
                      口参数从开始信息中拖曳到程序中来。
T   %MW20
L   #OB1_MIN_CYCLE //最短扫描周期（ms），数据类型为整数。
T   %MW22
L   #OB1_MAX_CYCLE //最长扫描周期（ms），数据类型为整数。
T   %MW24
```

注意：程序中接口参数也可以使用绝对地址，如 L LW6，但程序中会自动变为符号地址 L #OB1_PREV_CYCLE。

这样 CPU 扫描程序的状态信息存储于 MW20、MW22、MW24 中，可以用于监控或逻辑判断，每次 OB1 调用会更新变量中存储的状态信息。

大部分组织块是由事件触发，例如 PROFIBUS-DP 主站、从站通信，如果从站故障，CPU 调用 OB86 1 个周期，将事件信息写入 OB86 的开始信息数据区中，如果从站故障排除，再次调用 OB86 1 个周期并事件信息写入 OB86 的开始信息数据区中（事件触发 CPU 调用 OB86，如果没有下载，CPU 停机）。通过 OB86 可以将故障的从站站点读出，用于显示、归档及逻辑判断，例如对 3 号从站进行状态判断，示例程序如下：

```
A（
L    #OB86_EV_CLASS
L    B#16#39        //判断事件类别，如果等于 B#16#39，表示故障触发
= =I                     OB86 的调用。
）
A（
L    #OB86_FLT_ID   //判断故障类别，如果等于 B#16#C4，表示
L    B#16#C4            PROFIBUS 站点故障。
= =I
）
A（
L    %LB11          //判断触发 OB86 调用的源，如果等于 3，表示由 3
L    3                  号站触发。
= =I
）
S    %M100.0         //为 1 表示 3 号站点故障。


A（
L    #OB86_EV_CLASS
L    B#16#38        //判断事件类别，如果等于 B#16#38，表示从站故
= =I                     障排除触发 OB86 的调用。
）

A（
L    #OB86_FLT_ID   //故障类别。
L    B#16#C4
= =I
）
```

```
A (
L    %LB11
L    3                    //判断触发 OB86 调用的源。
==I
)
R    %M100.0              // M100.0 为 0 表示 3 号站点故障排除。
```

上面的示例程序针对触发 OB86 的事件进行的判断，如果 M100.0 为 1 表示 3 号从站故障，如果 M100.0 为 0 表示 3 号从站无故障或故障消除。TIA 博途软件中已经将不同的事件分类放在不同组织块的开始信息数据区中，所有组织块的开始信息都可以读出，用于程序的判断。

6.3　函数（FC）

函数（FC）有两个作用：

1）作为子程序使用，将整个程序进行结构化划分，将相互独立的控制设备分成不同的 FC 编写，统一由 OB 块调用，便于程序调试及修改，使整个程序条理性强、易读。

2）作为函数使用，对功能类似的设备统一编程，函数中通常带有形参，通过多次调用，对形参赋值不同的实参实现对类似设备的控制。

在通常情况下新版本 V3.0 以上的 S7-300 PLC 中 1 个函数最大程序容量为 64K，S7-400 PLC 中 1 个函数最大程序容量也为 64K，CPU 中可创建 FC 的数量与 CPU 的类型相关，可参考 CPU 样本手册。

6.3.1　函数的接口区

每个函数都带有形参接口区，参数类型分为输入参数、输出参数、输入/输出参数、临时数据区，每种形参类型可以定义多个变量，个数及容量与 OB 块 L 堆栈的大小有关，形参接口用于与调用程序进行数据传递，如图 6-8 所示。

Input（输入）：只读参数，函数调用时将用户程序数据传递到函数中。实参可以为常数。

Output（输出）：只写参数，函数调用时将函数执行结果传递到用户程序中，实参不能为常数。

InOut（输入_输出）：读写参数，接收数据后进行运算，然后将结果返回，例如带灯按钮的控制，输入信号为 1 启动电机（注：标准为起动电动机，后同），电机启动后将参数值置 1，反之置 0，实参不能为常数。

Temp（临时变量）：只能用于函数内部中间变量（区域数据区 L），不参与数据的传递，临时变量在函数调用时生效，函数执行完成后，临时变量区的数据释放，所以临时变量不能存储中间数据。

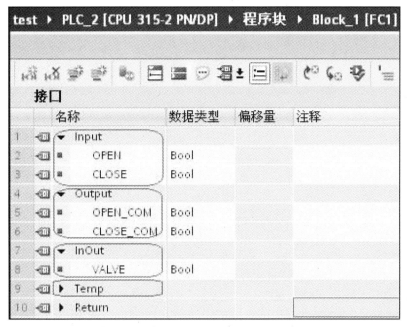

图 6-8 函数形参接口区

注意：很多程序的执行错误都是由于错误的使用了临时变量区导致，例如使用临时变量区存储上升沿，会导致错误的状态。

函数（FC）接口区允许的数据类型见表 6-4。

表 6-4 函数（FC）接口区的数据类型

声明的数据类型	基本数据类型	复合数据类型	参数类型 TIME	参数类型 COUNTER	参数类型 BLOCK	参数类型 POINTER	参数类型 ANY
Input	×	×②	×	×	×	×	×
Output	×	×②	—	—	—	×	×
InOut	×	×②	—	—	—	×	×
Temp	×①	×①	—	—	—	—	×①

注：×表示可以；—表示限制。
①位于 FC 的 L 堆栈。
②STRINGS 只能定义为默认的长度。

6.3.2 无形参的函数（子程序功能）

在函数的接口数据区中可以不定义形参变量，调用程序与函数之间没有数据交换，只是运行函数中的程序，这样的函数作为子程序调用。子程序将整个控制程序进行结构化划分，清晰明了，便于设备的调试及维护，例如控制 3 个相互独立的控制设备，将程序分别编写在 3 个子程序中，在主程序中分别调用子程序，实现设备的控制，程序结构如图 6-9 所示。

注意：子程序中也可以带有形参，是否带有形参应根据实际应用而定。在子程序中还可以再次分层调用 FC 作为子程序，子程序的调用是结构化编程重要的组成部分，在实际编程中建议使用图 6-9 中的程序结构，在 OB1 中只进行子程序的调用，控制程序编写在不同的子程序中。

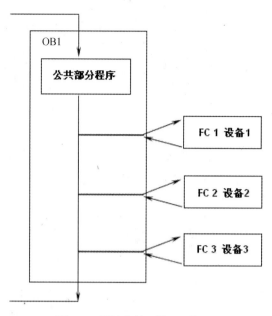

图 6-9　无形参的函数 FC 的调用

6.3.3　有形参的函数

在应用中常常遇到对许多相似功能的设备进行编程，例如控制 6 组电机（注：本书电机均为电动机），每个电机的运行参数相同，如果分别对每一个电机编程，除输入输出地址不同外，每个电机控制程序基本相同，重复的工作量比较大。使用函数可以将 1 个电机的控制程序作为模板，在程序中多次调用并赋值参数即可实现对多个设备的控制，例如控制 3 个功能相同的阀门，在函数 FC1 中定义的形参见表 6-5。

表 6-5　示例阀门形参

声明	阀门形参	数据类型
IN	OPEN	BOOL
IN	CLOSE	BOOL
OUT	OPEN_COM	BOOL
OUT	CLOSE_COM	BOOL
IN_OUT	VALVE	BOOL

注意：函数的形参只能用符号名寻址，不能用绝对地址。

函数 FC1 程序如下：

```
A  (
O      #OPEN
O      #VALVE
)
AN     #CLOSE
=      #VALVE
```

```
    A      #VALVE
    =      #OPEN_COM

    AN     #VALVE
    =      #CLOSE_COM
```

OPEN 与 CLOSE 为开关阀门的命令（通常使用脉冲信号），如果阀门开（VALVE 为1），OPEN_COM 输出为 1，如果阀门关（VALVE 为 0），CLOSE_COM 输出为 1。

在 OB1 中调用函数 FC1 时，形参自动显示，对形参赋值实参，实参通过函数的接口区传递到函数程序中，示例程序如下：

```
    CALL %FC1                    //控制阀门 1
     OPEN     :=%M1.1
     CLOSE    :=%M1.2
     OPEN_COM :=%Q1.1
     CLOSE_COM:=%Q1.2
     VALVE    :=%M1.3


    CALL %FC1                    //控制阀门 2
     OPEN     :=%M2.1
     CLOSE    :=%M2.2
     OPEN_COM :=%Q2.1
     CLOSE_COM:=%Q2.2
     VALVE    :=%M2.3


    CALL %FC1                    //控制阀门 3
     OPEN     :=%M3.1
     CLOSE    :=%M3.2
     OPEN_COM :=%Q3.1
     CLOSE_COM:=%Q3.2
     VALVE    :=%M3.3
```

这样通过函数 FC1 的多次调用实现 3 个阀门的控制，每个阀门的程序相同而输入输出接口不同，函数的调用减少重复的工作量。

注意：

①在编写函数的输出参数时应避免没有直接输出，例如在函数中定义输出参数"OUT1"，数据类型为 INT 格式，示例程序如下：

```
    A   #OPEN_COM
    JCN M1
```

```
L   20
T   #OUT1
M1: NOP  0
```

如果 OPEN_COM 为 1，将 20 传递到输出参数 OUT1 中，如果 OPEN_COM 为 0，没有数据传递到输出参数 OUT1 中，OUT1 可能输出 1 个随机的数值，影响程序的判断，为了避免输出随机值，可以在函数的开始将所有输出参数初始化，例如在上述示例函数的开始添加初始化程序，示例如下：

```
L   0
T   #OUT1
```

这样在条件 OPEN_COM 为 0 时，#OUT1 输出为 0。如果输出参数是位信号，在函数的开始进行复位操作。

②函数在逻辑程序中调用后再次修改函数的接口参数（增加或减少形参），在调用程序中赋值实参的时间早于函数形参再次生成的时间，打开调用程序后，会出现时间标签冲突的提示，调用函数第一行变成粉红色，如图 6-10 所示。

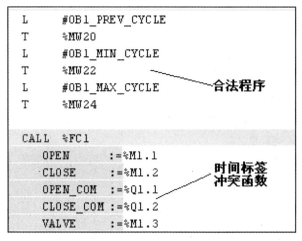

图 6-10 时间标签冲突

带有时间标签冲突的程序下载到 CPU 中将导致停机，所以修改函数的形参后必须检查是否与调用程序时间标签冲突，可以选择时间标签冲突的函数，单击程序块按钮"更新不一致的块调用" 来更新接口参数。

③函数的输入为只读参数，输出为只写参数，输入、输出的流向不能反向，TIA 博途软件在编译时会提示报错，相应的错误调用指令会标注错误颜色（粉色）。

6.3.4 函数嵌套调用时允许参数传递的数据类型

在主程序中调用带有形参的函数，可以直接对形参赋值实参，对于函数使用形参的数据类型没有限制（符合表 6-4 要求），在带有形参的函数或函数块中嵌套调用带有形参的函数，可以使用函数或函数块中的形参对被调用函数的形参赋值，但是对于调用函数形参的数据类型有限制，下面分别介绍函数间及函数块调用函数允许参数传递的数据类型。

1. 函数间调用参数的传递

函数间嵌套调用时，可以使用调用函数的形参作为实参对被调用函数的形参进行赋值，例如带有形参函数 FC10 调用带有形参的函数 FC12，参数传递如图 6-11 所示。

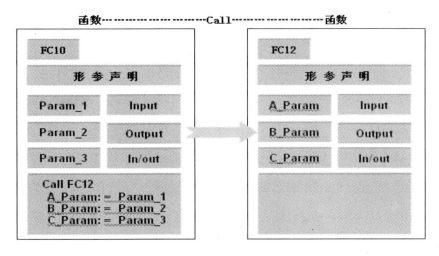

图 6-11　函数调用函数时参数的传递

函数间调用允许参数传递的数据类型见表 6-6。

表 6-6　函数间调用允许参数传递的数据类型

声明的数据类型	基本数据类型	复合数据类型	参数类型 TIME	参数类型 COUNTER	参数类型 BLOCK	参数类型 POINTER	参数类型 ANY
Input-> Input	×	—	—	—	—	—	—
Input->Output	—	—	—	—	—	—	—
Input-> In/out	—	—	—	—	—	—	—
Output->Input	—	—	—	—	—	—	—
Output->Output	×	—	—	—	—	—	—
Output->In/out	—	—	—	—	—	—	—
In/Out-> Input	×	—	—	—	—	—	—
In/Out->Output	×	—	—	—	—	—	—
In/Out-> In/out	×	—	—	—	—	—	—

注：×表示可以；—表示限制。

2. 函数块调用函数参数的传递

函数块（FB）嵌套调用函数（FC）时，使用函数块（FB）的形参作为实参对函数（FC）的形参进行赋值，例如带有形参函数块 FB10 调用带有形参的函数 FC12，参数传递如图 6-12 所示。

函数块调用函数允许参数传递的数据类型见表 6-7。

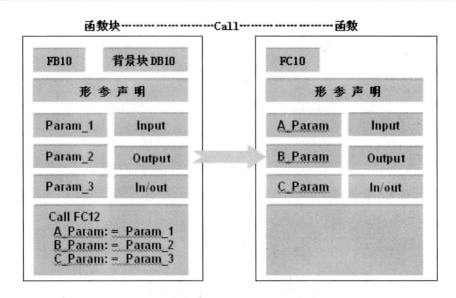

图 6-12　函数块调用函数时参数的传递

表 6-7　函数块调用函数允许参数传递的数据类型

声明的数据类型	基本数据类型	复合数据类型	参数类型 TIME	参数类型 COUNTER	参数类型 BLOCK	参数类型 POINTER	参数类型 ANY
Input-> Input	×	×	—	—	—	—	—
Input->Output	—	—	—	—	—	—	—
Input->In/out	—	—	—	—	—	—	—
Output->Input	—	—	—	—	—	—	—
Output->Output	×	×	—	—	—	—	—
Output->In/out	—	—	—	—	—	—	—
In/out-> Input	×	—	—	—	—	—	—
In/out->Output	×	—	—	—	—	—	—
In/out->In/out	×	—	—	—	—	—	—

注：×表示可以；—表示限制。

　　这就是为什么有些函数的形参在主程序中调用可以直接赋值实参，而在其它函数中嵌套调用时不能赋值的原因，如果对不符合数据类型要求的形参进行赋值，实参变为红色报警，不能被确认。

6.4　函数块（FB）

　　函数块（FB）与函数（FC）相比，每次调用函数块都必须为之分配背景数据块，一个数据块可以作为 1 个函数块的背景数据块可以作为多个函数块的背景数据块（多重背景数据块），背景数据块作为函数块的存储器，可以将接口数据区（TEMP 类型除外）以及函数块运算的中间数据存储于背景数据块中，其它逻辑程序可以直接使用背景数据块存储的数据。对于函数（FC），中间逻辑结果必须使用函数的输入、输出接口区存储。

　　通常将函数块作为具有存储功能的函数使用，每调用一次分配 1 个背景数据块，将运算结果传递到背景数据块中存储，例如软件中提供的 PID 函数块，为每个控制回路分配一个背景数据块，在背景数据块中存储控制回路所有的参数。一些特殊编程应用可以在函数块中指定接口数据区存储于多重背景数据块的开始位置，使用更灵活。通常情况下 S7-300/400 PLC 中一个函数块最大程序容量为 64K。CPU 中可创建 FB 的数量与 CPU 的类型相关，可参考样本手册。

6.4.1　函数块的接口区

与函数（FC）相同，函数块（FB）也带有形参接口区，参数类型除输入参数、输出参数、输入/输出参数、临时数据区外还带有存储中间变量的静态数据区，参数接口如图 6-13 所示。

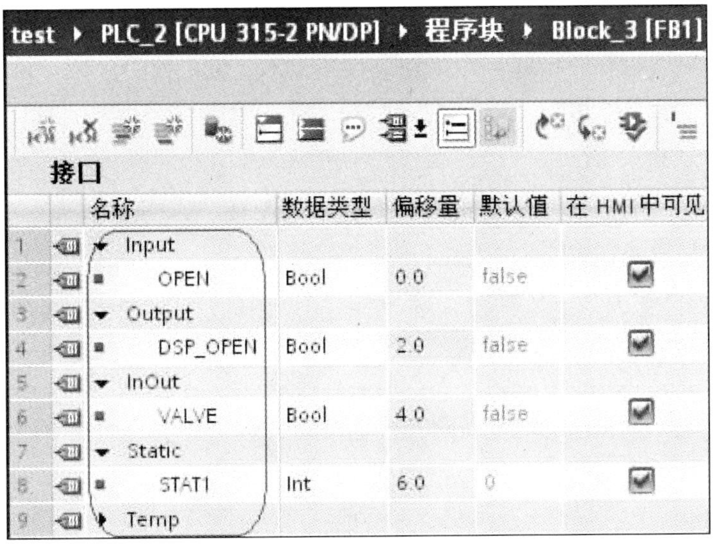

图 6-13　函数块形参接口区

Input（输入）：只读参数，函数块调用时将用户程序数据传递到函数块中。实参可以为常数。

Output（输出）：只写参数，函数块调用时将函数块执行结果传递到用户程序中，实参不能为常数。

InOut（输入_输出）：读写参数，接收数据后进行运算，然后将结果返回。

Static（静态变量）：不参与参数传递，用于存储中间过程值。

Temp（临时变量）：只能用于函数内部中间变量（区域数据区 L），不参与数据的传递，临时变量在函数调用时生效，函数执行完成后临时变量区的数据释放，所以临时变量不能存储中间数据。

函数块（FB）接口区允许的数据类型见表 6-8。

表 6-8　函数块（FB）接口区的数据类型

声明的数据 类型	基本数据 类型	复合数据 类型	参数类型 TIME	参数类型 COUNTER	参数类型 BLOCK	参数类型 POINTER	参数类型 ANY
Input	×	×	×	×	×	×	×
Output	×	×	—	—	—	×	×
In/out	×	×[19]	—	—	—	×	×

（续）

声明的数据 类型	基本数据 类型	复合数据 类型	参数类型 TIME	参数类型 COUNTER	参数类型 BLOCK	参数类型 POINTER	参数类型 ANY
Static	×	×	—	—	—	—	
Temp	×②	×②	—	—	—	—	×②

注：×表示可以；—表示限制。
① 在背景数据块中以作为 48 位指针形式存储。
② 位于 FB 的 L 堆栈。
③ STRINGS 只能定义为默认的长度。

6.4.2　函数块与背景数据块

在逻辑程序中每次调用函数块（FB）时，都必须分配一个数据块作为 FB 的背景数据块存储数据，背景数据块不能相同，否则控制设备输入、输出信号冲突。函数块（FB）与背景数据块的关系如图 6-14 所示。

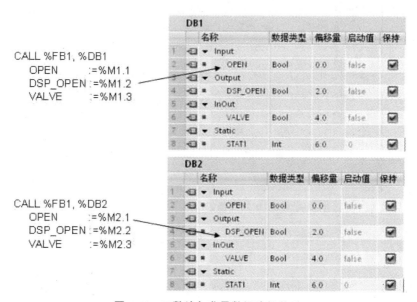

图 6-14　函数块与背景数据块的关系

在图 6-14 中 DB1、DB2 分别存储函数块 FB1 的接口数据区（TEMP 临时变量区除外），输入数据流向为，赋值的实参→背景数据块→函数块接口输入数据区；输出数据流向为，函数块接口输出数据区→背景数据块→赋值的实参。所以函数块在调用时，形参可以不用赋值，可以对背景数据块直接赋值或读出函数块输出数值。

每次调用函数块（FB）需要分配 1 个背景数据块，这将影响数据块 DB 的使用资源，如果将多个 FB 块作为 1 个主 FB 块的形参调用，最后主 FB 块在 OB 块中调用时就会生成 1 个总的背景数据块，这个背景数据块称为多重背景数据块，多重背景数据块存储所有相关 FB 的接口数据区。每个 FB 块在创建时可以设置为具有多重背景数据块能力，如图 6-15 所示。

下面以例子的方式介绍多重数据块的创建，例如在主函数块 FB2 中插入 FB1 作为形参并在 FB2 中调用，如图 6-16 所示。

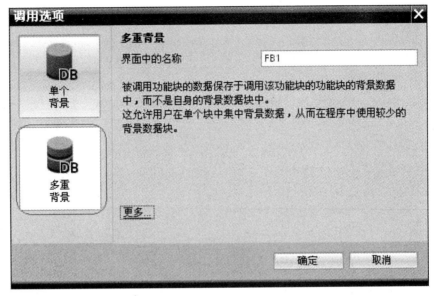

图 6-15 函数块多重背景数据块选项

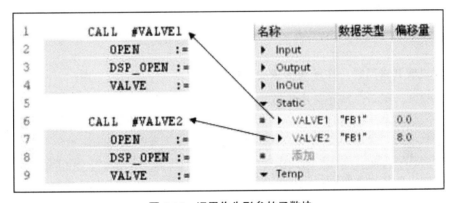

图 6-16 调用作为形参的函数块

在图 6-16 中，函数块 FB1 必须在静态数据区 STAT 中定义并且分配符号名例如 "VALVE1"、"VALVE2"，如果控制多个设备，必须插入多个 FB1，否则控制设备输入、输出接口区数据冲突。在程序中以符号名方式调用作为形参的 FB 块，调用时不能分配背景数据块，在示例程序中调用 FB1 两次分别控制两个阀门。

FB2 在 OB 块中调用生成多重背景数据块例如 DB22，DB22 同时作为 FB2 和两个 FB1 的背景数据块，如图 6-17 所示。

注意：

①与函数 FC 不同，由于 FB 块带有存储区－背景数据块，输出参数不会输出随机值，所以不用在 FB 块中编写初始化程序。

②与函数 FC 相同，避免函数块在逻辑程序中调用后再次修改函数块的接口参数（增加或减少形参）产生时间选项卡冲突。

③输入、输出的流向不能反向，TIA 博途软件在编译时会提示报错，相应的错误调用指

令会标注错误颜色（粉色）。

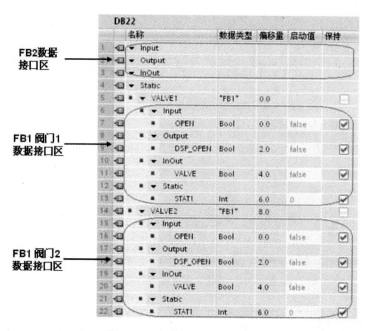

图 6-17　生成多重背景数据块

6.4.3　函数块嵌套调用时允许参数传递的数据类型

与函数相同，如果主程序调用函数块，对函数块的形参可以直接赋值实参，函数块使用形参的数据类型没有限制（符合表 6-8 要求），但是带有形参的函数或函数块中嵌套调用带有形参的函数块时，使用调用函数或函数块的形参作为实参赋值被调用函数块的形参是有限制的。

1. 函数调用函数块参数的传递

函数嵌套调用函数块时，可以使用调用函数的形参作为实参赋值被调用函数块的形参，例如带有形参函数 FC10 调用带有形参的函数块 FB12，参数传递如图 6-18 所示。

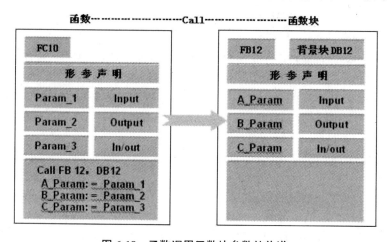

图 6-18　函数调用函数块参数的传递

函数调用函数块允许参数传递的数据类型见表 6-9。

表 6-9 函数调用函数块允许参数传递的数据类型

声明的数据类型	基本数据类型	复合数据类型	参数类型 TIME	参数类型 COUNTER	参数类型 BLOCK	参数类型 POINTER	参数类型 ANY
Input-> Input	×	—	×	×	×	—	—
Input->Output	—	—	—	—	—	—	—
Input->In/out	—	—	—	—	—	—	—
Output->Input	—	—	—	—	—	—	—
Output->Output	×	—	—	—	—	—	—
Output->In/out	—	—	—	—	—	—	—
In/out-> Input	×	—	—	—	—	—	—
In/out->Output	×	—	—	—	—	—	—
In/out->In/out	×	—	—	—	—	—	—

注：× 表示可以；—表示限制。

2. 函数块间调用参数的传递

函数块嵌套调用函数块时，可以使用调用函数块的形参作为实参对被调用函数块的形参进行赋值，例如带有形参函数块 FB10 调用带有形参的函数块 FB12，参数传递如图 6-19 所示。

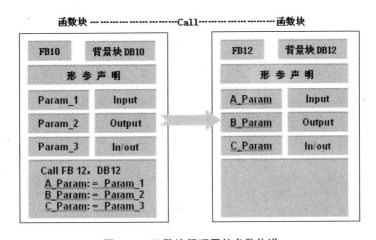

图 6-19 函数块间调用的参数传递

函数块间调用允许参数传递的数据类型见表 6-10 所示。

表 6-10 函数块间调用允许参数传递的数据类型

声明的数据类型	基本数据类型	复合数据类型	参数类型 TIME	参数类型 COUNTER	参数类型 BLOCK	参数类型 POINTER	参数类型 ANY
Input-> Input	×	×	×	×	×	—	—
Input->Output	—	—	—	—	—	—	—
Input->In/out	—	—	—	—	—	—	—
Output->Input	—	—	—	—	—	—	—
Output->Output	×	×	—	—	—	—	—
Output->In/out	—	—	—	—	—	—	—

（续）

声明的数据类型	基本数据类型	复合数据类型	参数类型 TIME	参数类型 COUNTER	参数类型 BLOCK	参数类型 POINTER	参数类型 ANY
In/out->Input	×	—	—	—	—	—	—
In/out-> Output	×	—	—	—	—	—	—
In/out->In/out	×	—	—	—	—	—	—

注：×表示可以；—表示限制。

小窍门：从表 6-9、表 6-10 中可以得出，参数的传递方向不能从"Output"到"Input"，如果编程需要可以先将类型为"Output"的数据传递到类型为"Static"的数据中，然后将类型为"Static"的数据再传递到类型为"Input"的数据中，参数传递的方向为"Output"→"Static"→"Input"。

6.5 数据块（DB）

数据块用于存储用户数据及程序的中间变量，在默认状态下，数据块中存储的数值掉电保持，数据块占用 CPU 的装载存储区和工作存储区，与标志存储区（M）相比，使用功能相同，都是全局变量，但是 M 数据区的大小在 CPU 技术规范中已经定义不可扩展，而数据块存储区由用户定义，最大不能超过工作存储区或装载存储区（只存储于装载存储区）。通常情况下 S7-300/400 PLC 中一个数据块最大数据空间为 64K。CPU 中可创建数据块的数量与 CPU 的类型相关，可参考样本手册。按功能划分，数据块 DB 可以作为全局数据块、背景数据块和基于用户数据类型（用户定义数据类型）的数据块。下面分别介绍三种类型数据块。

6.5.1 全局数据块（Global DB）

全局数据块可以作为所有程序使用的全局变量，在 CPU 允许的条件下，1 个程序中可以自由创建多个数据块，每个数据块最高可以存储 64K 字节数据。全局数据块必须事先定义才可以在程序中使用，在 TIA 博途软件界面下单击"程序块"→"添加新块"并选择"数据块"插入 1 个数据块，选择数据块为"全局DB"（默认）如图 6-20 所示。

打开数据块在"STRUCT"下定义数据块的空间（通过数组变量可以简单定义 DB 块的空间），例如定义数据块的空间为 4K，如图 6-21 所示。

图 6-21 中使用数组定义 DB 块的空间，数组的元素为字节，可以以任何数据类型使用，例如 DB2.DBW2 可以在整数相加指令中作为 1 个整数使用（使用 M 数据区，如果在符号表中数据类型定义为字，则在整数相加指令中不能作为 1 个整数使用）。用户也可以根据应用分别插入不同数据类型的变量。

注意：如果访问 DB 块的地址超出 DB 块定义的空间，CPU 调用 OB121（编程错误），如果没有下载 OB121，CPU 停机。

在默认条件下，全局数据块存储的数据掉电保持，下载到 CPU 中既占用 CPU 的装载存储区又占用工作存储区（便于数据的快速访问），右侧"保持"项的勾选和取消可以修改这些特性。

单击某一个 DB 块，右键选择"属性"打开 DB 块的属性界面如图 6-22 所示。

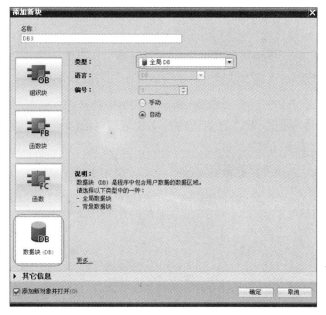

图 6-20 创建全局 DB 块

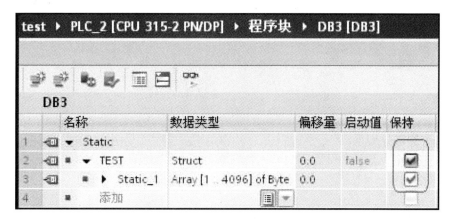

图 6-21 定义全局 DB 块空间

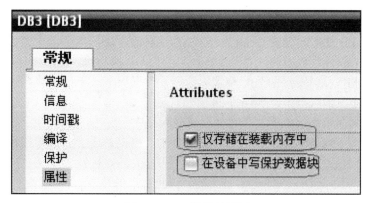

图 6-22 DB 块属性界面

如果选择"仅存储在装载内存中"选项，DB 块下载后只存储于 CPU 的装载存储区，如果程序需要访问 DB 块的数据，通过调用 BLKMOV 或 READ_DBL、WRIT_DBL（以 MMC 作为装载存储区的 CPU）将装载存储区的数据复制到工作存储区中。如果在 DB 块的 "属性"中勾选"在设备中写保护数据块"可以将 DB 块作为只读属性存储。

6.5.2　背景数据块

背景 DB 块与 FB 块相关联，在创建背景 DB 块时，必须指定它所属的 FB 块，而且该 FB 块必须已经存在，如图 6-23 所示。

图 6-23　创建背景 DB 块

在调用一个 FB 块时，分配一个已经创建的背景 DB 块，也可以直接定义一个没有使用的 DB 块，自动生成背景数据块。背景 DB 块与全局 DB 块相比，背景 DB 块只存储与 FB 块接口数据区（TEMP 临时变量除外）相关的数据，数据块格式随接口数据区的变化而变化，不能插入用户自定义的数据区，如图 6-24 所示。

在属性设置界面中不能选择"仅存储在装载内存中"选项，否则背景 DB 块只存储于装载存储区中，CPU 由于未发现 FB 块的背景数据块而出错。通常背景数据块的属性保持为默认设置。

背景 DB 块与全局 DB 块都是全局变量，访问方式相同，STL 编程指令"OPN DB"与"OPN DI"可以在程序中同时打开两个 DB 块，与 DB 块的类型无关。

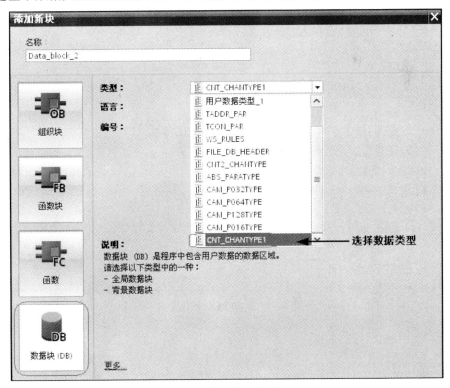

DB1					
	名称	数据类型	偏移量	启动值	保持
1	▼ Input				
2	OPEN	Bool	0.0	false	☑
3	▼ Output				
4	DSP_OPEN	Bool	2.0	false	☑
5	▼ InOut				
6	VALVE	Bool	4.0	false	☑
7	▼ Static				
8	STAT1	Int	6.0	0	☑

图 6-24　格式固定的背景 DB 块

6.5.3　系统数据类型作为全局数据块的模板

系统数据类型也可用于创建具有相同数据结构的全局数据块模板。系统数据类型已预定义了结构，可以使用相同的系统数据类型生成其它数据块。例如在使用功能模块 FM 时，FM 模块带有独立处理功能，CPU 通过调用特殊函数与 FM 模块进行数据通信，通信格式固定，数据量大，如与 FM350-1 模块的通信数据区超过 500 个字节，用户不方便创建，TIA 博途软件提供一个含有数据格式的模板，包括定义模块地址、通道以及所有 CPU 与功能模块通信相关的数据区，通过数据类型模板，用户可以方便地将数据格式存储于一个 DB 块中。

创建基于数据类型的的数据块时，必须指定它所属的数据类型，如图 6-25 所示。

图 6-25　创建基于数据类型的 DB 块

与背景 DB 块相同，基于系统数据类型的 DB 块只存储与数据类型 DB 相关的数据，不能插入用户自定义的数据区，如图 6-26 所示。

DB5			数据类型	偏移量	启动值	保持	在 HMI ...	注释
1		▼ Static						
2		■ AR1_BUFFER	DWord	0.0	DW#16#0	☑	☑	AR1 buffer (FC internal use)
3		■ FP	Byte	4.0	B#16#0	☑	☑	Flag byte (FC internal use)
4		■ RESERVED	Byte	5.0	B#16#0	☑	☑	reserved for FC use
5		■ MOD_ADR	Word	6.0	W#16#0	☑	☑	Module adress (write user)
6		■ CH_ADR	DWord	8.0	DW#16#0	☑	☑	Channel adress (write user)
7		■ U_D_LGTH	Byte	12.0	B#16#0	☑	☑	User data length (write user)
8		■ A_BYTE_0	Byte	13.0	B#16#0	☑	☑	reserved
9		■ LOAD_VAL	DInt	14.0	L#0	☑	☑	New load value (write user)
10		■ CMP_V1	DInt	18.0	L#0	☑	☑	New comparator value 1 (write user)
11		■ CMP_V2	DInt	22.0	L#0	☑	☑	New comparator value 2 (write user)

图 6-26　基于用户数据类型的 DB 块

6.5.4　PLC 数据类型 DB

PLC 数据类型是一个用户自定义数据类型模板，可以由不同的数据类型组成，作为一个整体的变量多次使用，另外一个功能是提供一个固定格式的数据结构，便于用户使用。

1. 创建 PLC 数据类型

在"PLC 数据类型"文件夹中，单击"添加新数据类型"命令，此时会创建和打开 1 个 PLC 数据类型的声明表，选择 PLC 数据类型，并在快捷菜单中选择"重命名"命令，就可以自己定义 PLC 数据类型的名字。然后再声明变量及数据类型，完成 PLC 数据类型的创建，如图 6-27。

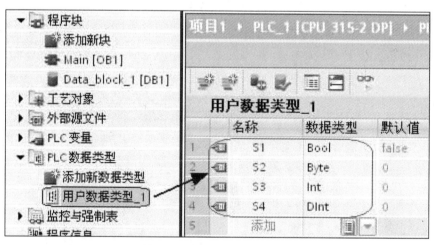

图 6-27　创建 PLC 数据类型

2. 创建固定数据结构的 DB 块

单击"添加新块"命令，选择数据块并在类型的下拉列表中选择所创建的 PLC 数据类型："用户数据类型_1"，如图 6-28 所示。

然后，单击"确定"生成与"用户数据类型_1"相同数据结构的 DB 块，如图 6-29 所示。

图 6-28　创建固定格式的数据块

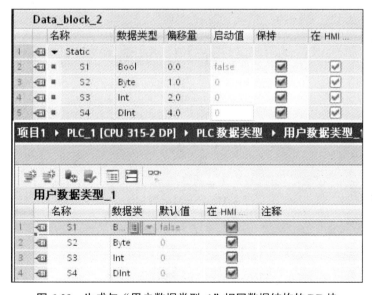

图 6-29　生成与"用户数据类型_1"相同数据结构的 DB 块

3. 将 PLC 数据类型作为一个整体的变量多次使用

先创建一个全局 DB 块，然后输入变量名，在数据类型中的下拉列表中选择已创建好的

PLC 数据类型"用户数据类型_1",并根据需要可以多次生成同一数据结构的变量,如图 6-30 所示。

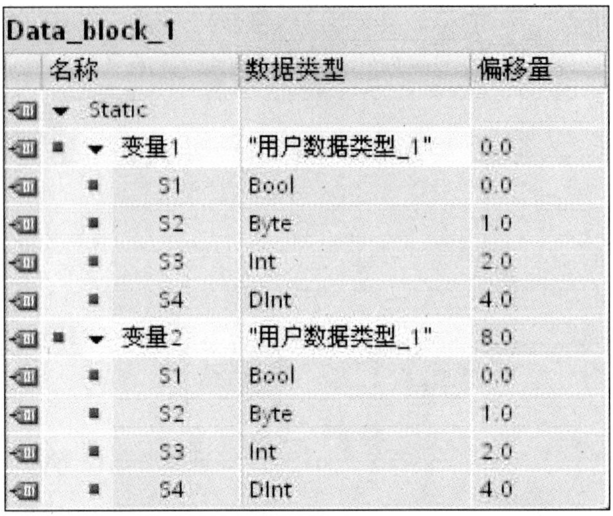

Data_block_1			
	名称	数据类型	偏移量
▼	Static		
■ ▼	变量1	"用户数据类型_1"	0.0
■	S1	Bool	0.0
■	S2	Byte	1.0
■	S3	Int	2.0
■	S4	DInt	4.0
■ ▼	变量2	"用户数据类型_1"	8.0
■	S1	Bool	0.0
■	S2	Byte	1.0
■	S3	Int	2.0
■	S4	DInt	4.0

图 6-30 将 PLC 数据类型作为一个整体的变量多次使用

6.5.5 PLC 更新数据块

函数块接口或 PLC 数据类型的任何更改都会造成相应的数据块不一致,这些不一致性在声明表和块调用点中标记为红色,如图 6-31 所示。要解决不一致的问题,必须更新数据块。

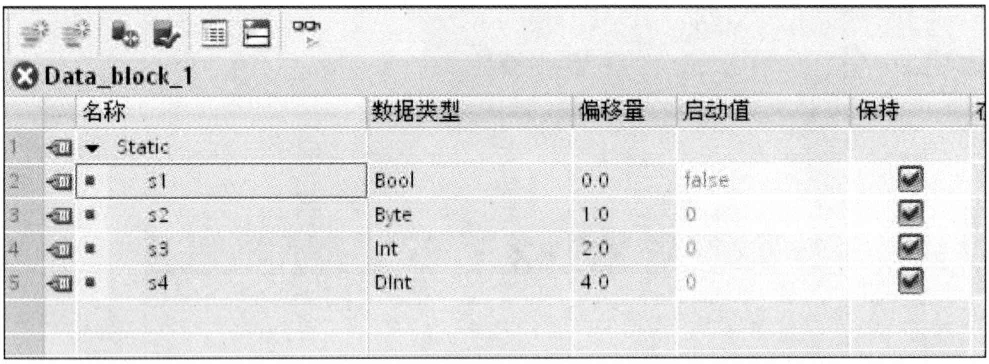

		名称	数据类型	偏移量	启动值	保持	
1	▼	Static					
2	■	s1	Bool	0.0	false	☑	
3	■	s2	Byte	1.0	0	☑	
4	■	s3	Int	2.0	0	☑	
5	■	s4	DInt	4.0	0	☑	

图 6-31 不一致的数据块

更新数据块有三种方式:
1)出现错误提示时,鼠标右键选择"更新界面"即可;
2)可以单击数据块中的"更新接口"按钮进行更新;
3)对整个程序块进行编译,数据块自动更新。

第 7 章　PLC 的通信功能

7.1　网络概述

　　一个大型自动化项目中，常常包括若干个控制相对独立的 PLC 站，PLC 站之间常常需要传递一些联锁信号，HMI 系统通过网络控制 PLC 站的运行，并采集过程信号归档，这些都需要通过 PLC 的通信功能实现，通信功能在大型项目中尤为重要。西门子工业通信网络统称为 SIMATIC NET。它提供了各种开放的、应用于不同通信要求及安装环境的通信系统。SIMATIC NET 主要定义下列内容：

　　1）网络传输介质；

　　2）通信协议和服务；

　　3）PLC 及 PC 联网所需的通信处理器（Communication Processor，CP）。

　　对于通信数据量及通信实时性的要求，SIMATIC NET 提供了不同的通信网络结构，如图 7-1 所示。

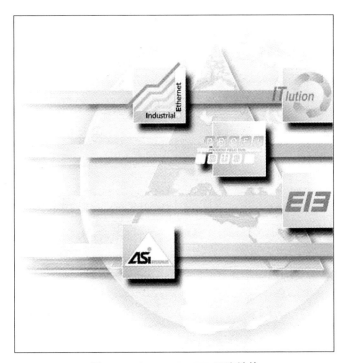

图 7-1　SIMATIC NET 网络结构

　　从上到下分别为工业以太网、PROFIBUS/MPI、EIB 和 AS-i，通信的数据量由大到小。

　　1. 工业以太网 （Industrial Ethernet ）

　　依据 IEEE 802.3 标准建立的单元级和管理级的控制网络，传输数据量大，数据终端传输速率为 100 Mbit/s，通过西门子千兆级交换机，主干网络传输速率可达到 1000 Mbit/s。PROFINET 现场总线同样基于工业以太网，可以满足数据实时通信要求。

2. PROFIBUS

PROFIBUS (PROcess FIeld BUS)作为国际现场总线标准 IEC61158 的组成部分（TYPE III）和国家机械制造业标准（JB/T10308.3—2001），具有标准化的设计和开放的结构，以令牌方式进行主-主或主-从通信。PROFIBUS 传输中等数据量，在通信协议中只有 PROFIBUS-DP（主-从通信）具有实时性。

3. EIB

Instabus EIB (European Installation Bus)应用于楼宇自动化，可以采集亮度调节、百页窗控制、温度测量及门控等信号，通过 DP/EIB 网关，可以将数据传送到 PLC 或 HMI 中。

4. AS-i

AS-i (Actuator Sensor-interface，执行器-传感器接口) 网络通过 AS-i 总线电缆连接最底层的执行器及传感器，将信号传输至控制器。通信数据量小，适合位信号的传输，每个从站通常最多带有 8 位信号，主站轮询 31 个从站的时间固定为 5ms，适合实时性的通信控制。

5. 串行通信

与带有串行通信接口（RS422/485 和 RS232C）的设备进行通信，通信报文透明，通信双方可以定义报文格式。使用串行通信安全性低，通常需要用户对通信数据作校验。

工业以太网通信速率快、传输数据量大，但是数据传输时间带有不确定性。基于工业以太网的 PROFINET 作为实时以太网完全满足现场实时性的要求，通过 PROFINET 可以实现通信网络的一网到底，即从上到下都可以使用同一种网络（见图 7-2），便于网络的安装、调试和维护。

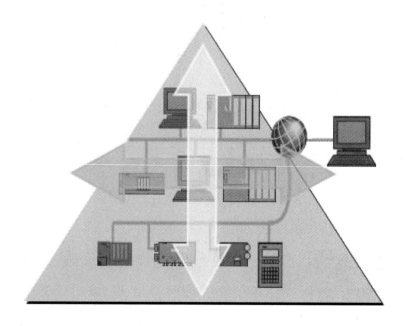

图 7-2 PROFINET 一网到底

　　下面将着重对 MPI、PROFIBUS 和工业以太网（包括 PROFINET）及串行通信进行介绍。

7.2　MPI 网络

　　MPI（Multipoint interface，多点接口）也是编程接口，集成于每个 S7-300、400 CPU 中。通过 MPI 可以组成 S7 系列 PLC 最简单的通信网络，是一种对数据传输速率要求不高、通信数据量不大、简单经济的通信方式。

7.2.1　MPI 的种类

　　1）在 PLC 侧，CPU 集成 MPI，不能通过通信处理器（CP）扩展。

　　2）HMI 操作面板集成 MPI，不能通过通信处理器（CP）扩展。

　　3）编程器或上位机上插入通信处理器（CP）或使用适配器可以与 PLC 进行通信，可用的种类如下：

　　a）PC 适配器（PC Adapter）：将 USB（通用串行总线）接口转换为 MPI。

　　b）TS 适配器 II（TS AdapterII）：TS Adapter II 集成调制解调器，可以直接连接模拟电话网或综合业务数字网 ISDN（也可以连接外置调制解调器），进行远程编程。

　　c）CP5512：带有个人计算机存储卡接口适配器（PCMCIA）总线接口的通信处理器，适用于笔记本计算机。

　　d）CP5611/CP5621：带有外围设备互连（PCI）总线接口或者 PCI-E 接口的通信处理器，适用于台式计算机。

　　e）CP5613/CP5623：带有 PCI 总线接口或者 PCI-E 接口的通信处理器，适用于台式计算机，内部集成处理器。

　　f）CP5711：带有 USB 接口，具有网络诊断能力的 MPI/DP 接口适配器。

7.2.2　MPI 网络的通信速率

　　MPI 网络的通信速率可以设置为 19.2kbit/s 和 187.5kbit/s，如果 MPI 在硬件配置中可以设置为 PROFIBUS 接口，那么该接口支持 19.2kbit/s、187.5kbit/s、1.5Mbit/s、3Mbit/s、6Mbit/s 和 12Mbit/s 等不同的波特率

7.2.3　MPI 网络的拓扑结构

　　MPI 为 9 针 RS485 接口，站点间使用 PROFIBUS 连接器和 PROFIBUS 通信电缆（屏蔽双绞线，与 PROFIBUS 电气网络介质相同）连接，MPI 网络不支持光纤连接，一个 MPI 网络最大节点数目为 32 个站点。MPI 网络支持总线型拓扑结构，通信速率为 187.5kbit/s 时，通信距离最长为 50m，可以使用中继器进行扩展，扩展的方式有两种：

　　1）两个中继器间有站点，每个中继器最长可以扩展至 50m，例如 3 个 PLC 站通过两个中继器扩展，PLC 站到中继器的最长距离为 50m，3 个 PLC 站通信最长距离可以达到 200m（中继器在中间位置）。

　　2）两个中继器间没有站点，PLC 站到中继器的最长距离为 50m，中继器间最长可以扩展至 1000m，如图 7-3 所示。

　　最多可以增加 10 个中继器，两个站点之间最长通信距离为 9100 m，在总线的两段必须使用终端电阻。

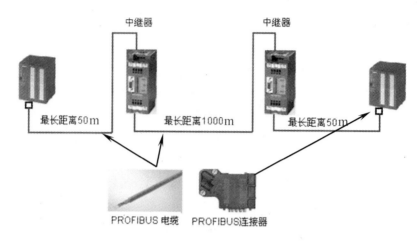

图 7-3　MPI 网络扩展

7.2.4　PLC 通过 MPI 网络的通信方式

PLC 之间通过 MPI 网络有以下三种通信方式：

1）全局数据（GD）报通信方式（只有 STEP7 支持，在 TIA 博途软件中不再支持）；

2）不需配置连接的通信；

3）需配置连接的通信。

7.2.5　不需配置连接的通信

PLC 间不需要建立通信连接，在程序中直接调用通信函数，在赋值参数时指定通信方的 MPI 地址。这种通信方式适合 S7-300、S7-400 PLC 之间的相互通信，PLC 站可以不在同一个项目下，发送和接收数据可以通过程序控制，灵活性强，最大通信数据量为 76 字节(由于 CPU 的通信功能逐渐增强，具体数据以样本为准)。不需配置连接的通信有双向通信和单向通信两种通信方式，通信函数位于指令"通信"→"MPI 通信"文件夹中，如图 7-4 所示。

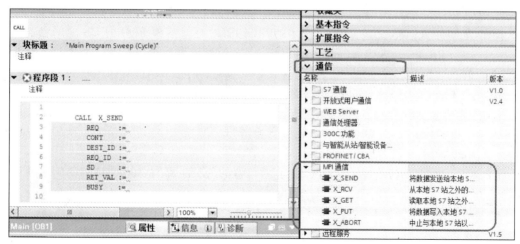

图 7-4　MPI 通信函数

1. 双向通信方式

通信双方都需要调用通信函数，一方调用发送块，另一方就要调用接收块来接收数据，发送块是 X_SEND，接收块是 X_RCV，如果发送频率过高，将造成通信方没有响应，加重 CPU 的负荷，建议在 OB35 中调用发送块，间隔 100 ms 发送一次，在 OB1 中编写接收块。发送的示例程序如下：

```
CALL  X_SEND
REQ        :=%M0.0
CONT       :=TRUE
DEST_ID    :=W#16#4
REQ_ID     :=DW#16#1
SD         :=P#DB1.DBX0.0 BYTE 76
RET_VAL :=%MW10
BUSY       :=%M0.5
```

发送函数 X_SEND 的参数含义：

REQ：触发发送请求，为 1 时发送。

CONT：为 1 表示发送数据完成后仍将占用 S7 标准通信资源，为 0 表示发送数据完成后将释放 S7 标准通信资源，需要 REQ 重新触发发送任务。

DEST_ID：接收方的 MPI 地址。

REQ_ID：数据包的标识符，用户定义。

SD：发送区，ANY 指针格式，示例程序中的发送区为 DB1 中前 76 字节。发送区最大为 76 字节。

RET_VAL：表示发送任务的状态。

BUSY：为 1 表示通信任务正在执行，只有为 0 时才能执行下一个发送任务。

示例程序中将 DB1 中前 76 字节发送到 MPI 地址为 4 的 CPU 中，在通信方需要调用 X_RCV 接收数据，示例程序如下：

```
CALL  X_RCV
EN_DT      :=TRUE
RET_VAL :=%MW10
REQ_ID     :=%MD12
NDA        :=%M0.1
RD         :=P#DB2.DBX 0.0 BYTE 76
```

接收函数 X_RCV 的参数含义：

EN_DT：为 1 表示激活接收功能。

RET_VAL：表示接收任务的状态。

REQ_ID：数据包的标识符，接收在"REQ_ID"发送函数中定义的标识符。通过标识符识别发送方。

　　NDA：为 1 时表示接收到新的数据包，为 0 则没有。

　　RD：接收区，示例程序中将 DB2 中前 76 字节定义为接收区。

　　小窍门：如果通信数据超过 76 字节，可以利用通信数据区分批次发送。

　　2. 单向通信方式

　　单向通信只在一方编写通信程序，类似客户机与服务器的通信模式，在客户机上调用相应通信函数对服务器中数据进行读写操作。这种通信方式适合 S7-300/400/200 之间通信，S7-300/400 的 CPU 可以同时作为客户机和服务器，S7-200 只能作为数据的服务器（不能调用通信函数）。X_GET 用来读回服务器中的数据，并存放到本地的数据区中，X_PUT 用来将本地数据区的数据写到服务器中指定的数据区中。调用 X_GET 示例程序如下：

```
CALL  X_GET
REQ                 :=%M0.0
CONT                :=TRUE
DEST_ID             :=W#16#4
VAR_ADDR            :=P#DB1.DBX 0.0 BYTE 76
RET_VAL             :=%MW20
BUSY                :=%M0.5
RD                  :=P# DB2.DBX 0.0 BYTE 76
```

　　通信函数 X_GET 的参数含义：

　　REQ：触发通信任务请求，为 1 时任务执行。

　　CONT：为 1 表示执行通信任务后仍将占用 S7 标准通信资源，为 0 表示执行完成后将释放 S7 标准通信资源，需要 REQ 重新触发通信任务。

　　DEST_ID：通信方的 MPI 地址。

　　VAR_ADDR：通信方的数据区。

　　RET_VAL：任务执行的状态。

　　BUSY：为 1 表示通信正在执行，只有为 0 时才能执行下一个发送任务。

　　RD：本地数据接收区。

　　示例程序中，将 MPI 地址为 4 的 PLC 站 DB 中的前 76 字节复制到本地数据 DB2 的前 76 字节中。

　　调用 X_PUT 示例程序如下：

```
CALL  X_PUT
 REQ                :=%M0.0
 CONT               :=TRUE
DEST_ID             :=W#16#4
VAR_ADDR            :=P#M 100.0 BYTE 76
```

SD　　　　　　　　　　　　:=P#DB2.DBX 0.0 BYTE 76

RET_VAL　　　　　　　　:=%MW22

BUSY　　　　　　　　　　:=%M0.2

通信函数 X_PUT 的参数含义与 X_GET 相似，这里不再介绍，示例程序中将本地数据区 DB2 的前 76 字节中的数据写到 MPI 地址为 4 的 PLC 站的 MB100～MB175 数据区中。

7.2.6　需要配置连接的通信

站点间需要建立点到点的通信连接，然后在程序中调用相关函数块。这种通信方式适合于 S7-300 与 S7-400 和 S7-400 PLC 之间的通信，S7-300 与 S7-400 PLC 通信时，只能进行单向通信，S7-300 PLC 作为一个数据的服务器（不能调用通信函数块），S7-400 PLC 作为客户机调用通信函数块（PUT、GET）对 S7-300 PLC 的数据进行读写操作。S7-400 PLC 之间通信时，S7-400 PLC 既可以作为数据的服务器，同时又可以作为客户机进行单向通信；双向通信方式时，通过调用发送、接收函数进行数据的发送和接收，最大通信数据量为 160 字节，通信带有确认。需要配置连接的通信方式占用 S7 CPU 的通信资源，CPU 支持 S7 通信资源的数量与 CPU 型号有关，可以参考 CPU 订货手册。

需要配置连接的通信有双向通信和单向通信两种通信方式。站点的连接关系需要在网络视图中创建，如图 7-5 所示。

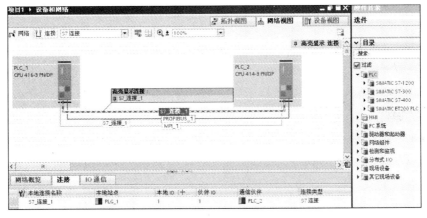

图 7-5　配置 MPI S7 连接的网络视图

在设备视图中，配置的站点在网络视图中将以一个站的图标显示，站点中只显示 CPU 模块和通信处理器模块，相应地通信接口也将显示，并标有不同的颜色，接口的颜色与网线的颜色相匹配（见图 7-5），黄色接口为 MPI，黄色网络为 MPI 网络；紫色接口为 PROFIBUS 接口，紫色网络为 PROFIBUS 网络；绿色接口为以太网接口，绿色网络为以太网网络。使用鼠标单击网络接口，可以在下面的属性界面中直接修改网络参数。

使用鼠标单击图 7-5 中上面的“网络”选项卡，然后单击一个站点的接口，并按住拖曳到其它站点相应的接口上，网络将自动建立，网络的建立仅代表站点在相同的网络上，不代表站点的通信关系。如果单击“连接”选项卡，然后在右边的下拉菜单中选择相应的连接类型，使用鼠标单击一个站点的接口，并按住拖曳到其它站点相应的接口上，通信连接将自动建立，通信连接可以在“连接”栏中显示。可以先建立网络，然后再建立连接，也可以直接建立连接，网络自动生成。如果网络或模块不支持选择的连接类型，连接不能建立，只有出现连接符号 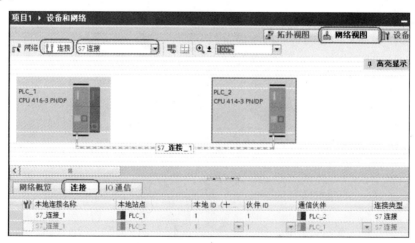，连接才能建立。

如果连接建立，使用鼠标指向相应的网络时，会弹出对话框，提示是否高亮显示选择的连接，选择相应的连接后，两个站点间的网络变成点画线，对于图 7-5 中以太网，高亮显示连接关系便于显示同一网络上各个站点间通信关系，为了便于区分，同一时刻只能高亮显示一个通信连接。

单击显示地址图标，可以显示各个站点接口分配的地址，单击显示分页符图标，打印时在分页位置显示虚线，如果在网络视图中站点多，可以使用鼠标在视图右下角的总览导航中查询。在右边任务卡中可以选择硬件目录，可以直接将选择的站点拖曳到网络视图中，然后在设备视图中再进行配置。

1. 双向通信方式

适合 S7-400 PLC 之间的通信，需要建立通信连接。通信的实现步骤如下：

1）进入网络视图，选择"连接"类型为"S7 连接"，使用鼠标单击 MPI，然后按住鼠标将箭头拖曳到需要连接的接口上，出现连接符号 后松开鼠标，这样连接建立，如图 7-6 所示。

图 7-6　网络视图

在"连接"中，可以看到建立的 S7 连接，由于连接是相互的，所以图 7-6 显示为两个连接，也可以单击连接表，使用鼠标右键过滤连接，这样单击相关的 CPU，在连接中只显示当前 CPU 的连接。

2）单击连接表中的一个连接，然后单击"属性"选项卡，可以查看该连接的属性（见图 7-7），在"常规"栏中列出 S7 连接不同属性参数，可以单击进入、查看和修改。

3）同时在被连接 CPU 的连接表中，也会自动生成一个连接，该连接同样表示本地 CPU 连接的信息。

4）打开"常规"栏中的"本地 ID"，显示本方连接的编号，用于编程时使用，在被连接 CPU 连接属性中同样会有连接编号。

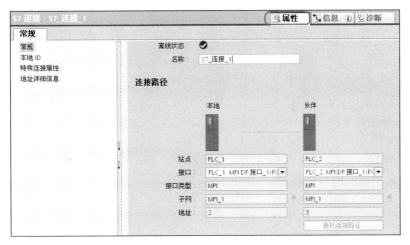

图 7-7　S7 连接属性

5) 通信连接建立后, 需要调用通信函数发送和接收数据。在本地 OB35 (间隔发送) 中调用 BSEND 发送数据, 通信函数在指令的"通信"栏中, 如图 7-8 所示。

图 7-8　通信函数库

示例程序调用如下:

```
CALL  BSEND , %DB1
REQ        :=%M1.1
R          :=%M1.2
ID         :=W#16#0001
R_ID       :=DW#16#0000_0001
DONE       :=%M1.3
ERROR      :=%M1.4
STATUS     :=%MW20
SD_1       :=P#DB1.DBX0.0 BYTE 60
LEN        :=%MW24
```

```
L              :=60
T              :=%MW24
```

通信函数 BSEND 的参数含义：

REQ：沿触发，每个上升沿触发一次数据的发送。

R：为 1 时停止通信任务。

ID：通信连接编码，参考连接属性栏中的"本地 ID"，指定一个通信连接，包括通信双方的通信参数。

R_ID：标识符，用户自定义，发送与接收函数必须一致。

DONE：每次发送成功，产生一个上升沿。

ERROR：错误位。

STATUS：通信状态字，如果错误位为 1，可以查看通信状态信息。

SD_I：发送区。

LEN：发送数据（字节）的长度。

示例程序中 S7-400 PLC 发送 DB1 中前 60 字节。

6）在通信方 PLC OB1 中相应调用 BRCV（与 BSEND 相匹配）接收数据，示例程序如下：

```
CALL BRCV , %DB1
EN_R        :=1
ID          :=W#16#0001
R_ID        :=DW#16#0000_0001
NDR         :=%M10.1
ERROR       :=%M10.2
STATUS      :=%MW40
RD_1        :=P#DB2.DBX0.0 BYTE 60
LEN         :=%MW60
```

通信函数块 BRCV 的参数含义：

EN_R：为 1 时激活接收功能。

ID：通信连接编码，参考连接属性栏中的"本地 ID"，指定一个通信连接，包括通信双方的通信参数。

R_ID：标识符，用户自定义，发送与接收函数必须一致。

NDR：每次接收到新数据，产生一个上升沿。

ERROR：错误位。

STATUS：通信状态字。

RD_I：接收区。

LEN：每次接收新数据（字节）的长度。

示例程序中 S7-400 PLC 将接收到的数据存储于本地数据区 DB2 的前 60 字节中。如果需要与其它站点进行通信，按照上面的方法再次建立通信连接，然后调用通信函数发送接收数据。

亮点：由于编程指令的所见即所用功能，通信函数自动对应所使用的 CPU，用户不用再考虑所使用的 CPU 型号与类型和调用的程序是否对应。

2．单向通信方式

适合 S7-300 与 S7-400、S7-400 PLC 之间的通信，以 S7-400 与 S7-300 PLC 通信为例，在 S7-400 PLC 侧调用 GET 和 PUT 对 S7-300 PLC 数据进行读写。通信的步骤如下：

1）与上例相同，在"网络视图"中的 S7-400 PLC 侧建立 S7 通信连接，由于 S7-300 PLC 没有通信资源，在"连接"中只能显示 S7-400 PLC 的连接，S7-300 PLC 没有对应的连接，也就不能在 CPU 中编写通信程序，只能作为数据的服务器被 S7-400 PLC 读写。

2）在 S7-400 CPU 编写 GET，示例程序如下：

```
CALL  GET , %DB3
REQ        :=%M0.0
ID         :=W#16#0002
NDR        :=%M0.1
ERROR      :=%M0.2
STATUS     :=%MW100
ADDR_1     :=P#M200.0 BYTE 100
ADDR_2     :=
ADDR_3     :=
ADDR_4     :=
RD_1       :=P#DB2.DBX0.0 BYTE 100
RD_2       :=
RD_3       :=
RD_4       :=
```

通信函数 GET 的参数含义：

REQ：读请求。每个上升沿触发读任务。

ID：通信连接编码，参考连接属性栏中的"本地 ID"，指定一个通信连接，包括通信双方的通信参数。

NDR：每次接收到新数据，产生一个上升沿。

ERROR ：错误位。

STATUS ：通信状态字。

ADDR1_4：通信方的数据区。

RD1_4 ：本地数据接收区。

示例程序中将通信方数据区 MB200~MB299 复制到本地数据 DB2 的前 100 字节中。

3）调用 PUT 写操作的示例程序如下：

```
CALL  PUT , %DB4
REQ        :=%M201.1
```

ID   :=W#16#0002
DONE   :=%M20.2
ERROR   :=%M20.3
STATUS   :=%MW22
ADDR_1   :=P#DB10.DBX0.0 BYTE 10
ADDR_2   :=
ADDR_3   :=
ADDR_4   :=
SD_1   :=P#DB1.DBX0.0 BYTE 10
SD_2   :=
SD_3   :=
SD_4   :=

通信函数 PUT 与 GET 不同的参数含义：

DONE ：每次发送成功后产生一个上升沿。

SD1_4 ：本地数据发送区。

示例程序中将本地数据区 DB1 的前 10 字节存储的数据写到通信方数据区 DB10 的前 10 字节中。如果需要与其它站点进行通信，按照上面的方法再次建立通信连接，然后调用通信函数发送接收数据。

注意：建立双向通信连接既支持 BSEND/BRCV 通信方式，也支持 PUT/GET 通信方式，例如 S7-400 PLC 间通信；建立单向通信连接只支持 PUT/GET 通信方式，例如 S7-400 PLC 与 S7-300 PLC。

亮点：由于编程指令的所见即所用功能，通信函数自动对应所使用的 CPU，用户不用再考虑所使用的 CPU 型号与类型和调用的程序是否对应。

3．不同项目间创建通信连接

如果两个站点不在同一个项目下，出于程序安全问题，又不便于复制项目，在这种情况下要在两个站点分别建立通信连接，以两个 S7-400 PLC 站点为例，建立通信步骤如下：

1）切换到"网络视图"，单击所需连接 CPU 的 MPI，按右键选择"添加子网"。

2）选择"连接"选项卡，单击需要通信的 CPU（注意：如果选择通信接口，则选项为未激活状态），按右键，在下拉菜单栏中选择"添加新连接"，弹出"创建新连接"对话框如图 7-9 所示。

在对话框中，选择连接对象为"未指定"，并选择通信接口为 MPI，连接的类型项中选择"S7 连接"，连接 ID 用于通信连接的编号，可以自由选择，通信双方只有一方主动建立连接，如果在这里选择"主动建立连接"，在通信方的配置中一定不能选择。配置完成后，单击"添加"按钮，新的连接创建完成，单击"关闭"按钮，就退出。

也可以省去前两步而直接使用鼠标进行配置，选择"连接"类型为"S7 连接"，使用鼠标单击 MPI，然后按住鼠标将箭头拖曳出来再拖曳到原 MPI 上，出现连接符号 后松开鼠标，再双击鼠标，这样连接就可建立。

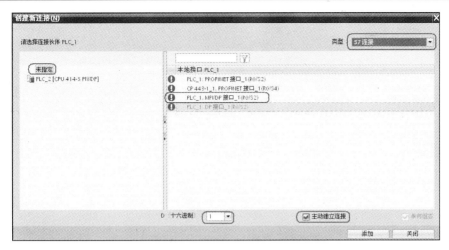

图 7-9　"创建新连接"对话框

3）单击"连接"栏，选择创建的连接，在连接的属性栏中，配置通信方的参数。在"常规"栏中，选择通信方的 MPI 地址，如图 7-10 所示。

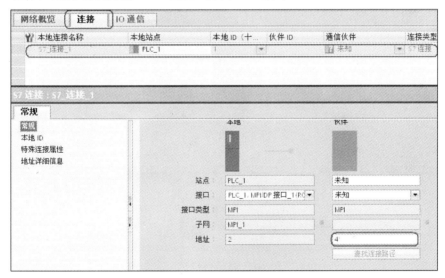

图 7-10　配置通信方 MPI 地址

4）在"地址详细信息"栏中，配置通信伙伴机架号和插槽，以及通信伙伴的 TASP，如图 7-11 所示。

在"机架/插槽"项中填写通信伙伴的机架号和插槽，除冗余系统外，标准 CPU 都位于 0 号机架，插槽为 CPU 的起始槽号。"连接资源"本地参数范围为 16#10~16#DE，通信伙伴参数范围为 16#03、16#10~16#DE，如果通信双方选择双向通信方式（调用 BSEND/BRCV，也可以调用 PUT/GET），通信伙伴参数范围必须为 16#10~16#DE；如果通信双方选择单向通信方式，通信伙伴参数为 16#03，对方不需要再进行任何配置，与 S7-300/400 CPU 类型无关。

图 7-11　配置 S7 连接地址详细信息

5）如果选择双向通信方式，通信伙伴同样需要建立一个连接本地 CPU，重复上面 1）～4）步，注意"地址详细信息"栏中"连接资源"需要对调。

6）调用通信函数，参考上面示例程序。

4．通信连接的诊断

编写通信程序前，首先要确认通信连接是否建立，单击需要查看的 CPU，选择"连接"选项卡，单击"转到在线"选项，连接状态如图 7-12 所示。

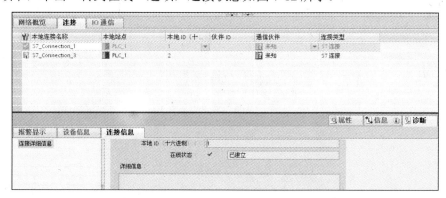

图 7-12　S7 连接状态

比较图 7-12 中的两个连接状态，第一个表示已建立，第二个表示有故障，单击"诊断"选项卡，再单击"连接信息"同样可以查看连接状态。

7.3　PROFIBUS 网络

PROFIBUS（Process Field Bus）适用于中小数据量站点间的通信，PROFIBUS 提供不同的通信协议和服务，既可以应用于单元级站点的通信，又可以与现场 I/O 站直接通信。

7.3.1　PROFIBUS 接口的种类

S7-300 PLC：CPU31X-2DP 至少带有一个 PROFIBUS 接口（有些 CPU MPI 可以配置为 PROFIBUS 接口）、CP342-5、CP343-5。

S7-400 PLC：所有 CPU 都集成 PROFIBUS 接口（所有 CPU MPI 都可以配置为

PROFIBUS 接口）、CP443-5。

　　编程器或上位机：PC 适配器、TS 适配器、CP5512、CP5611、CP5621、CP5711、CP5613、CP5623。

7.3.2　PROFIBUS 的访问机制

　　连接在 PROFIBUS 网络上的站点按照它们的地址顺序组成一个逻辑令牌环，令牌从低站地址到高站地址传递，如果传递到最高站地址 126 跳回到最低站地址重新开始，获得令牌的主站可以在拥有令牌期间对属于它的从站进行发送或读取数据的操作，令牌只在主站间进行传递，PROFIBUS-DP 通常为从站，不能得到令牌。如图 7-13 所示，主站和 HMI 可以传递令牌，从站 1、2、3 不能得到令牌。PROFIBUS-DP 通常为一主多从，主站轮询从站，保证通信的实时性。

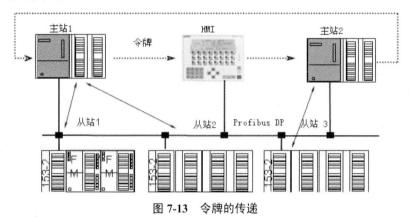

图 7-13　令牌的传递

7.3.3　PROFIBUS 网络的通信速率与通信距离

　　PROFIBUS 网络支持的通信速率与通信距离对应关系，见表 7-1。

表 7-1　PROFIBUS 通信速率与通信距离对应关系

波特率/（kbit/s）	9.6～187.5	500	1500	3000～12000
总线最大长度/m	1000	400	200	100

7.3.4　PROFIBUS 网络拓扑结构

　　PROFIBUS 总线符合 EIA RS485[8]标准，PROFIBUS RS485 的传输是以半双工、异步、无间隙同步为基础的。传输介质可以是光缆或屏蔽双绞线。

　　1. 电气传输的网络拓扑结构

　　电气传输时为总线型拓扑结构，使用 PROFIBUS 电缆和 PROFIBUS 连接器（参考 MPI 章节）连接 PROFIBUS 站点，每一个 RS485 网段为 32 个站点，包括有源网络元件 (RS485 中继器)，在总线的两端必须使用终端电阻，其结构如图 7-14 所示。

　　总线的终端电阻集成在连接器及网络部件中（通常不使用连接器直接连接的网络部件都带有终端电阻）。如果需要扩展总线的长度或者 PROFIBUS 站点数大于 32 个时，就要使用 RS485 中继器（ RS485 Repeater）进行扩展。例如，PROFIBUS 的长度为 500m，而波特率要求达到 1.5Mbit/s，对照表 7-1，波特率为 1.5 Mbit/s 时最大的长度为 200m，要扩展到 500m，就需要加入两个 RS485 中继器。西门子 RS485 中继器具有信号放大和再生功能，在一条 PROFIBUS 总线上最多可以安装 9 个 RS485 中继器。

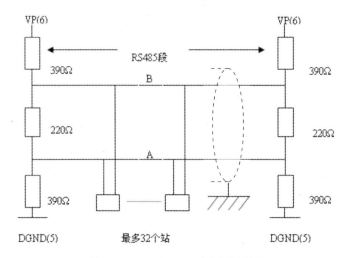

图 7-14 PROFIBUS 电气网络结构

使用 RS485 中继器的 PROFIBUS 网络可以是总线型和树形拓扑结构（见图 7-15），网段 2 是网段 1 的信号放大，在中继器上带有拨码开关，可以设置网段 1、网段 2 测试以及使能终端电阻。网段 1 可以像网段 2 一样，通过接线端子 A2、B2 进行扩展，但是在连接最后一个站点时，必须使能终端电阻，在中继器上不需要使能终端电阻。

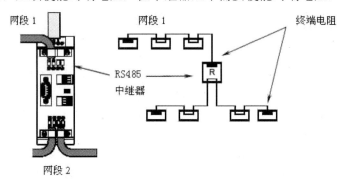

图 7-15 使用 RS485 中继器的拓扑结构

由于中继器占用站点数，使用多个中继器进行扩展时应遵守下列规则：

1）一个网段最大有 32 个站点（包括中继器、光链路模块（OLM）及其它带有 RS485 驱动的元件）；

2）第一个和最后一个网段最多有 31 个站点；

3）两个中继器间最多可以有 30 个站点；

4）每一个网段终端必须有终端电阻。

2. 光纤网络拓扑结构

光链路模块（Optical Link Module，OLM）转换光电信号，可以使用玻璃光纤、塑料包层光纤（PCF）、塑料光纤组成光纤网络，使用光纤的种类及 OLM 类型、通信距离见表 7-2。

表 7-2　OLM、光纤类型与通信距离（OLM 间的通信距离）

OLM 类型 ＼ 光纤种类	塑料光纤 980/1000μm	PCF 200/230μm	玻璃光纤 62.5/125μm	玻璃光纤 50/125μm	玻璃光纤 10/125μm
OLM/P	80m	400m	—	—	—
OLM/G	—	—	3000m	3000m	—
OLM/G-1300	—	—	10km	10km	15km

一条 PROFIBUS 网络可安装 OLM 的个数与总的可连接站点数有关（最大 125 个站点，OLM 在总线上作为一个站点），整个网络传输速率最大为 12Mbit/s，使用 OLM 的 PROFIBUS 网络可以有三种拓扑结构①总线结构；②冗余环；③星形结构。使用光纤将总线结构的头尾两段连接即可构成冗余环，如图 7-16 所示。

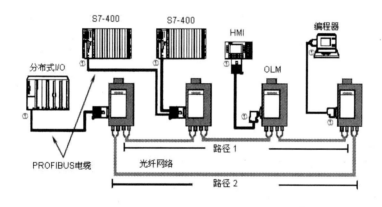

图 7-16　使用 OLM 构成冗余环网
①终端电阻设置为 ON。

组成光纤环网的 OLM 类型必须相同（连接相同类型的光纤），使用星形拓扑结构，可以混合使用不同类型的 OLM，但是两个相连接的 OLM 类型必须相同，星形拓扑结构如图 7-17 所示。

PROFIBUS 网络除电气和光纤网络外，还支持激光、红外线、轨道滑触线等通信介质。使用 RS485 中继器和 OLM 作为网络元件不需要在 TIA 博途软件中配置，但是信号经过转换或放大后会有时间延时，如果在一条 PROFIBUS 总线上连接多个 OLM 或 RS485 中继器，延时时间超过 PROFIBUS 在硬件配置中设定的轮询监控时间，则通信不能建立，需要在总线配置时加入使用网络元件的个数，软件自动计算通信的延时时间，在"网络视图"中，单击 PROFIBUS 网络，在"属性"选项卡中的"电缆组态"选项中添加电缆长度和 OLM、OBT 的数目等，如图 7-18 所示。

硬件编译后，软件自动计算 PROFIBUS 网络轮询监控时间。

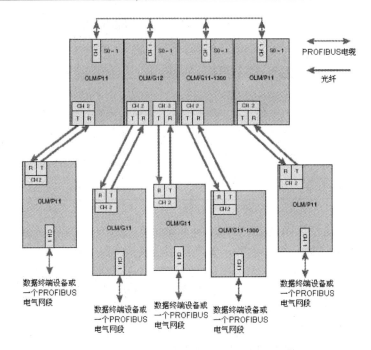

图 7-17   使用 OLM 构成星形拓扑结构

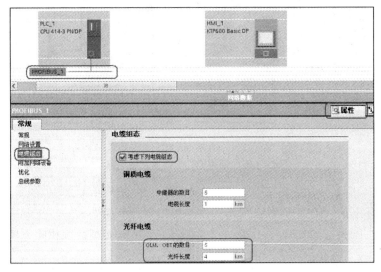

图 7-18   配置 PROFIBUS 参数

7.3.5   PROFIBUS 支持的通信服务

PROFIBUS 中最为常用的是 DP 通信。此外，还有一些优化的通信服务适合西门子 PLC 之间、PLC 与 HMI 之间的通信，这些通信服务如下：

1. PROFIBUS-DP

使用了 ISO/OSI 参考模型的第一层和第二层，这种精简的结构保证了数据的高速传送，具有很高的实时性，特别适合 PLC 与分布式 I/O 设备之间的通信。

2．PROFIBUS-S7

使用了 ISO/OSI 参考模型第一层、第二层和第七层。特别适用于 S7 PLC 与 HMI（PC）和编程器之间的通信。也可以应用于 S7-300 与 S7-400、S7-400 PLC 之间的通信。

3．PROFIBUS-FDL(与 S5 兼容通信)

使用了 ISO/OSI 参考模型第一层、第二层。数据传输快特别适合 S7-300、S7-400 和 S5 PLC 之间的通信。

4．PG/OP 通信服务

编程器和操作面板可以通过 PROFIBUS 对网络上的站点进行访问。

下面将主要介绍 PROFIBUS－DP、FDL、S7 通信。

7.3.6　PROFIBUS-DP 通信

PROFIBUS-DP 为主从结构，主站可以得到令牌轮询扫描从站，DP 通信方式实时性强，可以连接分布式 I/O。主站与一个从站最多通信数据为 244 字节输入和 244 字节输出。

1．非智能分布式 I/O 站的配置

PROFIBUS 从站与 PLC 一样都是站点，需要在"网络视图"中进行配置，非智能站即从站不带有 CPU，从站的 I/O 由主站 CPU 控制，以 ET200S 为例介绍配置过程：

1）在"分布式 I/O"中，选择 ET200S 从站，使用鼠标拖曳到"网络视图"的工作区中。

2）选择"网络"，使用鼠标单击主站 PROFIBUS 接口，然后拖曳到从站 PROFIBUS 接口上，通信连接建立，连接建立后，在从站图标上标有主站的名称，如图 7-19 从站 Slave_1 所示。

如果使用鼠标从一个从站连接到另一个从站，只是进行网络连接，并没有标注主从关系，例如图 7-19 中，从站 Slave_2 站点上为"未分配"，可以再次使用鼠标单击主站 PROFIBUS 接口，然后拖曳到从站 PROFIBUS 接口上，也可以单击选中要分配的从站，鼠标右键选择"分配到新主站"，为从站分配主站。

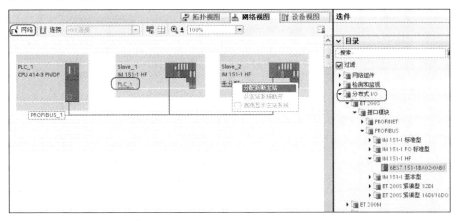

图 7-19　配置 PROFIBUS 分布式从站

3）在"设备视图"中，选择需要配置的从站，按照实际安装添加 I/O 模块。这样 PROFIBUS 分布式 I/O 配置完成。

4）从站 I/O 模块的地址直接映射到主站 CPU 的 I、Q 区（或 PI、PQ 区），可以直接在程序中调用。

2．智能从站的配置

通过 PROFIBUS-DP 不但可以连接非智能分布式 I/O 从站，也可以将 S7-300、S7-400 站点作为智能从站连接到主站上，智能从站的 I/O 模块由从站 CPU 控制，主站 CPU 与从站 CPU 进行数据交换，以 S7-400 CPU 作为主站，以 S7-300 CPU 作为智能从站为例介绍配置的步骤：

1）在"网络视图"中分别插入 S7-400 站和 S7-300 站。

2）单击"网络"选项，使用鼠标单击 S7-400 PROFIBUS 接口，然后按住鼠标将箭头拖曳到 S7-300 CPU 的 PROFIBUS 接口上，出现连接符号 🔗 后松开鼠标，这样连接两个站点的 PROFIBUS 网络建立。

3）单击 S7-300 CPU 的 PROFIBUS 接口（配置智能从站一定先在从站侧配置通信接口区），在"属性"选项卡中选择"操作模式"，如图 7-20 所示。

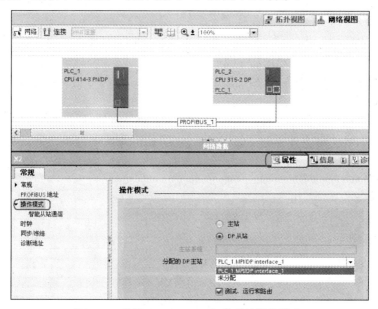

图 7-20　选择 PROFIBUS 智能从站操作模式

设置站点为"DP 从站"，在"分配的 DP 主站"中选择主站，如果主站和从站不在同一项目中，则选择"未分配"。如果使能"测试、运行和路由"选项，通过从站的 DP 接口也可以进行编程、监控操作、跨网络路由编程以及可以与 HMI WinCC 通过 S7 协议建立通信连接。

4）单击"智能从站通信"栏，配置通信数据区（见图 7-21），输入主站和从站地址区、长度以及一致性，在一致性设置中，如果选择"按长度单位"，表示通信数据中每个字节都是独立的单元；如果选择"总长度"，表示通信数据是一个数组，数组中的元素是设置的字节。DP 主站与 CPU 间的数据交换可能是分批次进行，选择"总长度"保证数据的完整性（通信数据在同一数据包中），例如驱动器 PKW 参数，选项自动设置为"总长度"而不能修改，如果在过程映像区外，需要调用 DPRD_DAT 和 DPWR_DAT。

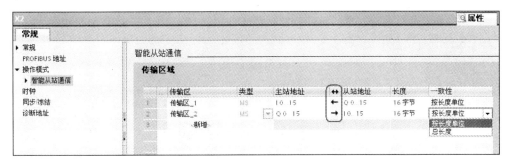

图 7-21　配置 PROFIBUS 智能从站通信区

5）单击通信方向箭头，可以设置通信的地址区，通信方向总是从输出 Q 区到输入 I 区。图 7-21 中的通信接口为，从站传送 QB0~QB15 的数据到主站 IB0~IB15 中；主站传送 QB0~QB15 的数据到从站 IB0~IB15 中。

6）编译存盘，在两个站程序块中创建 OB82、OB86（故障中断），防止在两站连接时，主站 CPU 停机，配置完成。

7）如果两个站点不在一个项目中，则要分别配置从站和主站。按照上述 1）~4）步，在"分配的 DP 主站"中选择"未分配"，然后在从站侧定义本方的通信区；在主站侧需要安装从站的 GSD 文件，然后插入从站，配置通信区，这里必须与从站的通信区匹配。

3．安装 GSD 文件

使用 PROFIBUS-DP 除连接西门子分布式 I/O 系列、驱动等从站，还可以连接其它厂商的从站设备。在 TIA 博途软件中可以添加其它厂商硬件设备，这需要由生产厂商提供 GSD 文件（GSD 文件是对设备通用描述，通常以*.GSD 或*. GSE 结尾）或从相关网站上下载。安装 GSD 文件的步骤如下：

1）将 GSD 文件复制到编程器的硬盘中；

2）打开 TIA 博途软件，切换到项目视图；

3）使用菜单中"选项"→"安装设备描述文件（GSD）"命令，在弹出的对话框中选择需要安装的 GSD 文件，如图 7-22 所示；

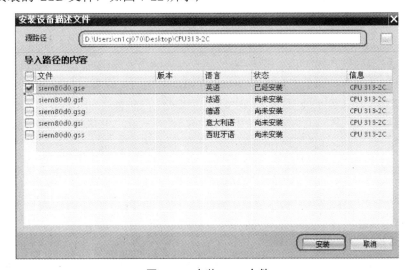

图 7-22　安装 GSD 文件

4）单击"安装"按钮，按照向导指示进行操作，安装完成后，会提示安装成功，并需要关闭软件进行文件的更新；

5）再次打开软件，在网络视图中打开硬件目录，在"其它现场设备"子目录中的"PROFIBUS DP"可以发现安装的从站；

6）将从站配置到主站 PROFIBUS-DP 网络上（参考西门子 PROFIBUS 分布式 I/O 配置章节），从站通信数据区的含义可以参考从站设备手册。

注意：

①打开包含有其它厂商从站设备的项目时，如果 TIA 博途软件没有安装相应的 GSD 文件，会提示需要安装所需的 GSD 文件，重复上述的安装步骤，在源路径中会自动找到项目中存储 GSD 文件的目录，单击安装，项目中包含的 GSD 文件自动导入。

②从 PLC 中上传硬件配置时，如果上传的硬件配置中带有其它厂商的从站设备而在 TIA 博途软件中没有安装相应的 GSD 文件，在硬件配置中不能进行编辑下载，否则 PLC 不识别相应的从站设备。

4. PROFIBUS-DP 其它的功能

1）同步与冻结功能：主站访问多个从站的数据会有先后，同步功能可以使主站在某一时刻发送的命令同时传递到从站中；冻结可以使从站某一时刻的输入信号同时传递到主站中。同步、冻结强调的是某一时刻，执行后，从站数据不更新，如需更新从站数据，必须去除同步、冻结命令。

2）等时同步功能：等时同步计算所有需要同步模块的输入、输出时间、信号到从站接口模块的传送时间、主站扫描从站的时间、触发 CPU 程序执行时间，通过等时同步功能，可以使几个从站中设定的输入信号同时被 CPU 扫描，CPU 的输出信号同时发送到输出模块上。从站和输入、输出模块也必须支持等时同步功能。

3）DP V1 功能：非周期访问从站接口中存储的数据，减少通信的负荷。在 S7 主站 CPU 中调用 RD_REC、WR_REC 访问从站接口中的数据。DP 的等时同步、从站时钟同步、从站输入信号的时间选项卡功能则属于 DP V2 功能。

7.3.7 PROFIBUS –FDL 通信

现场总线数据链路（Fieldbus Data Link，FDL）属于主-主通信方式，每个站点具有传送令牌的能力，适合于单元级主站间的数据交换，通信双方使用发送和接收函数进行通信，每个通信数据包最大为 240 字节，两个站点间可以发送和接收多个数据包。FDL 通信还支持多播和广播等多种通信方式。只有 PROFIBUS 通信处理器（CP）才能支持 FDL 的数据传输，CP342-5、CP343-5 用于 S7-300 系列 PLC；两种型号的 CP443-5 用于 S7-400 系列 PLC；上位机系统中，可以插入 PROFIBUS 网卡，如 CP5512、CP5611、CP5621、CP5613、CP5623，实现 FDL 通信。每一个通信处理器可以同时与多个主站建立通信连接，例如 CP342-5 的连接数为 16 个，其它通信处理器的连接数参考样本手册。

FDL 通信不占用 CPU 的"S7 Connection"（S7 连接）通信资源，也是 S7-300 PLC 在 PROFIBUS 上实现主站通信的常用方式。下面以 S7-300 PLC 在相同的项目下为例介绍实现 FDL 通信的步骤：

1）在"网络视图"中，分别插入两个 S7-300 PLC 站，插入 CP342-5，选择"连接"类型为"FDL 连接"，使用鼠标单击 CP342-5 接口，然后按住鼠标将箭头拖曳到其它站的

CP342-5 接口上，出现连接符号 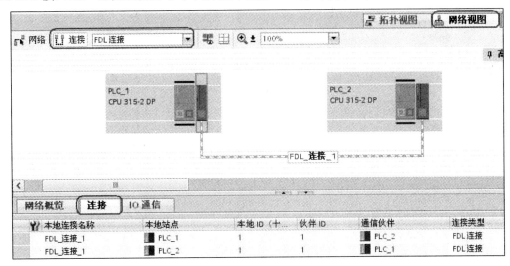 后松开鼠标，这样连接就可建立，如图 7-23 所示。

图 7-23　建立 FDL 连接

在"连接"中，可以看到建立的 FDL 连接，由于连接是相互的，所以图 7-23 显示为两个连接，也可以单击连接表，使用鼠标右键过滤连接，这样单击相关的 CPU，在连接中只显示当前 CPU 的连接。

2）单击连接表中的一个连接，然后单击"属性"栏，可以查看该连接的属性（见图7-24），在"常规"栏中，列出 FDL 连接不同的属性参数，可以单击进入，查看和修改。同时在被连接 CPU 的连接表中也会自动生成一个连接，该连接同样表示本地 CPU 连接的信息。

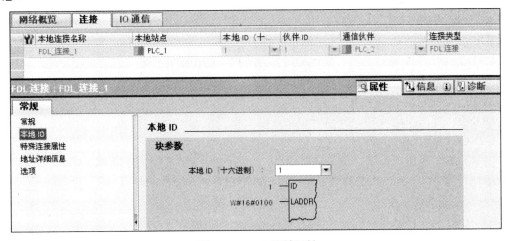

图 7-24　FDL 连接属性

3）打开"常规"栏中的"本地 ID"，显示本地连接的编号，供编程时使用，在被连接的 CPU 连接属性中，同样会有连接编号。

4）在一个 CPU OB35（间隔发送）中，调用发送函数 AG_SEND 发送数据，通信函数在指令的"通信"栏中，如图 7-25 所示。

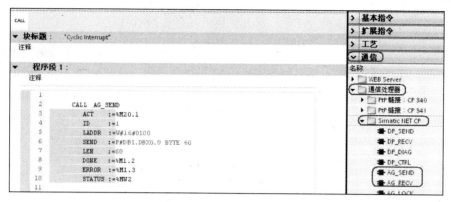

图 7-25　FDL 通信函数

5）示例程序调用如下：

CALL　AG_SEND

ACT　　　:=%M20.1

ID　　　　:=1

LADDR　　:=W#16#100

SEND　　　:=P#DB1.DBX 0.0 BYTE 60

LEN　　　 :=60

DONE　　　:=%M1.2

ERROR　　:=%M1.3

STATUS　　:=%MW2

通信函数 AG_SEND 的参数含义：

ACT：沿触发信号。

ID：参考本地 CPU 连接属性中的"本地 ID"。

LADDR：CP 模块的逻辑地址，参考本地 CPU 连接属性中的"本地 ID"。

SEND：发送区，最大通信数据为 240 字节。

LEN：实际发送数据长度。

DONE：每次发送成功，产生一个上升沿。

ERROR：错误位。

STATUS：通信状态字，如果错误位为 1，通过状态字查找错误原因。

示例程序中 S7-300 PLC 发送 DB1 中前 60 字节。

6）在通信伙伴 CPU OB1，中调用接收函数 AG_RECV，示例程序如下：

CALL　AG_RECV

ID　　　　　:=1

LADDR　　　:=W#16#100

RECV　　　 :=P#DB2.DBX 0.0 BYTE 60

NDR　　　　:=%M10.1

ERROR　　:=%M10.2
STATUS　　:=%MW12
LEN　　　:=%MW14

通信函数 AG_RECV 的参数含义:
ID:参考本地 CPU 连接属性中的"本地 ID"。
LADDR:CP 模块的逻辑地址,参考本地 CPU 连接属性中的"本地 ID"。
RECV:接收区(接收区应大于等于发送区)。
NDR:每次接收到新数据,产生一个上升沿。
ERROR:错误位。
STATUS:通信状态字。
LEN:实际接收数据长度。

将配置信息和通信程序下载到相应的 CPU 中,通信建立。示例程序中 S7-300 PLC 将接收到的数据存储于本地数据区 DB2 的前 60 字节中。两个站点通过一个连接可以同时进行发送和接收任务。

7)如果通信不能建立,单击 CP 模块,用鼠标右键选择"在线和诊断",可以诊断发送成功的数据包和实际接收的数据包等信息。诊断功能在这里不作详细介绍。

在实际应用中,往往通信的站点不在同一项目下,有时由于程序技术保密的问题,不可能复制对方程序,这样需要通信双方相互提交通信长度、PROFIBUS 站地址、LSAP 地址及选择的 PROFIBUS 参数组(通常选择"Standard")等信息。下面以 S7-300 PLC 在不同的项目下为例介绍实现 FDL 通信的步骤:

1)在"网络视图"中,插入一个 S7-300 PLC 站,插入 CP342-5,使用鼠标单击 CP342-5 接口,按鼠标右键选择"添加子网"。

2)选择"连接"选项卡,再单击需要通信的 CPU(注意:如果选择通信接口或 CP,则该选项为未激活状态),按鼠标右键,在下拉菜单栏中选择"添加新连接",弹出"创建新连接"对话框,如图 7-26 所示。

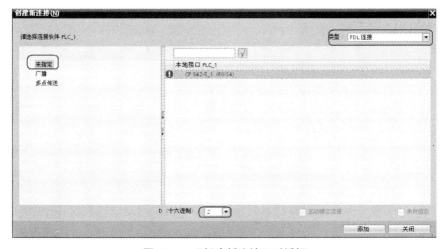

图 7-26　"创建新连接"对话框

在对话框界面中，选择连接对象为"未指定"并选择通信接口为 CP342-5，连接的类型选择"FDL"连接，连接 ID 用于通信连接的编号，可以自由选择，配置完成后，单击"添加"按钮，新的连接创建完成，单击"关闭"按钮退出。

3）也可以省去前两步，直接使用鼠标进行配置，选择"连接"类型为"FDL 连接"，使用鼠标单击 CP342-5 PROFIBUS 接口，然后按住鼠标将箭头拖曳出来，再拖曳回接口上，出现连接符号 🖱 后松开鼠标，再双击鼠标，这样连接就可建立。

4）单击"连接"选项卡，选择创建的连接，在连接的属性选项卡栏中配置通信方的参数。打开"常规"栏中的"本地 ID"，显示本方连接的编号，供编程时使用。

5）在"地址详细信息"选项卡中按双方协定，设置本方的 LSAP 和对方的 PROFIBUS 地址和 LASP 地址，LSAP 地址范围与通信方式有关，在下拉菜单中显示允许的范围，如图 7-27 所示。

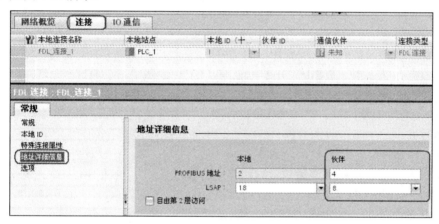

图 7-27 配置 FDL 连接详细地址信息

6）重复 1~5 步，按相同的方法配置通信伙伴（注意：在"地址详细信息"中参数要交叉匹配）。

7）编写通信程序（与在相同项目下建立 FDL 连接的通信程序相同），将配置信息和通信程序下载到 CPU 中，通信建立。

7.3.8 PROFIBUS –S7 通信

在 PROFIBUS 网络上也可以使用 S7 通信服务实现 PLC 间的通信。S7 通信服务使用了 ISO/OSI 参考模型的第七层，不依赖于使用的网络，通过 MPI（需要配置连接的通信）、PROFIBUS 和工业以太网都可以实现 S7 通信服务。

S7 通信需要建立通信连接，这种通信方式适合于 S7-300 与 S7-400 和 S7-400 PLC 之间的通信。如果 S7-300 PLC 使用集成的 PROFIBUS 接口与 S7-400 PLC 通信时，只能进行单向通信，S7-300 PLC 作为一个数据的服务器，S7-400 PLC 作为客户机通过调用通信函数块 PUT、GET 对 S7-300 PLC 的数据进行读写操作。如果 S7-300 PLC 使用通信处理器（CP），例如 CP342-5 与 S7-300 或 S7-400 PLC 进行通信，S7-300 PLC 既可以作为数据的服务器，同时又可以作为客户机进行单向通信，也可以调用发送函数块 BSEND 和接收函数块 BRCV 进行双向通信。S7-400 PLC 之间通信则没有限制，既可以作为数据的服务器，同时又可以作为客户机进行单向通信，也可以发送和接收数据进行双向通信。

S7-300 PLC 使用 CP 最大通信数据量为 64K，S7-400 PLC 最大通信数据量为 64K 字节，不同的通信函数块决定通信数据量的大小，见表 7-3。

表 7-3　通信函数块与数据量的关系

本方 CPU	对方 CPU	SFB/FB	参数 SD_i RD_i ADDR_i(1≥i≥4) /字节			
			1	2	3	4
S7-300	任意	PUT/GET USEND	160	–	–	–
		BSEND	65534	–	–	–
S7-400	S7-300	PUT	212	196	180	164
		GET	222	218	214	210
S7-400	S7-400	PUT	452	436	420	404
		GET	462	458	454	450
		USEND	452	448	444	440
		BSEND	65534	–	–	–

表 7-3 中 i 表示使用一个通信函数可以同时进行通信的地址区，如果使用 CP 模块建立 S7 连接，通信区只能有一个，并且通信函数发生变化，如图 7-28 所示。

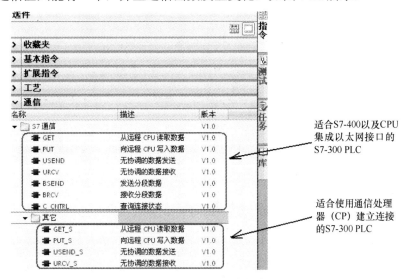

图 7-28　S7 通信函数库

适合 S7-400 PLC 以及 CPU 集成以太网接口（PN）的 S7-300 PLC 通信函数支持 4 个通信区（BSEND 与 BRCV 只有一个通信区，所以调用 BSEND 与 BRCV 没有区别），每个通信区允许的数据长度见表 7-3。

S7-300 PLC 使用 CP 可以扩展 CPU 内部的 S7 通信连接资源（只限于 PLC 间通信），通过一个 CP 与其它 PLC 间的通信，最多可以建立 16 个"S7 Connection"只占用一个 CPU 内部的 S7 通信连接资源。S7-400 CPU 建立一个"S7 Connection"占用一个 CPU 内部的 S7 通信连接资源。CPU 中 S7 通信资源的数量与 CPU 型号有关，可以参考 CPU 订货手册。

1. 双向通信方式

适合 S7-400 之间、S7-400 与 S7-300 PROFIBUS CP 模块之间、S7-300 PROFIBUS CP 模块之间通信，通信需要建立连接。以 S7-400 CPU 集成的 DP 接口与 S7-300 PROFIBUS CP 模块之间通信为例，介绍实现通信的步骤：

1）进入"网络视图"，建立 S7-400 和 S7-300 站点，在 S7-300 站点中插入 CP342-5，选择"连接"类型为"S7 连接"，使用鼠标单击 S7-400 PROFIBUS 接口，然后按住鼠标将箭头拖曳到 CP342-5 接口上，出现连接符号 🔗 后松开鼠标，这样连接就可建立，如图 7-29 所示。

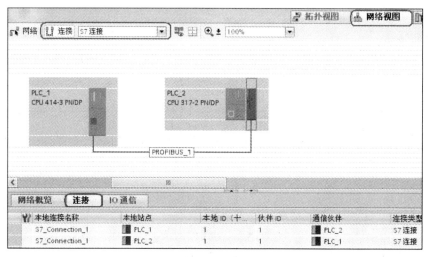

图 7-29 建立 S7 连接

在"连接"选项卡中，可以看到建立的 S7 连接，由于连接是相互的，所以图 7-29 中显示为两个连接，也可以单击连接表，使用鼠标右键过滤连接，这样单击相关的 CPU，在连接中只显示当前 CPU 的连接。

2）单击连接表中的一个连接，然后单击"属性"选项卡栏，可以查看该连接的属性（见图 7-30），在"常规"栏中列出 S7 连接不同的属性参数，可以单击进入、查看和修改。

3）在被连接 CPU 的连接表中，也会自动生成一个连接，该连接同样表示本地 CPU 连接的信息。

4）打开"常规"栏中的"本地 ID"，显示本地连接的编号，用于编程时使用，在被连接 CPU 连接属性中，同样会有连接编号。

5）通信连接建立后，需要调用通信函数发送和接收数据。在本地 OB35（间隔发送）中调用 BSEND 发送数据，示例程序调用如下：

```
CALL  BSEND , %DB1
REQ      :=%M1.1
R        :=%M1.2
ID       :=W#16#0001
R_ID     :=DW#16#0000_0001
```

```
DONE      :=%M1.3
ERROR     :=%M1.4
STATUS    :=%MW20
SD_1      :=P#DB1.DBX0.0 BYTE 60
LEN       :=%MW24
L         :=60
T         :=%MW24
```

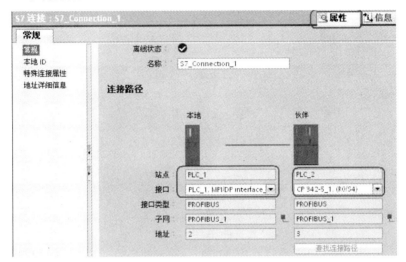

图 7-30　S7 连接属性

通信函数块 BSEND 的参数含义：

REQ：沿触发，每个上升沿触发一次数据的发送。

R：为 1 时停止通信任务。

ID：通信连接编码，参考连接属性栏中的"本地 ID"，指定一个通信连接，包括通信双方的通信参数。

R_ID：标识符，用户自定义，发送与接收函数必须一致。

DONE：每次发送成功，产生一个上升沿。

ERROR：错误位。

STATUS：通信状态字，如果错误位为 1，可以查看通信状态信息。

SD_I：发送区。

LEN：发送数据（字节）的长度。

示例程序中 S7-400 PLC 发送 DB1 中前 60 字节。

6）在通信伙伴方，PLC OB1 中相应调用 BRCV（与 BSEND 相匹配）接收数据，示例程序如下：

```
CALL  BRCV , %DB1
EN_R      :=1
```

```
ID          :=W#16#0001
R_ID        :=DW#16#0000_0001
NDR         :=%M10.1
ERROR       :=%M10.2
STATUS      :=%MW40
RD_1        :=P#DB2.DBX0.0 BYTE 60
LEN         :=%MW60
```

通信函数块 BRCV 的参数含义：

EN_R：为 1 时使能接收功能。

ID：通信连接编码，参考连接属性栏中的"本地 ID"，指定一个通信连接，包括通信双方的通信参数。

R_ID：标识符，用户自定义，发送与接收函数必须一致。

NDR：每次接收到新数据，产生一个上升沿。

ERROR：错误位。

STATUS：通信状态字。

RD_1：接收区。

LEN：每次接收新数据（字节）的长度。

　　示例程序中，S7-400 PLC 将接收到的数据存储于本地数据区 DB2 的前 60 字节中。如果需要与其它站点进行通信，按照上面的方法再次建立通信连接，然后调用通信函数发送接收数据。

亮点：由于编程指令的所见即所用功能，通信函数自动对应所使用的 CPU，用户不用再考虑所使用的 CPU 型号和类型。

注意：S7-300/400 PLC 既可以作为数据的服务器，同时又可以作为客户机进行单向通信，在 S7-400 侧调用 PUT/GET，在 S7-300 侧调用 PUT_S/GET_S，如图 7-28 所示。

2．单向通信方式

适合 S7-300 与 S7-400、S7-400 PLC 之间的通信，以 S7-400 CPU 集成的 PROFIBUS 接口连接 S7-315 -2DP CPU 集成的 PROFIBUS 接口 PLC 通信为例，在 S7-400 侧调用 GET 和 PUT 对 S7-300 数据进行读写。通信的步骤如下：

1）与上例相同，在"网络视图"中的 S7-400 侧建立 S7 通信连接，由于 S7-300 PLC 没有通信资源，在"连接"中，只能显示 S7-400 的连接，S7-300 PLC 没有对应的连接，也就不能在 CPU 中编写通信程序，只能作为数据的服务器被 S7-400 PLC 读写。

2）在 S7-400 CPU 编写 GET，示例程序如下：

```
CALL  GET , %DB3
REQ         :=%M0.0
ID          :=W#16#0002
NDR         :=%M0.1
ERROR       :=%M0.2
```

```
STATUS    :=%MW100
ADDR_1    :=P#M200.0 BYTE 100
ADDR_2    :=
ADDR_3    :=
ADDR_4    :=
RD_1      :=P#DB2.DBX0.0 BYTE 100
RD_2      :=
RD_3      :=
RD_4      :=
```

通信函数 GET 的参数含义：

REQ：读请求。每个上升沿触发读任务。

ID：通信连接编码，参考连接属性栏中的"本地 ID"，指定一个通信连接，包括通信双方的通信参数。

NDR：每次接收到新数据，产生一个上升沿。

ERROR：错误位。

STATUS：通信状态字。

ADDR1~4：通信方的数据区。

RD1~4：本地数据接收区。

示例程序中，将通信方数据区 MB200~MB299 复制到本地数据 DB2 的前 100 字节中。

3）调用 PUT 写操作的示例程序如下：

```
CALL  PUT , %DB4
REQ       :=%M201.1
ID        :=W#16#0002
DONE      :=%M20.2
ERROR     :=%M20.3
STATUS    :=%MW22
ADDR_1    :=P#DB10.DBX0.0 BYTE 10
ADDR_2    :=
ADDR_3    :=
ADDR_4    :=
SD_1      :=P#DB1.DBX0.0 BYTE 10
SD_2      :=
SD_3      :=
SD_4      :=
```

通信函数 PUT 与 GET 不同的参数含义：

DONE：每次发送成功后产生一个上升沿。

SD1~4：本地数据发送区。

示例程序中将本地数据区 DB1 的前 10 字节存储的数据写到通信方数据区 DB10 的前 10 字节中。如果需要与其它站点进行通信，按照上面的方法再次建立通信连接，然后调用通信函数发送接收数据。

注意：建立双向通信连接，既支持 BSEND/BRCV 通信方式，也支持 PUT/GET 单向通信方式，例如 S7-400 间通信（如果使用 S7-300 通信处理器建立双向通信，在 S7-300 侧需要调用 PUT_S/GET_S）；建立单向通信连接，只支持 PUT/GET 通信方式，例如 S7-400 与 S7-300 集成 DP 接口。

亮点：由于编程指令的所见即所用功能，通信函数自动对应所使用的 CPU，用户不必再考虑所使用的 CPU 型号和类型和调用的程序是否对应。

3．不同项目间创建通信连接

如果两个站点不在同一个项目下，出于程序安全问题，又不便于复制项目，在这种情况下，要在两个站点分别建立通信连接，以两个 S7-400 站点为例，建立通信步骤如下：

1）切换到"网络视图"，单击所需连接 CPU 集成的 PROFIBUS 的接口，按鼠标右键选择"添加子网"。

2）选择"连接"选项卡，单击需要通信的 CPU（注意：如果选择通信接口，则该选项为未激活状态），按鼠标右键，在下拉菜单栏中选择"添加新连接"命令，弹出"创建新连接"对话框，如图 7-31 所示。

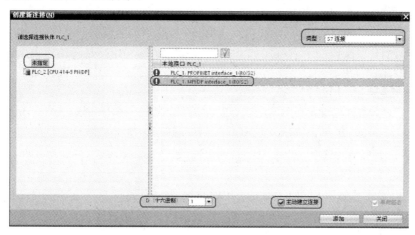

图 7-31　"创建新连接"对话框

在对话框界面中，选择连接对象为"未指定"并选择通信接口为 PROFIBUS 接口，连接的类型选择"S7"连接，连接 ID 用于通信连接的编号，可以自由选择，通信双方只有一方主动建立连接，如果在这里选择"主动建立连接"，在通信伙伴方的配置中一定不能选择。配置完成后，单击"添加"按钮，新的连接创建完成，单击"关闭"按钮退出。

也可以省去前两步，直接使用鼠标进行配置，选择"连接"类型为"S7 连接"，使用鼠标单击 PROFIBUS 接口，然后按住鼠标将箭头拖曳出来再拖曳到原 PROFIBUS 接口上，出现连接符号 ▦ 后松开鼠标，再双击鼠标，这样连接就可建立。

3）单击"连接"选项卡栏，选择创建的连接，在连接的属性栏中，配置通信方的参数。在"常规"栏中，选择通信方的 PROFIBUS 地址，如图 7-32 所示。

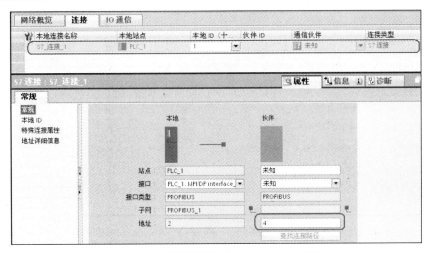

图 7-32　配置通信伙伴 PROFIBUS 地址

4）在"地址详细信息"栏中，配置通信伙伴机架号和插槽以及通信双方的 TASP，如图 7-33 所示。

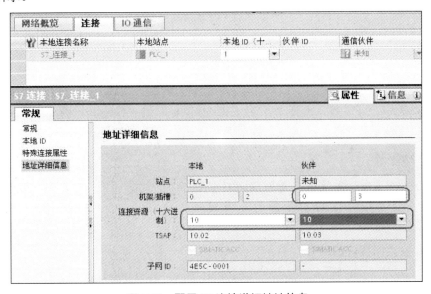

图 7-33　配置 S7 连接详细地址信息

在"机架/插槽"填写通信伙伴的机架号和插槽，除冗余系统外，标准 CPU 都位于 0号机架，插槽为 CPU 的起始槽号。"连接资源"本地参数范围为 16#10~16#DE，通信伙伴参数范围为 16#03、16#10~16#DE，如果通信双方选择双向通信方式（调用 BSEND/BRCV，也可以调用 PUT/GET 或 PUT_S/GET_S），通信伙伴参数范围必须为 16#10~16#DE；如果通信双方选择单向通信方式，通信伙伴参数为 16#03，并且不需要再进行任何配置，与 S7-300/400 CPU 类型无关。

5）如果选择双向通信方式，通信伙伴同样需要建立一个连接本地 CPU，重复上面 1）~4）步，注意"地址详细信息"栏中，"连接资源"需要对调。

6）调用通信函数，参考上面示例程序。

4．通信连接的诊断

编写通信程序前，首先要确认通信连接是否建立，单击需要查看的 CPU，选择"连接"选项卡，单击"转到在线"选项，连接状态如图 7-34 所示。

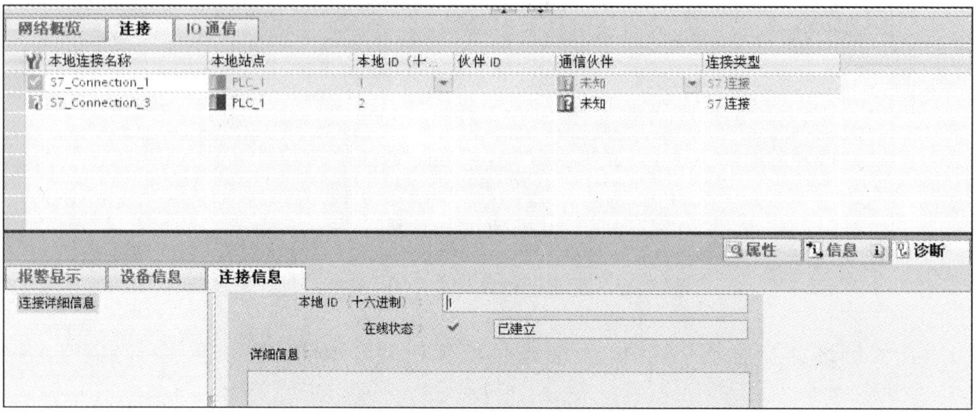

图 7-34　S7 连接状态

比较图 7-34 中的两个连接状态，第一个表示已建立，第二个表示有故障，单击"诊断"栏，再单击"连接信息"同样可以查看连接状态，如果 S7-300 选择通信处理器（CP）进行通信，可以单击需要诊断的 CP，按鼠标右键"在线和诊断"进入 CP 自带的诊断功能，例如可以查看连接状态、数据的发送接收数据包数等信息。

7.4　工业以太网

工业以太网应用于单元级、管理级网络，具有通信数据量大、站点多，通信距离长等特点。在原有工业以太网的基础上，开发实时工业以太网 PROFINET，可以通过 PROFINET IO 通信服务直接连接现场设备。

7.4.1　工业以太网接口的种类

S7-300 PLC：CPU31X/CPU31XC-2DP/PN 集成 PROFINET 接口、CP343-1、CP343-1IT(集成 FTP、E_MAIL 功能)、CP343-1Lean（简化版本）、CP343-1 Advanced（集成 FTP、E_MAIL 功能，覆盖 CP343-1IT 功能）。

S7-400 PLC：CPU41X-2DP/PN 集成 PROFINET 接口、CP443-1、CP443-1 Advanced（集成 FTP、E_MAIL 功能和 4 端口交换机）。

编程器或上位机：CP1613/CP1623、CP1616/CP1604(支持 PROFINET IO，需要软件开发)、商用以太网卡。

7.4.2　工业以太网通信介质

西门子工业以太网使用双绞线、光纤和无线进行数据通信。

1．IE FC TP (Industry Fast Connection Twist Pair)

工业快速连接双绞线配合西门子 FC TP RJ45 接头使用，连接如图 7-35 所示。

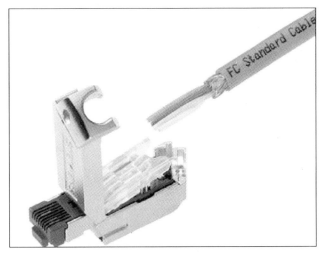

图 7-35   FC TP 电缆与 TP RJ45 接头

将双绞线按照 TP RJ45 接头标示的颜色插入连接孔中，快捷、方便地将 DTE（数据终端设备）连接到工业以太网上。使用 FC 双绞线从 DTE 到 DTE、DTE 到交换机、交换机之间最长通信距离为 100m（通信速率为 100M，DTE 到 DTE 之间需要交叉连接，DTE 到交换机之间需要直通连接，西门子交换机由于采用了自适应技术，可以自动检测线序，故通过交换机可以采用任意一种方式进行连接），主干网使用 IE FC 4X2 电缆长度可以达1000m。

2．ITP(Industry Twist Pair)工业双绞线

ITP 电缆预装配 9/15 针 SUB D 接头，连接通信处理器 CP 的 ITP 接口，适合恶劣的现场环境，ITP 电缆最长 100m，逐渐被 IE FC TP 连接电缆替代，现在使用的以太网通信口都是 RJ45 接口。

3．光纤

光纤适合于抗干扰、长距离的通信应用，适合西门子交换机之间的连接。

4．无线以太网

使用西门子无线以太网交换机适用于不便布线、移动通信的应用，通信的距离与通信标准及天线有关。

7.4.3　工业以太网络交换机

西门子网络交换机适合不同的应用，型号与功能描述见表 7-4。

表 7-4　交换机型号与功能描述

交换机型号	图例	功能简要描述
SCALANCE X 系列		
X005		价格便宜的入门级交换机，带有 5 个 TP 接口，面板集成 LED 诊断

（续）

交换机型号	图例	功能简要描述
SCALANCE X 系列		
X100 子系列		工业现场应用的经济型交换机，系列中部分交换机带有光纤接口，但是不能组成环网。X100 系列交换机没有集成网络管理功能
X200 子系列		工业现场功能扩展型交换机，系列中带有光纤接口，可以组成环网并带有冗余管理器功能。X200 系列交换机集成网络管理功能，支持 PROFINET 功能，带有 IRT 型号的交换机支持 PROFINET 等时操作
X400		模块化高端交换机，可以集成多个连接不同通信介质的接口，支持 1000M 通信速率，支持 VLAN 和 IP Routing
X500		SCALANCE X-500-NC 是 19' 机架的万兆工业级以太网交换机，具有高性能、全冗余的特点，提供强大的 QoS 和组播分配机制。它是当前西门子全系列交换机中最高端产品
SCALANCE W 无线以太网系列		
SCALANCE W		支持 IEEE 802.11b、g、a 通信标准。W744 为客户端，W788 既可以作为访问点也可以作为客户端。通信距离与通信标准及天线有关

7.4.4　工业以太网拓扑结构

　　使用西门子工业交换机可以组成总线型、树形、星形、环形网络拓扑结构。环形网络拓扑结构是总线型网络的一个特例，将总线型的头尾两端连接形成环形网络结构。环形网络可以使用光纤和双绞线构成，在环形网络中必须有一个交换机作为冗余管理器，例如 X400、X200 或 X204-2IRT，环形网络中的每一个交换机都能够通过冗余检测报文，所以只有 X200 以上交换机支持环形网络。由 X200 与 X400 交换机组成的环形网络如图 7-36 所示。

　　无线以太网上有 AP（访问点）和客户端设备，连接的方式有："Ad-hoc" 模式和"Infrastructure"模式两种。在"Ad-hoc" 通信模式中，通过移动的客户端设备级联形成网络；在"Infrastructure"通信模式中，所有的客户端通过 AP 访问网络上的设备，如图 7-37 所示。

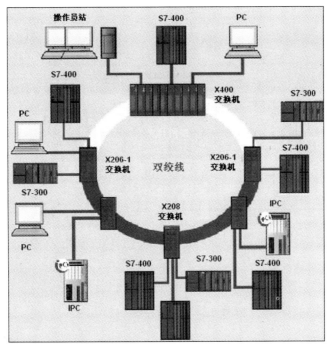

图 7-36　环形拓扑结构

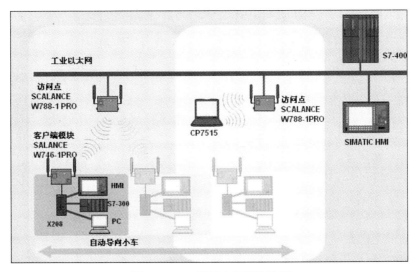

图 7-37　AP 通过电气网络连接

　　在图 7-37 中，每个客户端是一个自动导向小车，小车上的设备 HMI、PC 及 S7-300 通过客户端模块 W746-1 与 S7-400 和 SIMATIC HMI 站通信。AP 与客户端形成一个无线网络单元，相互独立。如果多个 AP 通过电气网络连接，设置的网络 ID（SSID）相同，则小车可以在所有 AP 覆盖的无线网络中漫游。在实际应用中，AP 之间的连接通常也使用无线连接，这样形成 WDS（Wireless Distribution System）网络（见图 7-38），AP W788-2PRO 带有两个无线网络，一个可以连接客户端，另一个可以连接其它的 AP，AP 间的点到点连接需要进行桥接。

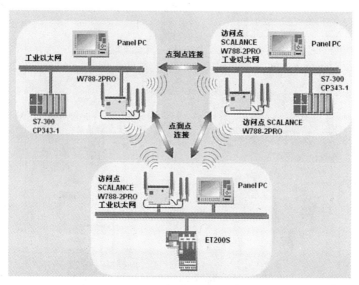

图 7-38　WDS 网络连接

SCALANCE W 系列支持 Web 配置模式，可以直接通过 PC 的浏览器对模块网络 ID、桥接、网络加密等参数进行配置以及对模块进行诊断。

7.4.5　工业以太网支持的通信协议与服务

西门子工业以太网支持不同的通信服务适用于不同的现场应用：

1. S5 兼容通信（SEND/RECEIVE 通信服务）

开放的 S5 兼容通信适用于 S7（除 S7-200 PLC）PLC 之间通信、S7 PLC 与 S5 PLC 间的通信。S5 兼容通信有下列通信服务：

1）ISO Transport：该通信服务支持第四层（ISO Transport）开放的数据通信 。用于 SIMATIC S7 和 SIMATIC S5 的工业以太网的连接。S7 PLC 间的通信也可以使用 ISO 通信方式，但是有些新的 S7-300 的通信处理器不再支持该通信服务。

2）ISO-on-TCP：由于 ISO 不支持以太网路由，因而西门子应用 RFC1006 将 ISO 映射到 TCP 协议上，实现网络路由。

3）UDP：该通信服务属于第四层协议，支持简单数据传输，数据无须确认，适用于用户自定义的报文格式。上位机可以通过 VB、VC SOCKET 控件读写 PLC 数据。

4）TCP/IP：该通信服务支持开放的 TCP/IP 协议数据通信。用于连接 SIMATIC S7 和 PC 以及非西门子设备。上位机可以通过 VB、VC SOCKET 控件读写 PLC 数据。

2. S7 通信服务

S7 通信服务特别适用于：

1）S7 PLC 与 HMI（PC）和编程器之间的通信；

2）S7-300 与 S7-400 通信；

3）S7-400 之间通信；

4）S7-300/400 与 S7-1200 通信；

5）S7-300/400 与 S7-200 通信。

S7 服务使用了 ISO/OSI 网络模型第七层通信协议，独立于使用的网络，在 MPI、PROFIBUS 和以太网网络中都适用。

3．PG/OP 通信服务

编程器和操作面板可以通过以太网对网络上的站点进行访问。

4．PROFINET 服务

PROFINET IO 适合模块化、分布式的应用，现场设备（IO-Devices）可以直接通过以太网进行连接，通过 TIA 博途软件将现场设备分配到一个 IO 控制器（IO-Controller）上。

PROFINET IO 提供三种传输类型：

1）非实时数据传输（NRT）：用于项目的监控和非实时要求的数据传输，例如项目的诊断，典型通信时间大约 100 ms。

2）实时通信（RT）：用于要求实时通信的过程数据，通过提高实时数据的优先级和优化数据堆栈（ISO/OSI 模型第一层和第二层），使用标准网络元件可以执行高性能的数据传输，典型通信时间为 1～10 ms。

3）等时实时（IRT）：等时实时确保数据在相等的时间间隔进行传输，例如多轴同步操作，普通交换机不支持等时实时通信。等时实时典型通信时间为 0.25～1ms，每次传输的时间偏差小于 1μs。

支持 IRT 的交换机数据通道分为标准通道和 IRT 通道，标准通道用于 NRT 和 RT 的数据通信，IRT 通道专用于 IRT 的数据通信，网络上其它的通信不会影响 IRT 过程数据的通信，PROFINET IO 实时通信的 OSI/ISO 模型如图 7-39 所示。

IT Service	PROFINET 应用	
HTTP SNMP DHCP	组态、诊断及 HMI访问	过程数据
TCP/UDP		实时
IP		
Ethernet	RT	IRT
	实时性	

图 7-39　PROFINET IO 实时通信的 OSI/ISO 模型

PROFINET IO 与 PROFIBUS-DP 的通信方式相似，术语的比较见表 7-5。

表 7-5　PROFINET IO 与 PROFIBUS-DP 术语的比较

数量	PROFINET	PROFIBUS	解释
1	IO system	DP master system	网络系统
2	IO controller	DP master	控制器与 DP 主站
3	IO supervisor	PG/PC 2 类主站	调试与诊断
4	工业以太网	PROFIBUS	网络结构
5	HMI	HMI	监控与操作
6	IO device	DP slave	分布的现场设备分配到 IO controller/ DP master

PROFINET IO 具有下列特点：

1）现场设备（IO-Devices）通过 GSD 文件的方式集成到 TIA 博途软件中，与 PROFIBUS-DP 不同的是，PROFINET IO 的 GSD 文件以 XML 格式存在。

2）为了保护原有的投资，PROFINET IO 控制器可以通过 IE/PB LINK PNIO 连接 PROFIBUS-DP 从站。

7.4.6　使用 DCP 分配 IP 地址

通过 DCP 协议（Detect Configuration Protocol）可以直接对以太网接口如 CP343-1、CP443-1 及 CPU 集成的以太网接口分配 IP 地址，这样在项目的初始阶段可以直接使用 PC 的以太网网卡与 PLC 进行通信，而不再需要 MPI 适配器或通信处理器对 PLC 进行初始化（例如分配以太网 IP 地址等）。西门子为每一个以太网接口都分配一个 MAC 地址(模块的前面板上标注)，通过 MAC 地址可以为该接口分配 IP 地址，配置步骤如下：

1）使用以太网网卡连接网络，在项目树中选择编程器使用的网卡，单击"更新可访问的设备"选项卡，网卡将浏览网络上所有的设备，如图 7-40 所示。

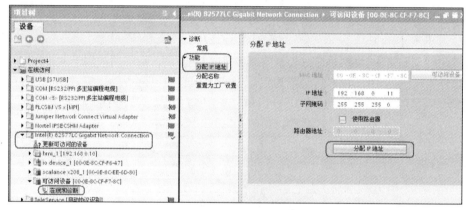

图 7-40　使用 DCP 分配 IP 地址

2）选择"在线与诊断"选项卡，然后在"功能"→"分配 IP 地址"中键入 IP 地址和子网掩码，单击"分配 IP 地址"键，重复第一步查看 IP 地址是否分配成功。

3）如果 CPU 已经分配 IP 地址，则 IP 地址不能分配，必须在"重置为工厂设置"选项卡中复位后再重新分配。

7.4.7　配置 PLC S5 兼容通信(S/R)

通过调用发送和接收函数进行 PLC 站点间的通信，每个通信数据包最大为 8K，两个站点间可以发送和接收多个数据包。只有以太网通信处理器（CP）支持 S5 兼容通信，每一个通信处理器可以同时与多个站点建立通信连接，例如 CP343-1 的连接数为 16 个，其它通信处理器的连接个数参考样本手册。

S5 兼容通信不占用 CPU 的"S7 Connection"通信资源(通信数据大于 240 字节时占用 S7-300 CPU 的连接资源)，是 S7-300、400 PLC 常用的通信方式。下面以两个 S7-300 PLC 在相同的项目中为例介绍实现"TCP"通信的步骤：

1）在"网络视图"中分别插入两个 S7-300 PLC 站，然后插入 CP343-1，选择"连接"类型为"TCP 连接"，使用鼠标单击 CP343-1 接口，然后按住鼠标将箭头拖曳到其它站的 CP343-1 接口上，出现连接符号 后松开鼠标，这样连接建立（注意两个 CP343-1 的名称和 IP 地址不能相同），如图 7-41 所示。

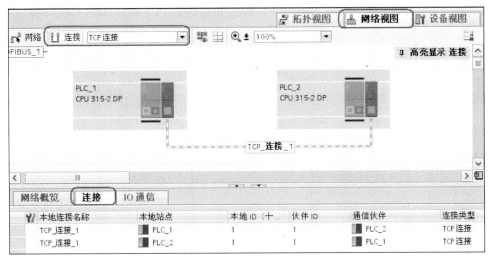

图 7-41　建立 TCP 连接

在"连接"中，可以看到建立的 TCP 连接，由于连接是相互的，所以图 7-41 中显示为两个连接，也可以单击连接表，使用鼠标右键过滤连接，这样单击相关的 CPU，在连接中只显示当前 CPU 的连接。

2）单击连接表中的一个连接，然后单击"属性"选项卡栏，可以查看该连接的属性（见图 7-42），在"常规"栏中列出 TCP 连接不同的属性参数，可以单击进入、查看和修改。同时在被连接 CPU 的连接表中也会自动生成一个连接，该连接同样表示该 CPU 连接的信息。

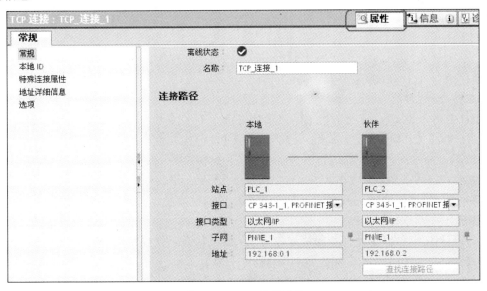

图 7-42　TCP 连接属性

3）打开"常规"栏中的"本地 ID"，显示本方连接的编号，用于编程时使用，在被连接的 CPU 连接属性中同样会有连接编号。

4）在一个 CPU OB35（间隔发送）中，调用发送函数 FC5 AG_SEND 发送数据，通信函数在指令的"通信"栏中，如图 7-43 所示。

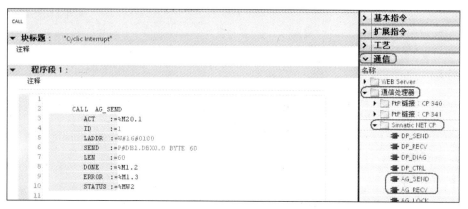

图 7-43   S5 兼容通信函数

5）示例程序调用如下：

```
CALL  AG_SEND
ACT        :=%M20.1
ID         :=1
LADDR      :=W#16#100
SEND       :=P#DB1.DBX 0.0 BYTE 60
LEN        :=60
DONE       :=%M1.2
ERROR      :=%M1.3
STATUS     :=%MW2
```

通信函数 AG_SEND 的参数含义：

ACT：沿触发信号。

ID：参考本地 CPU 连接属性中的"本地 ID"。

LADDR：CP 模块的逻辑地址，参考本地 CPU 连接属性中的"本地 ID"。

SEND：发送区，最大通信数据为 240 字节。

LEN：实际发送数据长度。

DONE：每次发送成功，产生一个上升沿。

ERROR：错误位。

STATUS：通信状态字，如果错误位为 1，通过状态字查找错误原因。

示例程序中 S7-300 PLC 发送 DB1 中前 60 字节。

6）在通信伙伴 CPU OB1 中调用接收函数 AG_RECV，示例程序如下：

CALL AG_RECV

```
ID          :=1
LADDR       :=W#16#100
RECV        :=P#DB2.DBX 0.0 BYTE 60
NDR         :=%M10.1
ERROR       :=%M10.2
STATUS      :=%MW12
LEN         :=%MW14
```

通信函数 AG_RECV 的参数含义：

ID：参考本地 CPU 连接属性中的"本地 ID"。

LADDR：CP 模块的逻辑地址，参考本地 CPU 连接属性中的"本地 ID"。

RECV：接收区（接收区应大于等于发送区）。

NDR：每次接收到新数据，产生一个上升沿。

ERROR：错误位。

STATUS：通信状态字。

LEN：实际接收数据长度。

将配置信息和通信程序下载到相应的 CPU 中，通信建立。示例程序中 S7-300 PLC 将接收的数据存储于本地数据区 DB2 的前 60 字节中。两个站点通过一个连接可以同时进行发送和接收任务。

7）如果通信不能建立，可以在线查看连接状态，单击 CP 模块，鼠标右键选择"在线和诊断"命令，可以诊断发送成功的数据包和实际接收的数据包。诊断功能在这里不作详细介绍。

在实际应用中，往往通信的站点不在同一项目下，有时由于程序安全的问题不可能复制对方程序，这样需要通信双方相互提交通信长度、IP 地址、端口号等信息。下面以 S7-300 PLC 在不同的项目下为例介绍实现 TCP 通信的步骤：

1）在"网络视图"中插入一个 S7-300 PLC 站，插入 CP343-1，使用鼠标单击 CP343-1 接口，按右键选择"添加子网"。

2）选择"连接"选项卡，再单击需要通信的 CPU（注意：如果选择通信接口或 CP 处理器则该选项为未激活状态），按鼠标右键，在下拉菜单栏中选择"添加新连接"，弹出对话框如图 7-44 所示。

在弹出界面中，选择连接对象为"未指定"并选择通信接口为 CP343-1，连接的类型选择"TCP 连接"，连接 ID 用于通信连接的编号，可以自由选择，通信双方只有一方可以选择"主动建立连接"配置完成后单击"添加"键，新的连接创建完成，单击"关闭"键退出。

3）也可以省去前两步直接使用鼠标进行配置，选择"连接"类型为"TCP 连接"，使用鼠标单击 CP343-1 以太网接口，然后按住鼠标将箭头拖曳出来再拖曳回接口上，出现连接符号 后松开鼠标，再双击鼠标，这样连接建立。

4）单击"连接"选项卡栏，选择已创建的连接，在连接的属性选项卡栏中配置通信方的参数。打开"常规"栏中的"本地 ID"，显示本方连接的编号，用于编程时使用。

图 7-44　创建 TCP 新连接属性界面

5）在"地址详细信息"选项卡中按双方协定，设置本方的端口号和对方的 IP 地址和端口号，为了避免端口号冲突，端口号以 2000 开始。如果选择"ISO"或"ISO_ON_TCP"通信方式，则需要设置 TASP（自由设置，ASCII 码格式），如图 7-45 所示。

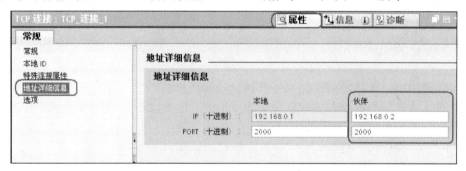

图 7-45　配置 TCP 连接详细地址信息

6）重复 1~5 步，按相同的方法配置通信伙伴（注意：在"地址详细信息"中参数要交叉匹配）。

7）编写通信程序（与在相同项目下建立 TCP 连接的通信程序相同），将配置信息和通信程序下载到 CPU 中，通信建立。

8）ISO、ISO-on-TCP、UDP 连接与 TCP 连接只是连接类型不同，通信程序完全相同，使用 TCP 连接时应注意发送接收通信区应完全相等，否则发送的数据将以填充的方式放入到接收区，此外还要注意发送的频率一定低于接收的频率，否则数据会有延迟。如果没有特殊要求，可以选择 ISO-on-TCP 连接。

7.4.8　配置 S7 通信连接

CPU 集成的以太网接口或通信处理器 CP 都支持 S7 连接，CPU 集成的以太网接口与使用 CP 建立的 S7 连接唯一的区别在于通信区的个数，前者支持 4 个，后者只能有一个（除 BSEND/BRCV 外，CP 调用的通信函数不同）CPU 资源的占用与调用的通信函数参考 PROFIBUS S7 通信连接。

7.5　PROFINET 通信

7.5.1　PROFINET IO 通信

　　S7-300 PLC 系列中 CPU 31X-2 PN/DP、CPU 31XC-2 PN/DP、CPU319-3PN/DP、集成 PN 接口的通信处理器 CP343-1；S7-400 PLC 系列中 CPU41X-3PN/DP、集成 PN 接口通信处理器 CP443-1，可以连接带有 PROFINET IO 接口的远程 I/O 站点，例如 ET200M、ET200S 等都支持 PROFINET IO 通信。PROFINET IO 与 PROFIBUS-DP 相比，站点更新时间更快，可以连接的站点更多，每个站点的通信数据量更大，PROFINET IO 作为 PROFIBUS-DP 的继承者，配置方式与 PROFIBUS-DP 相同，所有站点都需要在"网络视图"中进行配置，术语上 PROFIBUS DP 主站对应 PROFINET IO 控制器，PROFIBUS DP 从站对应 PROFINET IO 设备，下面介绍配置过程。

　　1. 非智能分布式 I/O 站的配置

　　非智能站即 PROFINET IO 设备不带有 CPU，IO 设备的 I/O 由主站 CPU 控制，以 ET200S 为例介绍配置过程：

　　1）在"网络视图"中，首先插入 PROFINET 控制器，例如 CPU315-2DP/PN，在硬件目录"分布式 I/O"→"ET200S"→"PROFINET"中选择相应的接口模块，使用鼠标拖曳到"网络视图"的工作区中（在"信息"栏中注意选择的版本号）。

　　2）选择"网络"，使用鼠标单击控制器的 PROFINET 接口，然后拖曳到 IO 设备 PROFINET 接口上，通信连接建立，连接建立后在 IO 设备标有主站的名称，如图 7-46 IO 设备 IO device_1 所示。

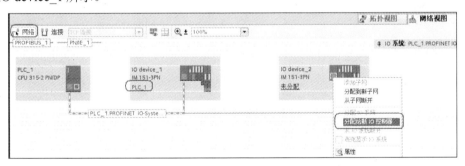

图 7-46　配置 PROFINET 分布式 IO 设备

　　如果使用鼠标从一个 IO 设备接口连接到另一个 IO 设备接口（没有高亮显示的情况下），只是进行网络连接，并没有标注主从关系，例如图 7-46 中 IO 设备 IO device_2 站点上为"未分配"，可以再次使用鼠标单击主站 PROFINET 接口，然后拖曳到 IO 设备 PROFINET 接口上，也可以点中要分配的 IO 设备，鼠标右键选择"分配到新 IO 控制器"，为 IO 设备分配 IO 控制器。硬件目录"网络组件"中的一些交换机例如 X208 也可以作为 PROFINET IO 设备，IO 控制器可以直接读出交换机端口的状态，除此之外，为了保护原有投资，通过网关设备例如 IE/PB LINK PN IO 网关（以太网/PROFIBUS-DP）可以从实时以太网 PROFINET IO 上直接连接 PROFIBUS-DP 从站。

3）在"设备视图"中，选择需要配置的 IO 设备，按照实际安装添加 I/O 模块。IO 设备中 I/O 模块的地址直接映射到主站 CPU 的 I、Q 区，可以直接在程序中调用。

4）单击 IO 控制器（例如 CPU 集成的 PROFINET 接口）接口，定义 IP 地址，在 CPU 下载时选择接口的 MAC 地址（CPU 的前面板标有 MAC 地址），IP 地址自动分配，或者通过 DCP 分配 IP 地址。

5）PROFINET IO 设备没有像 PROFIBUS 从站带有站地址编码，其与控制器通信使用的是设备名称，设备名称由用户自由定义，单击站点，在"属性"的"常规"选项卡中定义设备名称，设备名称在网络上必须是唯一的，如图 7-47 所示。

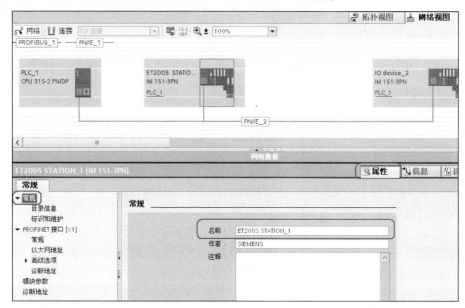

图 7-47　分配 PROFINET 分布式 IO 设备名称

6）单击 IO 设备 PROFINET 接口，在"以太网地址"选项卡中设定 IO 设备地址（见图 7-48），系统自动分配 IP 地址，用户也可以自定义。IO 设备上电后，IO 控制器根据 IO

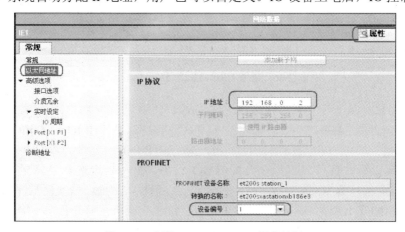

图 7-48　分配 PROFINET IO 设备地址

设备的设备名称自动分配 IP 地址，IP 地址用于 IO 设备的监控和诊断，与实时通信无关。设备编号用于站点的编程诊断，每一个站点对应一个位信号，通过位信号判断 IO 设备状态。IO 设备诊断这里不再介绍，可以参考西门子网上课堂，下载相应文档。

7）在"实时设定"选项卡中，设定 IO 控制器与 IO 设备的刷新时间如图 7-49 所示，如果选择自动，刷新时间由系统自动计算，也可以选择手动设定，根据要求对不同站点设定不同的更新时间，使用无线网络、多个交换机级联的情况下应增加更新时间。看门狗时间默认为刷新时间的 3 倍，用于系统监控通信状态。

图 7-49　设定 PROFINET IO 设备刷新时间

8）在线分配 IO 设备名称，与软件中配置的设备名称相匹配。连接编程器，在"网络视图"中使用鼠标单击 PROFINET（以太网）网络（注意：不能高亮显示网络），鼠标右键选择"分配设备名称"，在弹出的视窗中根据 MAC 地址以分别设备名称，如图 7-50 所示。

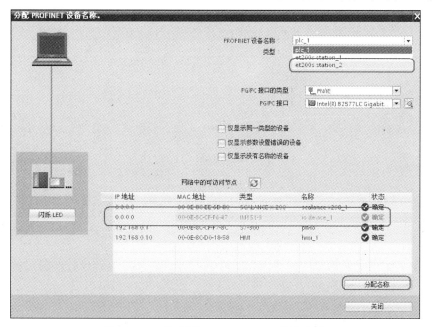

图 7-50　在线分配 PROFINET IO 设备名称

首先选择联机的网络接口，然后在 PROFINET 设备名称中选择软件中配置的设备名称，使用鼠标单击浏览到需要分配名称的设备，单击"分配名称"键分配设备名称，更新浏览窗口，如果分配成功，IP 地址将被分配，"名称"栏中显示分配的设备名称。依次给所有的站点分配设备名称。分配完成后通信建立。

2. 连接智能 IO 设备的配置

通过 PROFINET IO 不但可以连接非智能 IO 设备，也可以将 S7-300、S7-400 站点作为智能 IO 设备连接到 IO 控制器上，智能 IO 设备的 I/O 模块由 IO 设备上的 CPU 控制，IO 控制器 CPU 与 IO 设备 CPU 进行数据交换，以 S7-400 CPU 作为 IO 控制器，以 S7-300 CPU 作为智能 IO 设备为例介绍配置的步骤：

1）在"网络视图"中，分别插入 S7-400 站和 S7-300 站。

2）单击"网络"选项卡，使用鼠标单击 S7-400 PROFINET 接口，然后按住鼠标将箭头拖曳到 S7-300 CPU 的 PROFINET 接口上，出现连接符号 🔧 后松开鼠标，这样连接两个站点的 PROFINET 网络建立。

3）单击 S7-300 CPU 的 PROFINET 接口（配置智能 IO 设备一定在从站侧先配置通信接口区），在"属性"选项卡栏中选择"操作模式"，如图 7-51 所示。

图 7-51	选择 PROFINET 智能 IO 设备操作模式

设置站点为"IO 设备"，在"已分配的 IO 控制器"中选择 IO 控制器，如果 IO 控制器与 IO 设备不在同一项目中，则选择"未分配"。与 PROFIBUS 不同的是，PROFINET 智能 I/O 站可以同时作为 IO 控制器和 IO 设备，例如图 7-51 中 S7-300 站点作为 S7-400 的 IO 设备，同时又作为 ET200S 站点的 IO 控制器。

4）单击"智能设备通信"选项卡，配置通信区（见图 7-52），输入 IO 控制器和 IO 设备地址区、长度。

5）单击通信方向箭头可以选择通信的地址区，通信方向总是从输出 Q 区到输入 I 区。图 7-52 中的通信接口为，IO 设备传送 QB0~QB15 的数据到 IO 控制器 IB100~IB115 中；IO 控制器传送 QB100~QB115 的数据到 IO 设备 IB0~IB15 中。

图 7-52　配置 PROFINETIO 设备通信区

6）编译存盘，在两个站程序块中创建 OB82、OB83、OB86、OB122（故障中断，有些情况没有下载故障中断块 CPU 不能启动），配置完成。下载到 PLC 中通信建立。

注意：由于智能站点可以下载，在下载时设备名称自动分配，用户不需要额外操作。

7）如果两个站点不在一个项目中，与 PROFIBUS 不同的是 IO 设备 GSD 文件由用户生成。首先配置 IO 设备，按照上述 1）~ 4）步，在"已分配的 IO 控制器"中选择"未分配"，然后定义 IO 设备本方的通信区，定义完成后在"智能设备通信"选项卡页的最后单击"导出"键，将文件储存到存储介质中。

8）在 IO 控制器项目中，使用菜单命令"选项"→"安装设备描述文件（GSD）"，在弹出的对话框中选择已经生成的 IO 设备 GSD 文件，安装完成后，打开硬件目录，在"其它现场设备"→"PROFINET IO"→"PLC & CP"→"Siemens AG"中可以发现安装的 IO 设备。

9）插入 IO 设备并与 IO 控制器建立连接，在"设备视图"中选择 IO 设备站点，单击箭头打开设备概览，如图 7-53 所示。

图 7-53　配置 IO 控制器通信区

　　由于通信地址区次序与长度在 IO 设备中已经定义，在 IO 控制器通信区的配置中不能修改，只能输入 IO 控制器的通信区开始地址，图 7-53 中，通信区有两个，IO 控制器使用 QB100~QB115 作为数据发送区，IO 控制器使用 IB200~IB215 作为数据接收区，在两个站程序块中创建 OB82、OB83、OB86、OB122（故障中断，有些情况没有下载故障中断块 CPU 不能启动），配置完成。下载到 PLC 中通信建立。

　　注意：S7-300 固件版本 3.2 及以上版本的 CPU，S7-400 件版本 6.0 及以上版本的 CPU 支持智能站点的连接。

　　3. 安装 GSD 文件

　　PROFINET-IO 设备 GSD 文件安装方式参考 PROFIBUS-DP GSD 文件的安装方式，两者相同。

7.5.2　PROFINET IO 快速启动

　　在一些应用中，IO 控制器根据工艺要求频繁更换 IO 设备，例如图 7-54 中的机器人机械手臂的工作过程，IO 控制器位于机器人手臂上，手臂每次抓放的设备上带有 IO 设备，这样 IO 设备需要频繁更换，正常情况下 IO 控制器识别 IO 设备需要一段时间，使用 PROFINET 的"快速启动"功能可以缩短重新启动的等待时间（几秒钟）， 加速 IO 设备（分布式 I/O）的更换时间，大幅提高生产能力。

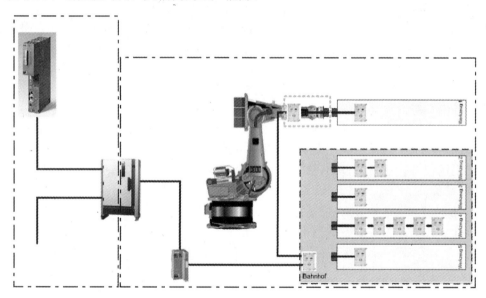

图 7-54　机器人机械手臂

　　快速启动是指在具有 RT 和 IRT 通信的 PROFINET IO 中，用于加速 IO 设备启动速度的 PROFINET 功能。它缩短了相应 IO 设备组态所需的时间，以便实现在下列情况下，I/O 设备快速启动并且循环交换用户数据：

　　1）设备电源恢复后；

　　2）该站已经返回后；

　　3）使能分布式 I/O 设备。

　　通过 PROFINET 快速启动，可以缩短分布式 I/O 通信准备就绪时间最小到 500ms，并且该功能适用于 RT 或 IRT。PROFINET 快速启动的时间长短依赖于以下几点：

1）所使用分布式 I/O 设备；

2）分布式 I/O 设备的 IO 结构；

3）分布式 I/O 设备所用的模块；

4）所使用 IO 控制器；

5）所使用的交换机；

6）端口设置；

7）电缆。

快速启动则要求禁止端口自协商和自交叉模式，并优化 IO 连接建立过程。在 PROFINET IO 系统中实现快速启动功能，首先要求分布式 IO 设备支持快速启动功能，例如 ET200S PN 从 4.0 版本开始支持该功能，同样 IO 控制器也要求支持该功能，例如 CPU 从固件版本 2.6 开始支持快速启动。一个 PROFINET IO 系统中最多可以组态 32 个快速启动设备，但是最多只能一次使能 8 个 IO 设备实现快速启动。

对于快速启动的设备以及相邻设备的相连端口必须禁止自协商和自交叉模式，然后根据所使用的设备选择交叉或平行接的网线。对于连接相同类型的设备端口应该使用交叉接的网线，例如交换机之间或终端设备之间，如图 7-55 中相同类型设备之间的使用交叉接的网线。而对于不同类型设备之间则使用平行接的网线，例如交换机和终端设备之间，如图 7-56 中不同类型设备之间的使用平行接的网线。新的分布式 IO 设备，例如 ET200S 接口模块 6ES7 151-3BA23-0AB0 以及后续版本，其中第一个端口作为终端设备端口，这样连接不再需要交叉接的电缆只需要平行接的电缆即可。如图 7-57 所示的 ET200S 使用平行接网线串联。

图 7-55　相同类型设备之间的使用交叉接的网线

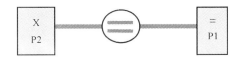

图 7-56　不同类型设备之间的使用平行接的网线

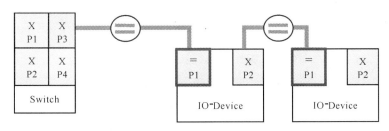

图 7-57　ET200S 使用平行接网线串联

如果希望实现 500 ms 的最短启动时间，必须执行下列操作：

1）在 TIA 博途软件中组态 PROFINET 的快速启动功能；

2）设置 IO 设备的端口；

3）布线取决于互连的 PROFINET 设备；

4）用户程序中的操作，需要组态 Docking 站和 Docking 单元以及调用函数 "D_ACT_DP"。

图 7-58 所示为快速启动的应用，在 PROFINET IO 系统中， CPU319-3PN/DP 作为 IO 控制器，连接 SCALANCE X400 交换机，机器人手臂连接切换的两个工具都为 ET200S。SCALANCE X414-3E 使用平行接的网线连接两台相互切换 ET200S 的端口 1。

图 7-58　快速启动应用

1）根据应用，进行硬件配置，单击其中一个 IO 设备的 PROFINET 接口，在属性选项卡中的接口选项中使能 "启用优先启动" 功能，如图 7-59 所示。

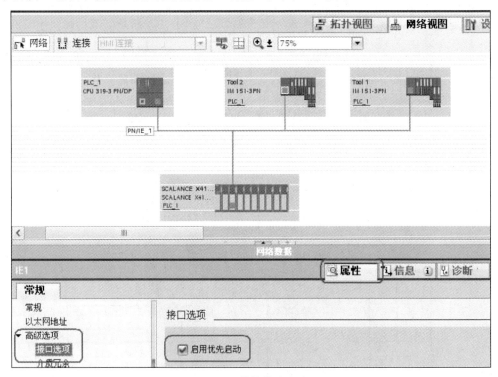

图 7-59　使能快速启动

2）在连接的端口选项中，选择传输介质/双工模式为 "TP/ITP 100Mbit/s 全双工"，并去使能"启用自动协商"选项，这样就禁止了自协商和自交叉功能。以同样的方式配置第二个 ET200S 端口 1 以及 SCALANCE X414-3E 连接的端口，如图 7-60 所示。

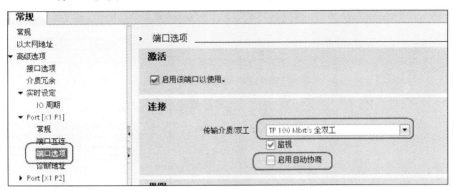

图 7-60　设置 ET200S 的端口 1 属性

3）切换到"拓扑视图"，单击 SCALANCE X414-3E 使用的端口，在端口互联选项卡中使能"备用伙伴"，然后再使用鼠标单击 SCALANCE X414-3E 使用的端口，按住鼠标拖曳到 ET200S 端口 1 上，出现连接符号 <span>后松开鼠标，单击一次，连接建立，以同样的方法连接第二个 ET200S 端口 1，如图 7-61 所示。

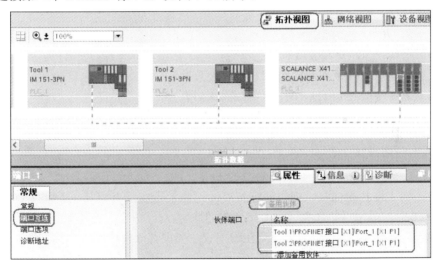

图 7-61　设置交换机端口互联参数

从图中可以看到连线为虚线，这样 Docking 站就配置完成。

4）配置 IO 设备以及在线分配 IO 设备名称，参考 7.5.1 节。

5）打开 OB1，调用函数"D_ACT_DP"用于使能和禁止 IO 设备。其中 LADDER 为 16 进制 ET200S 的诊断地址，示例程序如图 7-62 所示，然后编译下载 OB1 到 PLC 中。

这样两个工具之间就可以实现切换，当一个设备禁止时，另外一个设备使能。需要注意的是每次执行函数"D_ACT_DP"不同的 MODE 任务时（例如 MODE=1，使能 IO 设备；MODE=2，禁止 IO 设备），REQ 必须重新置 1。当使用 MODE=3 或者 4 时，需要在 PLC 中下载 OB86，否则工具在切换过程中 PLC 会停止。当通过 CP343-1 实现快速启动时，不能使用函数 "D_ACT_DP"。

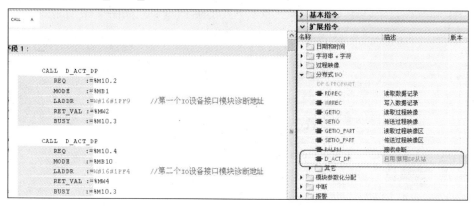

图 7-62　调用函数使能/禁止 IO 设备

7.5.3　PROFINET IO 网络拓扑结构

网络视图中只是进行站点间的连接，具体使用 IO 设备及交换机哪一个接口或端口进行连接系统并不清楚，在拓扑视图中进行拓扑组态，可以使用 PROFINET 的一些功能，例如"在操作期间更改 IO 设备"或"设备更换无需存储介质/PG"，除此之外，配置网络拓扑结构系统还可以提供以下功能：

1）显示项目中所有 PROFINET 设备及其端口的信息；

2）为每个端口组态电缆长度和组态电缆类型，系统自动计算通信时间；

3）通过本地识别各个 PRORINET 设备互连数据；

4）每个单独端口的 PRORINET 设备的诊断信息；

5）通过在线/离线比较节点数据，简化默认检测；

6）从图形视图调用诊断（模块信息）。

下面介绍网络拓扑的配置过程：

1）首先在网络视图中配置 PROFINET IO 设备，然后分配 IO 设备名称，参考 7.5.1 节。

2）切换到"拓扑视图"，使用鼠标按实际网络的连线进行连接，使用鼠标指向连接的网络，网络连接的端口将高亮显示，如图 7-63 所示。

3）编译并下载到 PLC 中，切换到在线模式，如果在软件中配置的拓扑与实际连接不匹配，之间的连线为红色，如果相匹配，连线为绿色，如图 7-64 所示。

4）单击拓扑概览，可以查看连接有问题的端口（见图 7-65），单击"比较离线/在线"选项卡，然后单击更新按钮，在状态栏中可以查看有问题的端口（绿色圆圈表示没有问题），例如离线配置 PLC 的端口 1 与交换机的 2 号端口相连，而在在线检查此端口没有连接。状态为绿色圆圈的连线只表示离线/在线端口都连接了，并不指示连接正确。

5）可以根据提示更改实际的连接，也可以更改软件拓扑连接与实际匹配。如果在软件中更改，可以选择有问题标注的连线，在动作栏中选择采用，单击同步按钮，连线自动更改，此操作不能在 CPU 在线模式下操作。

6）直到图 7-64 中没有红线为止，这样网络拓扑配置完成。如果在后期的运行中更改连线，CPU BF 灯就会点亮报警。

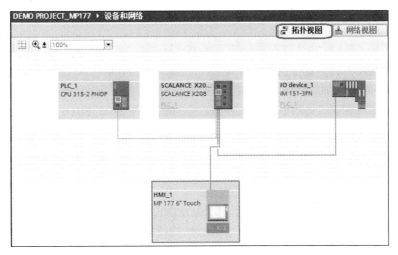

图 7-63 项目的网络拓扑结构

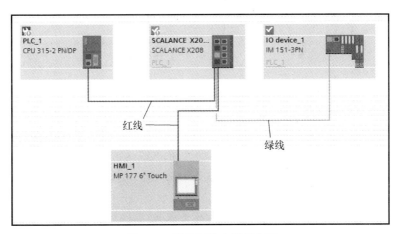

图 7-64 网络拓扑在线状态图

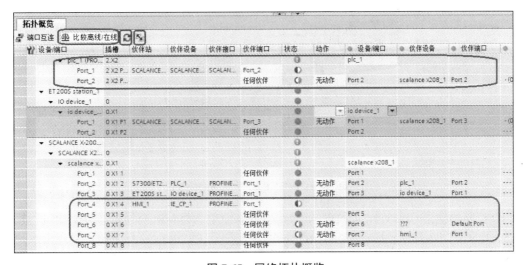

图 7-65 网络拓扑概览

注意：只有新版本的 CPU 支持网络拓扑诊断，详细信息可以查看样本手册。

7.5.4　PROFINET IO 设备替换无需存储介质或 PG

支持 PROFINET 的"设备更换无需可移动介质/PG"功能的 IO 设备在更换过程中，无需插入可移动介质（例如 MMC）或无需 PG 为其分配设备名。IO 控制器将为替换的 IO 设备分配设备名称，为此更换 IO 设备的 IO 控制器和邻近的 PROFINET 设备必须支持 PROFINET 的"设备更换无需可移动介质/PG"功能。为分配设备名称、组态的拓扑结构及 IO 设备之间邻居关系信息将存储于 IO 控制器中。

使用 PROFINET 的"设备更换无需可移动介质/PG"功能，必须满足下列条件：

1）必须组态 PROFINET IO 系统网络拓扑。通过组态拓扑，PROFINET IO 系统或 IO 控制器将会记录 PROFINET IO 系统中所有 PROFINET 设备的相邻关系。通过比较配置的拓扑结构和设备间的相邻关系与实际网络拓扑结构以及 PROFINET 设备相邻关系，IO 控制器可以识别没有设备名称的已经更换的 IO 设备，并将组态的设备名称和 IP 地址分配给更换的 IO 设备，然后再与其进行用户数据通信。

2）必须在 TIA 博途软件中使能 PROFINET 的"设备更换无需可移动介质/PG"功能。

3）IO 控制器和 IO 设备必须支持 PROFINET 的"设备更换无需可移动介质/PG"功能。

4）连接 IO 设备的 PROFINET 网络组件必须支持 PROFINET 的"设备更换无需可移动介质/PG"功能。

5）在更换之前，要更换的设备必须复位到出厂设置。

使用 PROFINET 的"设备更换无需可移动介质/PG"功能具有下列好处：

1）在更换 IO 设备之后，它自动地从 IO 控制器获取其设备名称；

2）对于更换的 IO 设备，可以将其名称保存在本地的存储介质上；

3）可以节省用于存储设备名称的存储卡和更换时间。

使用一个例子来描述设备替换无需移动介质/PG 的原理，如图 7-66 所示的网络拓扑。

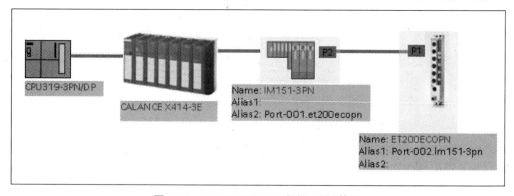

图 7-66　PROFINET IO 系统网络拓扑图

IO 控制器使用 CPU319-3PN/DP，连接 SCALANCE X414-3E 交换机，该交换机再连接 IM151-3PN ET200S，通过该 ET200S 的端口 P2 连接到 ET200ECOPN 的端口 P1 上。如果 ET200ECOPN 故障需要替换，替换的 ET200ECOPN 必须复位到工厂默认值，即该 IO 设备

没有设备名和 IP 地址。当替换的设备接入到 PROFINET IO 网络中，CPU319 发送 DCP 识别（ET200ECOPN）该设备，由于该设备没有设备名，CPU319 不能收到 DCP 识别的响应，CPU319 然后会发送 DCP 识别别名（Port-002.IM151-3PN），ET200ECOPN 会响应 DCP 别名请求，CPU319 判断该替换设备拓扑连接信息正确，于是把设备名 ET200ECOPN 通过 DCP 设置分配给替换设备，启动过程继续直到通信完成。图 7-67 所示为设备替换无需移动介质/PG 原理。

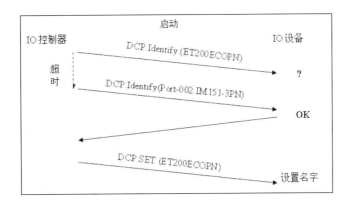

图 7-67　设备替换无需移动介质/PG 原理

设备更换无需可移动介质/PG 的操作步骤如下：

1）在"网络视图"中配置 PROFINET IO 设备，并分配 IO 设备名称，参考 7.5.1 节；

2）在"网络拓扑"视图中按实际拓扑进行端口间的连接，参考 7.5.3 节。

3）单击 IO 控制器 PROFINET 接口，在接口选项中使能"不带可更换介质时支持设备更换"选择（默认为使能状态）（见图 7-68）。

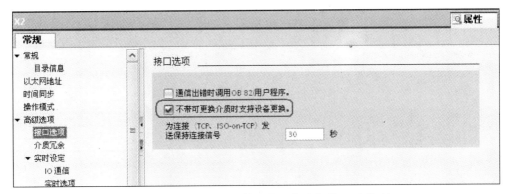

图 7-68　使能"设备更换无需可移动介质/PG"选项

4）这样配置完成，如果 ET200ECOPN 故障，更换新的设备时，不用做任何操作。如果 ET200ECOPN 已经使用过，带有设备名称和 IP 地址，使用前必须恢复工厂设置，参考

7.4.6 节图 7-40，选择"重置为工厂设置"选项卡，恢复工厂设置，这样 IO 设备可以用于替换操作。

7.5.5 PROFINET IO 网络诊断——Web

连接 Web 服务器的客户端，例如 PG/PC 到 CPU 的 PROFINET 接口或者网络中的交换机端口上，打开 IE 浏览器输入该 CPU 的 IP 地址（例如：http://192.168.0.1）即可。

S7-400PN 的 CPU 从 Firmware v5.2 开始支持 Web 服务器，S7-300PN 的 CPU 从 Firmware v2.6 开始支持 Web 服务器。Web 服务器最多支持客户端的数目参考 CPU 参数手册。

Web 服务器可以从 CPU 中读到以下信息：

1）起始页 CPU 基本信息；
2）标识，订货号，版本等信息；
3）CPU 的诊断缓冲区；
4）模块的信息；
5）消息（没有应答选项）；
6）关于通信的信息；
7）拓扑信息；
8）变量状态；
9）变量表。

配置上述 Web 服务器的数据存储在 CPU 的存储介质上，例如 MMC 卡。推荐使用容量大于 512K。此外，与 CP 卡不同，集成 Web 服务器的 CPU 本身不提供任何的安全机制，如果需要防止非授权的访问，可以使用一个防火墙来保护信息安全。

单击 CPU 查看属性，在 Web 服务器选项中使能"启用模块上的 Web 服务器"，自动更新"启用"，保持默认的刷新 Web 页面的时间间隔为 10s，最小的刷新时间为 1s，当数据量大或者具有多个客户端连接时刷新时间将增大，如图 7-69 所示。

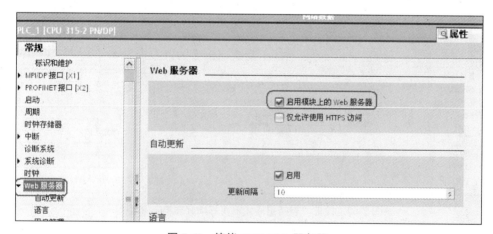

图 7-69　使能 CPU Web 服务器

在语言选项中选择 Web 服务器使用的语言，这里最多可以选择两种语言，选择的语言必须在项目树"语言和资源"菜单栏中使能，否则在"分配项目语言"选项中没有可选项，如图 7-70 所示。

图 7-70　选择 Web 使用的语言

除此之外，在"Web 服务器"中还可以设置用户管理，规定用户可以查看的网页；监控表也可以在网页上浏览，但是只有读的权限。网页集成于 CPU 中，格式、内容固定，如果需要用户定义的网页，需要在"用户自定义 Web 页面"中定义，这样用户自定义的网页同样可以在 CPU 中显示，由于用户自定义的网页可以对 CPU 变量进行写操作，所以要保证网络安全。

最后将整个项目保存编译并全部下载到 CPU 中。打开 IE 浏览器，输入 CPU PROFINET 的 IP 地址例如 192.168.0.1，然后回车，显示 Web 的首页，如图 7-71 所示。

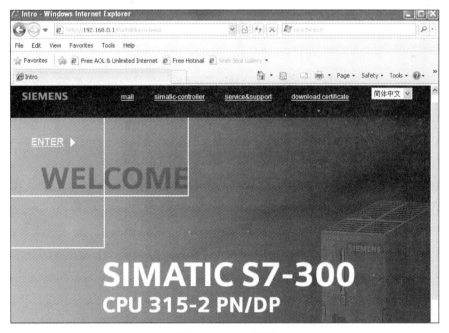

图 7-71　Web 首页

可以选择网页语言，单击"ENTER"进入 CPU 的起始画面。可见 CPU 的状态、启动或停止、错误等一般信息，如图 7-72 所示的 Web 起始页面。

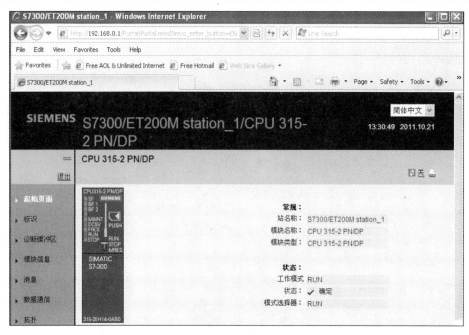

图 7-72　Web 起始页面

单击左侧的"标识",可以看见 CPU 的订货号,序列号,Firmware 版本等信息,如图 7-73 所示。

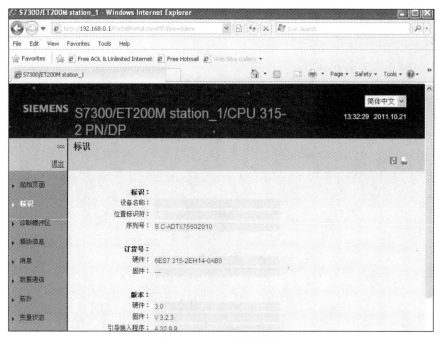

图 7-73　Web 标识页面

单击 Web 页面的"诊断缓冲区",可以看见与 CPU 诊断缓冲区一样的消息,如图 7-74 所示。

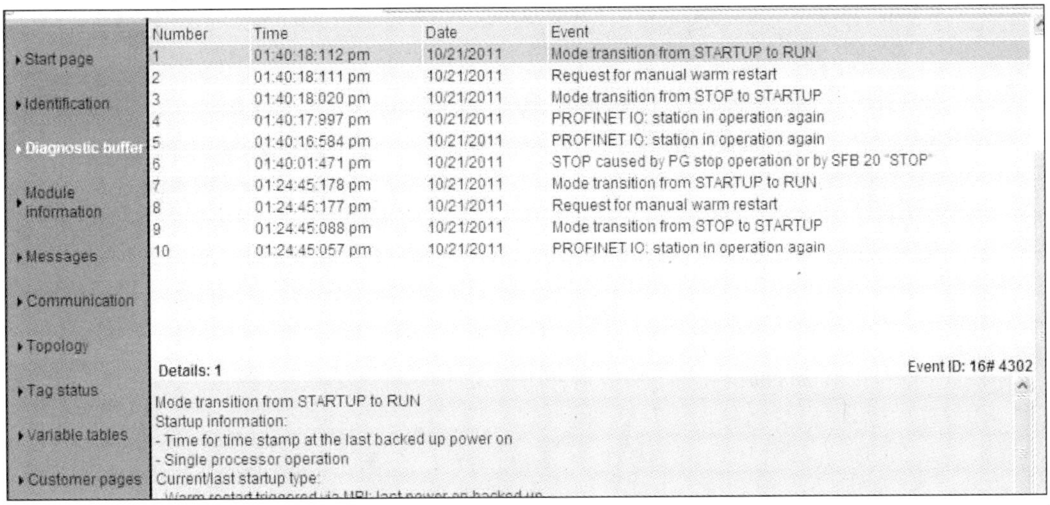

图 7-74　CPU 的诊断缓冲区

单击 Web 页面的"模块信息"，可以看见机架、网络、网络的设备状态，还可以逐级单击查看更加详细的信息，如图 7-75 所示。

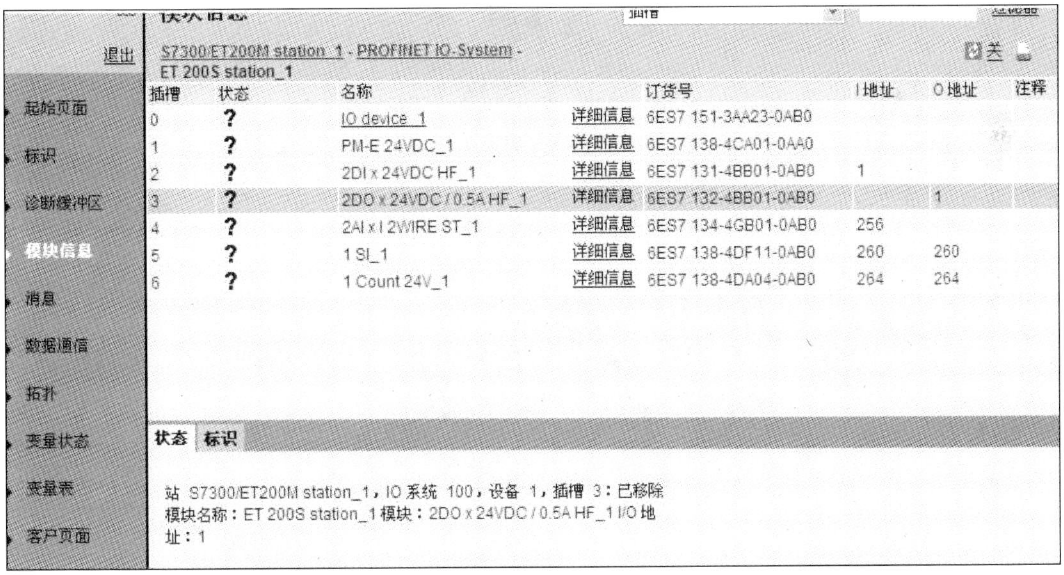

图 7-75　模块信息

单击 Web 面"CPU 消息"，可以查看报警消息（如图 7-76），使能 Web 功能时，会自动提示是否使能"系统诊断"，如果不使能则通道级的报警信息不能显示。

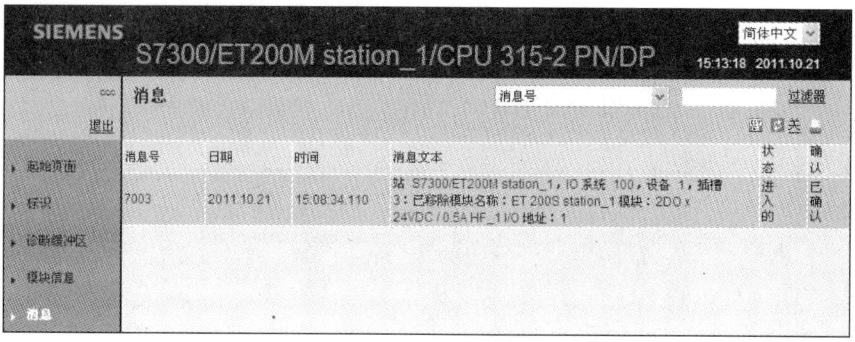

图 7-76 CPU 消息

单击 Web 的"数据通信",可以看见相关通信的各种参数,包括网络连接,接口属性,IP 参数,统计信息等,如图 7-77 所示。

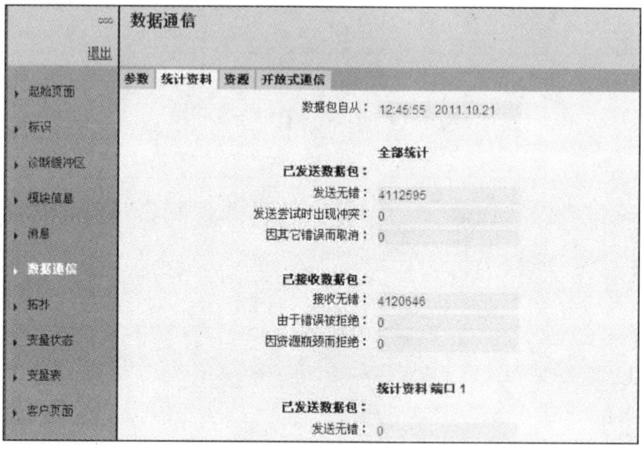

图 7-77 数据通信

单击 Web 页面的"拓扑",可以看见整个 PROFINET IO 网络的拓扑信息,设备的状态等,如图 7-78 所示。

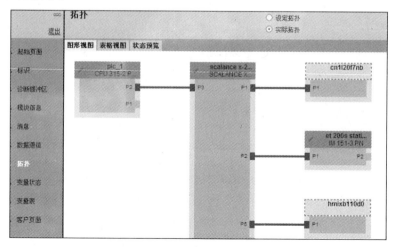

图 7-78 拓扑信息

单击 Web 页面的"变量状态",可以输入一些变量进行在线监视,例如输入 MD4,查看浮点值,如图 7-79 所示。

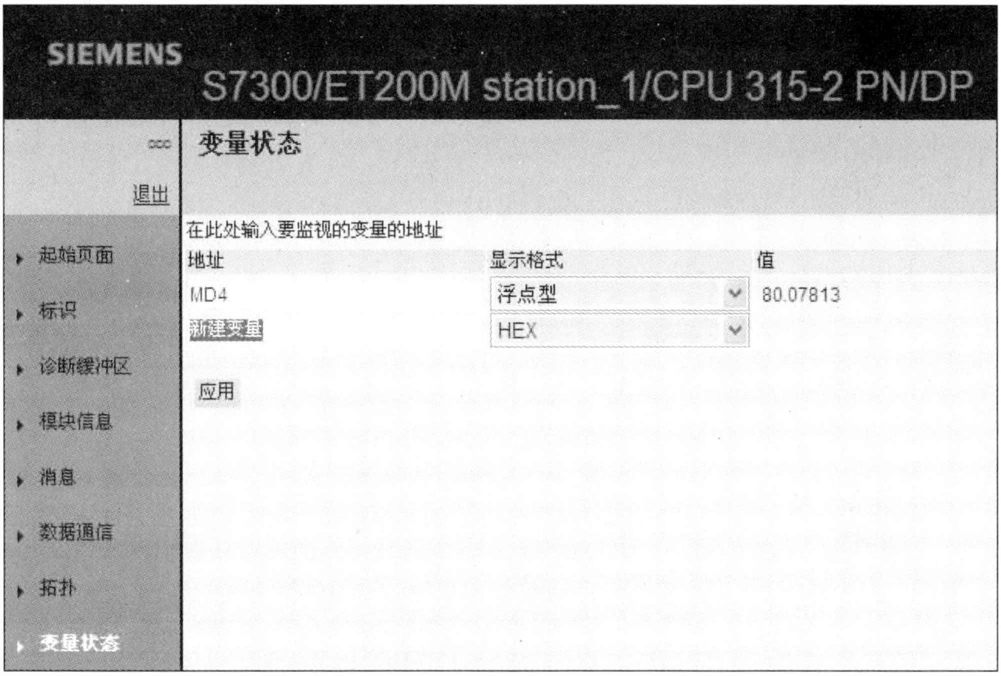

图 7-79　变量状态

单击 Web 页面的"变量表",可以查看变量表 Watch table_1 中变量的值,变量表必须在 CPU WEB 配置参数中添加,变量表如图 7-80 所示。

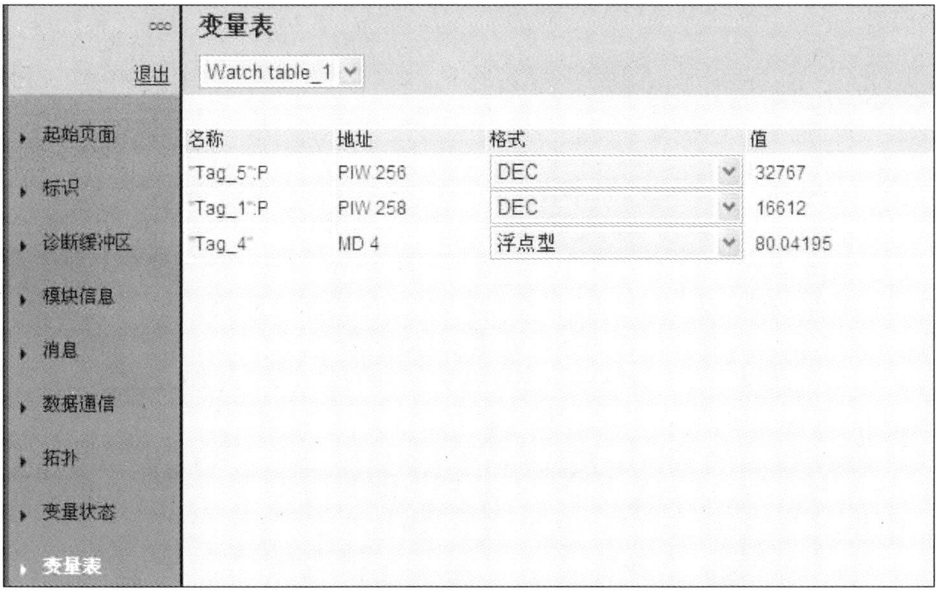

图 7-80　Web 变量表

7.6 串行通信

串行通信主要用于连接调制解调器、扫描仪、条码阅读器等带有串行通信接口的设备，与西门子传动装置的 USS 协议及 MODBUS RTU 也属于串行通信的范畴。

7.6.1 串行通信接口类型及连接方式

西门子串行接口有 RS422/485、RS232C、TTY 三种类型，由于 TTY 电流环接口很少使用，这里就不作介绍了。

1. RS232C (V.24) 接口

接口最大通信距离为 15m，只能连接单个设备，转换为 RS485 接口可以连接多个设备。串行通信处理器 RS232C(V.24) 接口管脚定义见表 7-6。

表 7-6 RS232 D9 连接器接口定义

CP340 连接头	针脚	符号	输入/输出	说明
	1	DCD	输入	数据载波检测
	2	RXD	输入	接收数据
	3	TXD	输出	发送数据
	4	DTR	输出	数据终端准备好
	5	GND	-	信号地
	6	DSR	输入	数据装置准备好
	7	RTS	输出	请求发送
	8	CTS	输入	允许发送
	9	RI	输入	振铃指示

RS232C 为标准接口，每个设备接口管脚定义相同。以两个 CP340 RS232C 接口为例，管脚的连接如图 7-81 所示。

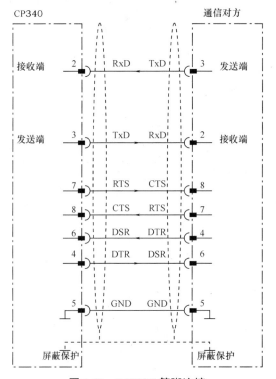

图 7-81 RS232C 管脚连接

2．RS422/485 (V.27) 接口

接口最大通信距离为 1200m，RS422/485 是一个 15 针串行接口，根据接线的方式可以选择 RS422 或者 RS485 接口，其中只有一个接口有效。RS422 为 4 线制，全双工模式；RS485 为两线制，半双工模式。RS485 串行接口可以连接多个设备。串行通信处理 RS422/485(V.27) 接口管脚定义见表 7-7。

RS422/485 为非标准接口（有的使用 9 针接头），每个设备接口管脚定义不同，以两个 CP340 为例，使用 RS422 接口管脚的连接如图 7-82 所示。

表 7-7　RS422/RS485 接口管脚定义

RS422/485 连接头	针脚	符号	输入/输出	说明
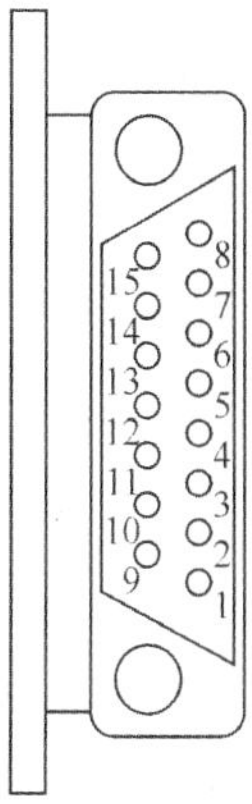	1	—	—	—
	2	T(A)	输出	发送数据（四线模式）
	3	—	—	—
	4	R(A)/T(A)	输入 输入/输出	接收数据（四线模式） 接收/发送数据（两线模式）
	5	—	—	—
	6	—	—	—
	7	—	—	—
	8	GND	-	功能地（隔离）
	9	T(B)	输出	发送数据（四线模式）
	10	—	—	—
	11	R(B)/T(B)	输入 输入/输出	接收数据（四线模式） 接收/发送数据（两线模式）
	12	—	—	—
	13	—	—	—
	14	—	—	—
	15	—	—	—

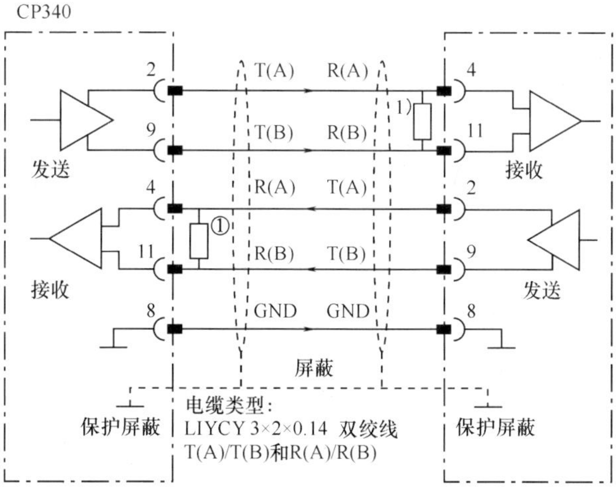

图 7-82　RS422 接线方式（4 线制）

①电缆长于 50m 时，必须在接收端焊接一个 330Ω 的终端电阻。

管脚 2、9 为发送端，连接通信方的接收端即 T(A)-R(A)、T(B)-R(B)，管脚 4、11 为接收端，连接通信方的发送端即 R(A)-T(A)、R(B)-T(B)。使用 RS485 接口管脚的连接如图 7-83 所示。

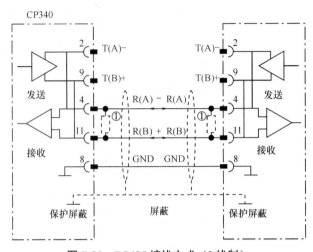

图 7-83　RS485 接线方式（2 线制）
①电缆长于 50m 时，必须在接收端焊接一个 330Ω 的终端电阻。

管脚 2 与 4、9 与 11 内部短接，不需要外部短接。管脚 4 为 R(A)，管脚 11 为 R(B)，通信双方的连线为 R(A)- R(A)、R(B)- R(B)。在通信过程中发送和接收工作不可以同时进行，为半双工通信制。

注意：有些厂商在串行通信接口管脚的标注上没有使用 R(A)、T(A)、R(B)、T(B)而用 R-、T-、R+、T+来标注，在这里 R(A)＝R-、R(B)＝R+、T(A)＝T-、T(B)＝T+。

7.6.2　西门子串行通信支持的通信协议

西门子串行接口通常支持 ASCII 码、3964（R）和 RK512 三种通信协议。ASCII 码较为常用，下面以 CP341 为例着重介绍 ASCII 码的参数化。

打开设备视图，在"硬件目录"→"通信模块"→"点到点"选择 CP341 模块并拖曳到机架中，选择 CP341 模块，单击属性选项卡，在"协议"栏中选择 ASCII 码，如图 7-84 所示。

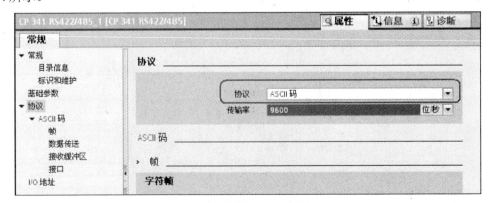

图 7-84　选择 ASCII 码协议

在协议栏中可以选择传送速率,通信双方的传送速率必须一致,传送速率要根据通信距离的长短进行选择 , 通常通信距离越长,所选的速率就越低。单击"帧"栏对报文的数据帧进行配置,如图 7-85 所示。

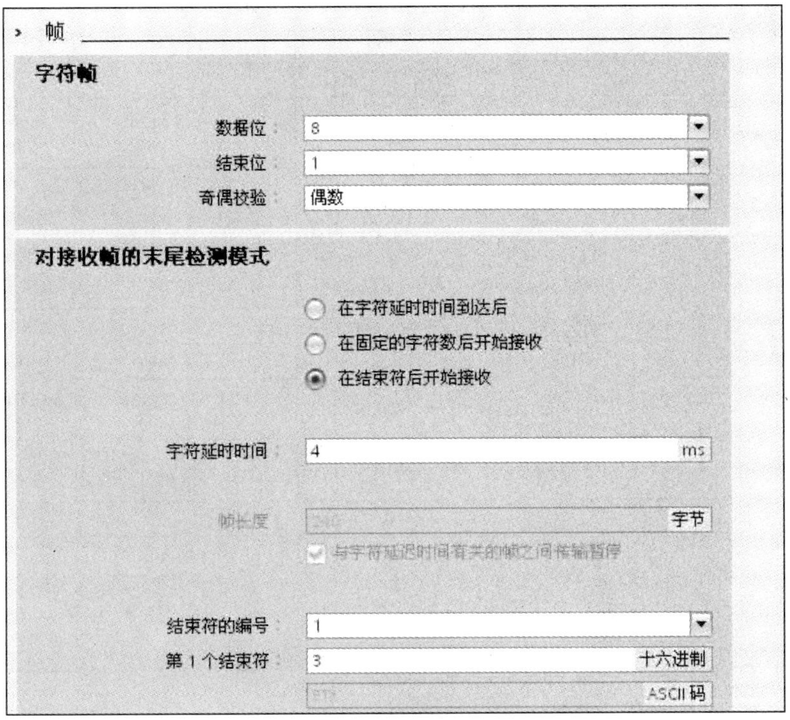

图 7-85　数据帧参数

在字符帧中选择字符结构,根据通信方的要求进行参数化,在"对接收帧的末尾检查模式"参数区中选择接收报文的结束条件,可以使用三种方法判断接收的报文是否结束:

1)"在字符延时时间到达后"

用两个字符的间隔时间来判断报文是否结束。默认设置为 4ms,用户可以设置延迟时间。如果延迟时间超过所定义的时间,那么下一个字符将是下一帧报文的开始。

2)"在固定的字符数后开始接收"

以固定的报文长度判断报文是否结束,默认的设置为 240 字节。当接收的实际字符数等于设置的字节数时判定一帧报文结束。接收报文中如果两个字符的延迟时间超过定义的时间而接收的字符数没有达到参数化的字符数时,将终止接收并报错。

3)"在结束符后开始接收"

以结束符判断报文是否结束,结束符可以是一个也可以是两个。选择"在结束符后开始接收"后,在"发送时带有结束符"参数区将显现,可以配置在发送报文时是否添加结束符或以结束符作为报文停止发送的条件。

在"数据传送"栏中可以对流量控制进行设置,在"接收缓存区"栏中对接收数据缓存区进行设置,这里不作介绍,在"接口"栏中选择接口类型,如 RS422 或 RS485。

7.6.3 串行通信模块与相应的通信函数

西门子 PLC 中有不同类型的串行通信处理器，每个通信处理器有与之相应的通信函数相匹配，对应关系见表 7-8。

表 7-8 使用 ASCII 协议通信处理器所需的通信函数

CP 类型 \ 通信功能块	发送	接收	流量控制及辅助信号控制	有效接口
S7-300 系列 PLC				
CP340	P_SEND	P_RCV	V24_STAT_340 V24_SET_340	TTY、RS232C、RS422/485
CP341	P_SEND_RK	P_RCV_RK	V24_STAT V24_SET	TTY、RS232C、RS422/485
S7-300C PTP	SEND_PTP_300C SEND_RK_300C	RCV_PTP_300C RCV_RK_300C	-	RS422/485
S7-400 系列 PLC				
CP440	SEND_440	RECV-440	-	RS422/485
CP441-1	BSEND	BRCV	V24_STAT_441 V24_SET_441	TTY、RS232C、RS422/485
CP441-2	BSEND	BRCV	V24_STAT_441 V24_SET_441	TTY、RS232C、RS422/485
分布式 IO				
ET200S Serial	S_SEND	S_RCV	S_VSTAT S_VSET S_XON S_RTS S-V24	RS232C、RS422/485

7.6.4 通信函数的调用

以调用 CP341 的通信函数为例，介绍串行通信数据的接收和发送。首先按照通信双方的约定配置 CP341 的接口参数，如通信速率、数据格式及接收方式，配置完成之后调用通信函数发送和接收数据。通信函数在指令的"通信"栏中，如图 7-86 所示。

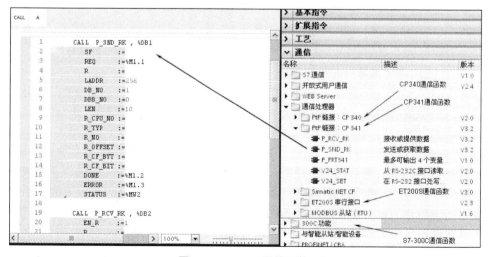

图 7-86 CP341 通信函数

1．发送程序

在 OB1 中调用发送函数：

```
CALL P_SND_RK , %DB1
SF         :=
REQ        :=%M1.1
R          :=
LADDR      :=256
DB_NO      :=1
DBB_NO     :=0
LEN        :=10
R_CPU_NO :=
R_TYP      :=
R_NO       :=
R_OFFSET :=
R_CF_BYT :=
R_CF_BIT :=
DONE       :=%M1.2
ERROR      :=%M1.3
STATUS     :=%MW2
```

发送函数 P_SND 参数含义：

REQ：发送请求，每个上升沿发送一帧数据。

LADDR：CP341 的逻辑地址。

DB_NO：指定发送区（需要发送哪一个 DB 块中的数据）。

DBB_NO：指定发送区在 DB 块中的起始字节。

LEN：发送字节的长度。

DONE：发送完成输出一个脉冲。

ERROR：发送失败输出 1。

STATUS：P_SND_RK 函数调用的状态字。

其它参数与 ASCII 码通信协议无关。

例子程序中，如果 M1.1 产生一个上升沿，发送 DB1.DBB0~DB1.DBB9 中存储的报文信息。

2．接收程序

在 OB1 中调用接收函数，接收通信方发送的数据：

```
CALL P_RCV_RK , %DB2
EN_R       :=1
R          :=
LADDR      :=256
```

```
DB_NO    :=2
DBB_NO   :=0
L_TYP    :=
L_NO     :=
L_OFFSET :=
L_CF_BYT:=
L_CF_BIT :=
NDR      :=%M4.1
ERROR    :=%M4.2
LEN      :=%MW6
STATUS   :=%MW8
```

接收函数 P_RCV_RK 参数含义：

EN_R：接收使能。

LADDR：CP341 的逻辑地址。

DB_N0：指定接收 DB 块。

DBB_NO：指定接收 DB 块中的起始字节。

NDR：接收新数据时输出一个脉冲。

ERROR：接收失败输出 1。

LEN：输出实际接收字节的长度。

STATUS：P_RCV_RK 函数调用的状态字。

接收到的数据将放到从 DB2.DBB0 开始的数据中。与串口设备通信，大多数情况下采用由 PLC 根据通信方定义的报文格式发送数据请求，通信方响应并返回请求数据的通信方式。

7.6.5 MODBUS RTU 通信协议

MODBUS RTU 是基于串口(RS232C、RS422/485)的一种通信协议，协议开放，多用于连接现场仪表设备，通信距离与串行通信定义相同。由于报文简单、开发成本比较低，许多现场仪表仍然使用 MODBUS RTU 协议通信。MODBUS RTU 格式通信协议以主从的方式进行数据传输，主站发送数据请求报文到从站，从站返回响应报文。不同数据区的交换是通过功能码（Function Code）来控制的，有些功能码是对位操作的，通信的用户数据是以位（bit）为单位的，例如：

FC01 读输出位的状态

FC02 读输入位的状态

FC05 强制单一输出位

FC15 强制多个输出位

有些功能码是对 16 位寄存器操作的，通信的用户数据是以字（word)为单位的，例如：

FC03 读输出寄存器

FC04 读输入寄存器

FC06 写单一输出寄存器

FC16 写多个输出寄存器

这些功能码是对位输入（0xxxx 数据区）、位输出（1xxxx 数据区）、寄存器输入（4xxxx 数据区）、寄存器输出（3xxxx 数据区）进行访问的，功能码与数据区的对应关系见表 7-9。

表 7-9　功能码访问的数据区

功能码	数据	数据类型		访问	用户级的地址表示法（十进制）
01、05、15	输出的状态	位	输出	读、写	0xxxx
02	输入的状态	位	输入	只读	1xxxx
03、06、16	输出寄存器	16 位寄存器	输出寄存器	读、写	4xxxx
04	输入寄存器	16 位寄存器	输入寄存器	只读	3xxxx

用户也可以使用西门子的串行通信处理器，根据 MODBUS RTU 报文格式编写通信程序，但是程序比较繁琐，这里不作介绍。西门子提供 MODBUS RTU 协议转换卡，可以插入 CP341 和 CP441-2 通信处理器中作为 MODBUS RTU 主站或从站，MODBUS RTU 协议转换卡将报文进行校验（符合 MODBUS RTU CRC 校验）并将用户数据传送到 CPU 中，同样发送的用户数据经过协议转换卡封装（带有校验码）后符合协议规定的报文格式，使用 MODBUS RTU 协议转换卡可以使通信更为容易，下面分别以 CP341 为例介绍 MODBUS RTU 主站和从站的使用方法。

1. MODBUS RTU 主站

主站发送请求报文，从站响应报文，报文格式见表 7-10。

表 7-10　MODBUS RTU 报文格式

ADDRESS	FUNCTION	DATA	CRC CHECK

报文格式解释如下：

ADDRESS：从站地址，占用一字节。

FUNCTION：功能码，占用一字节。

DATA：信息数据，N 字节，格式根据功能码来定义。

CRC CHECK：CRC 校验，两字节，被协议转换卡过滤，不需要考虑。

主站支持的功能码有 FC01、FC02、FC03、FC04、FC05、FC06、FC07、FC08、FC11、FC12、FC15、FC16，先前介绍的功能码处理数据的通信，FC07、FC08、FC11、FC12 是对通信状态的处理，这里不作介绍。以示例方式介绍主站通信程序的编写，例如主站利用功能码 FC04 读出 5 号从站寄存器 30016～30018 存储的数据，主站需要发送的报文如下（16 进制）：

05H：从站地址

04H：功能码为 04

00H：寄存器开始高字节

10H：寄存器开始低字节

00H：读寄存器的个数高字节

03H：读寄存器的个数低字节

XXH：CRC 校验高字节

XXH：CRC 校验低字节

用户编写程序，从通信处理器（CP）发送的数据为 05 04 00 10 00 03，CRC 校验通过协议转换卡自动加载到报文中。

从站响应的报文如下：

05H：从站地址

04H：功能码为 04

04H：计数字节

31H：寄存器 30016 高字节

32H：寄存器 30016 低字节

33H：寄存器 30017 高字节

34H：寄存器 30017 低字节

35H：寄存器 30018 高字节

36H：寄存器 30018 低字节

XXH：CRC 校验高字节

XXH：CRC 校验低字节

用户编写接收程序，从通信处理器（CP）只能读回用户请求的数据 31 32 33 34 35 36，其它数据被协议转换卡过滤掉。

按上面的例子配置 CP341 MODBUS RTU 主站的过程如下：

1）在 TIA 博途软件“设备视图”插入一个 S7-300 站，插入 CP341 模块。

2）选择 CP341 模块，单击“属性”选项卡，在通信协议选择界面，选择“MODBUS 主站”驱动。

3）在“MODBUS 主站”栏中设置通信输率、数据格式(数据位、奇偶校验、停止位)等参数，设置的参数必须与从站相匹配，其它参数保持默认值。

4）单击 CP341 模块，鼠标右键选择“在线和诊断”，加载 MODBUS RTU 协议到协议转换卡（Dongle）中。

5）编写程序发送数据请求。在 OB1 中调用 P_SND_RK 的示例程序如下：

```
L    5
T    %DB1.DBB   0            //从站地址
L    4
T    %DB1.DBB   1            //FC04 功能码
L    16                      //开始地址 30016，
T    %DB1.DBB   3            //低字节为 DB1.DBB3
L    3                       //读出的数量为 3，
T    %DB1.DBB   5            //低字节为 DB1.DBB5

CALL  P_SND_RK , %DB8        //调用 CP341 发送函数块
SF                :=
```

REQ	:=%M1.1	//上升沿触发
R	:=	
LADDR	:=256	//CP341 逻辑地址
DB_NO	:=1	//发送数据中包含数据请求报文格式
DBB_NO	:=0	
LEN	:=6	
R_CPU_NO	:=	
R_TYP	:= 'X'	//必须为大写的 'X'
R_NO	:=	
R_OFFSET	:=	
R_CF_BYT	:=	
R_CF_BIT	:=	
DONE	:=%M1.2	//发送成功后产生一个上升沿
ERROR	:=%M1.3	//故障位信号
STATUS	:=%MW2	//如果故障位为 1，可从状态字查看故障信息

程序调用后，M1.1 产生一次上升沿，数据请求报文发送一次。

6）编写程序接收从站数据。在 OB1 中调用 P_RCV_RK 的示例程序如下：
CALL P_RCV_RK , %DB7

EN_R	:=TRUE	//接收使能
R	:=	
LADDR	:=256	//CP341 逻辑地址
DB_NO	:=2	//接收数据块
DBB_NO	:=0	//接收区的开始地址
L_TYP	:=	
L_NO	:=	
L_OFFSET	:=	
L_CF_BYT	:=	
L_CF_BIT	:=	
NDR	:=%M4.1	//接收到新的数据后产生一个上升沿
ERROR	:=%M4.2	//故障位信号
LEN	:=%MW6	//接收数据长度
STATUS	:=%MW8	//如果故障位为 1，可从状态字查看故障信息

接收的从站数据 31 32 33 34 35 36 存储于 DB2.DBB0～DB2.DBB5 中。由于主站数据请求和从站的响应是同步操作，如果访问多个从站数据，需要在主站中编写轮询程序。

2. MODBUS RTU 从站

S7 PLC 作为 MODBUS RTU 从站，只需要将 S7 CPU 的数据区地址与 MODBUS 数据区地址相对应即可建立通信，例如主站需要读出 5 号从站（S7 PLC）寄存器 30016～30018 存储的数据，在从站 S7 PLC 中的配置过程如下：

1）在 TIA 博途软件"设备视图"插入一个 S7-300 站，插入 CP341 模块。

2）选择 CP341 模块，单击"属性"选项卡，在通信协议选择界面选择"MODBUS 从站"驱动。

3）在"MODBUS 从站"栏中设置通信输率、数据格式(数据位、奇偶校验、停止位)等参数，设置的参数必须与主站相匹配，其它参数保持默认值。

4）单击 CP341 模块，鼠标右键选择"在线和诊断"，加载 MODBUS RTU 协议到协议转换卡（Dongle）中。

5）查询表 7-9，从站数据区 3XXXX 对应功能码为 FC04，单击"FC04"选项卡设置通信接口区为 DB10 如图 7-87 所示，这样从站数据区 3XXXX 对应 S7 的数据区为 DB10，主站需要读的寄存器 30016～30018 对应 S7 CPU 的数据区为 DB10.DBW30、DB10.DBW32、DB10.DBW34。

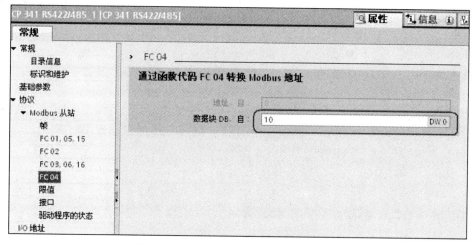

图 7-87 设置 MODBUS 从站通信数据区

6）从站调用初始化程序，通信函数在指令的"通信"栏中，如图 7-88 所示。

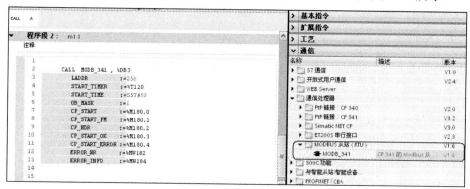

图 7-88 MODBUS 从站通信函数

从站通信函数在 OB1 中调用的示例程序如下：

CALL MODB_341 , %DB3

LADDR   :=256

START_TIMER	:=%T120
START_TIME	:=S5T#5S
OB_MASK	:=1
CP_START	:=%M180.0
CP_START_FM	:=%M180.1
CP_NDR	:=%M180.2
CP_START_OK	:=%M180.3
CP_START_ERROR	:=%M180.4
ERROR_NR	:=%MW182
ERROR_INFO	:=%MW184

通信函数 MODB_341 参数含义：

LADDR:	CP341 的逻辑地址。
START_TIMER:	初始化超时定时器。
START_TIME:	初始化超时设定时间。
OB_MASK:	是否屏蔽 I/O 访问 OB 块。
CP_START:	开始 CP 初始化。
CP_START_FM:	沿触发标志位。
CP_NDR:	从 CP 接收到新数据。
CP_START_OK:	CP 初始化完成没有故障。
CP_START_ERROR:	CP 初始化完成有故障。
ERROR_NR:	故障号。
ERROR_INFO:	故障信息。

在 OB100（上电调用一次）对触发标志位初始化程序如下：

```
AN    %M  180.0
S     %M  180.0
A     %M  180.1
R     %M  180.1
```

将程序下装到 CPU 中，如果 CP341 初始化无故障，通信将建立。

7.7　PLC 与 HMI 通信

7.7.1　建立 OPC 服务器

上位机安装 SIMATIC NET 后可以作为 OPC 服务器，OPC 服务器通过不同的网络，例如 MPI、PROFIBUS、工业以太网（不支持串行通信）以及不同的通信服务与 PLC 建立通信关系，可以对 PLC 的数据进行读写操作，其它监控软件通过以太网可以作为 OPC 的客户端，通过软件带有的 OPC 通道与 OPC 服务器建立通信关系，从而访问 PLC 数据。使用 VB、VC 等软件也可以开发 OPC 客户端监控画面读写 PLC 中的变量。

其它厂商的监控软件带有 S7 通信服务的驱动，通常需要安装 SIMATIC NET 驱动软件并配置通信连接，配置通信连接与配置 OPC 服务器的过程相同，以 S7-300 为例介绍配置的步骤如下：

1）在 TIA 博途软件的网络视图中插入 S7-300 CPU 例如 CPU317-2DP/PN，单击以太网接口配置 IP 地址，例如 192.168.0.1；在"硬件目录"→"PC 系统"→"用户应用程序"选择"OPC 服务器"并拖曳到工作区，安装软件的版本与配置的版本必须匹配，版本号可以在"信息"栏选择和查看。如果第三方监控软件带有 S7 通道，则选择"应用程序"。

2）在设备视图中，为 OPC 服务器插入以太网网卡用于与 PLC 的通信（可以是 PROFIBUS 网卡），配置 IP 地址，IP 地址必须与计算机使用网卡 IP 地址相同，如图 7-89 所示。

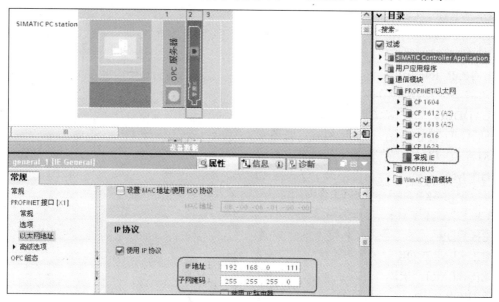

图 7-89 配置 OPC 站

3）在"网络视图"中，选择"连接"类型为"S7 连接"，使用鼠标单击 OPC 站以太网接口，然后按住鼠标将箭头拖曳到 S7-300 站的以太网接口上，出现连接符号 后松开鼠标，这样连接建立（见图 7-90），OPC 服务器与 PLC 连接的类型与通信服务有关，例如可以通过 PROFIBUS-DP、FDL、PROFINET-IO、S/R 等通信服务与 PLC 连接。

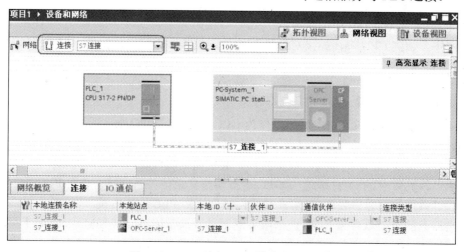

图 7-90 OPC 站与 PLC 站建立 S7 连接

4）如果配置通信的计算机不是需要连接 PLC 的 OPC 服务器，可以将配置信息以文件形式存储于存储介质中，单击 OPC 站，在属性中指定存储的路径，如图 7-91 所示。

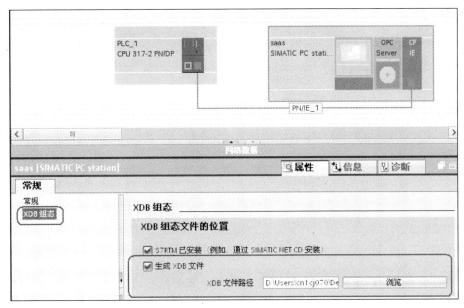

图 7-91　生成 XDB 文件

5）在桌面双击打开"Station Configuratior"编辑器。在"Index"栏中按 OPC 服务器中配置的序号插入"OPC Server"或"Application"及以太网网卡。"Index"的序号必须与配置的相同，如图 7-92 所示。

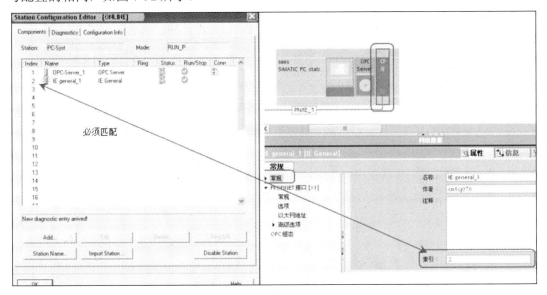

图 7-92　索引必须相同

6）在网络视图中分别下载 PLC 配置信息以及 OPC 服务器，在下载 OPC 服务器时应选择使用的以太网网卡下载。如果配置的 OPC 服务器与网卡的版本不同，在下载配置时会提示，如图 7-93 所示。

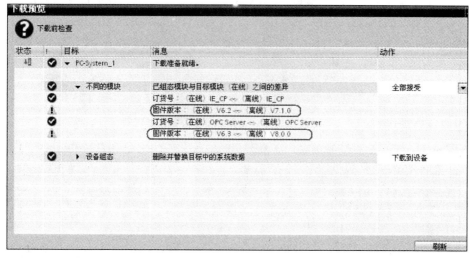

图 7-93   版本必须匹配

如果版本不匹配，选择不匹配的组件如网卡，按鼠标右键选择"更改设备类型"，选择与在线匹配的版本。

注意：TIA 博途软件支持 SIMATIC NET 2006 以上版本。

如果配置的计算机与 OPC 服务器不相同，可以生成 XDB 文件，单击"Station Configuration Editor"编辑器的"Import Station"导入 XDB 文件，与下载的结果是一致的。

7）可以通过 SIMATIC NET 自带的 OPC 客户端软件 OPC Scout（"Start"→"Simatic"→"Simatic Net"→"Settings"→"OPC Scout"）进行测试，如图 7-94 所示。

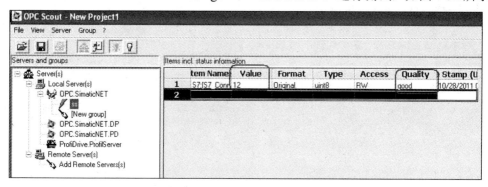

图 7-94   使用 OPC Scout 进行测试

如果选择的测试的变量已经通信，而监控软件没有通信，则需要检测监控软件的配置，因为"OPC Scout"本身就是一个 OPC 的客户端。

7.7.2   PLC 与西门子 HMI 通信

通过西门子 PLC MPI、PROFIBUS、以太网等网络接口都可以与 HMI 通信。由于 TIA 博途软件中 STEP7 和 WINCC 使用相同的数据库，PLC 与 HMI 的通信连接建立非常方便，也可能在不知不觉中通信关系已经建立，下面以西门子操作面板与 PLC 通信为例介绍几种通信连接建立的方法。

1. 在网络视图中建立通信连接

进入网络视图，选择"连接"类型为"HMI 连接"，使用鼠标单击 HMI 的（MPI、PROFIBUS、以太网接口都可以，连接方法、方式相同）接口，然后按住鼠标将箭头拖曳到 PLC 的接口上，出现连接符号 后松开鼠标，这样连接建立（见图 7-95），由于是单向通信，只有单击 HMI 站点时，在"连接"中才能出现通信连接。

注意：由于是单向通信，连接的操作应由 HMI 到 PLC，如果相反，连接可能不能建立。

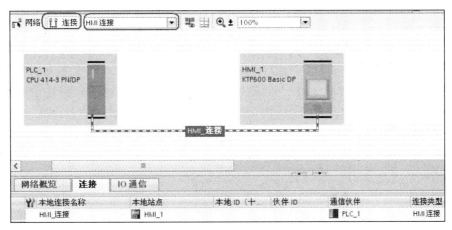

图 7-95　在网络视图中建立 HMI 连接

在 HMI 的"连接"选项卡栏中，可以看到一个与 PLC 的连接自动生成，如图 7-96 所示。

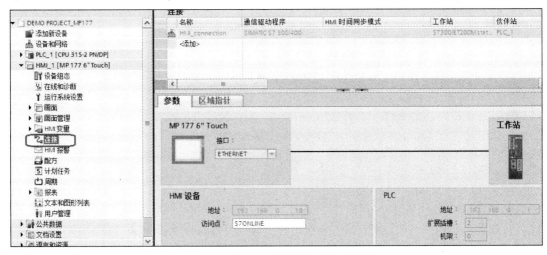

图 7-96　在 HMI 连接中自动生成连接

2. 在 HMI 的连接表中建立

这种方式适合 PLC 与操作面板没有在相同的项目中，由操作面板侧单独建立（见图

7-96），在连接表中使用鼠标双击"添加"标题，生成一个新连接，然后在参数中配置操作面板使用的接口如"IFIB"MPI/PROFIBUS 接口或以太网接口，选择接口后分配操作面板的地址，在连接的 PLC 中选择 PLC 地址及机架号和槽号，无论连接 CPU 集成的接口还是通信模板，机架号为 0（除 H 系统外），扩展槽号为 CPU 的槽号，S7-300 为 2，S7-400 根据实际 CPU 的槽号配置。配置完成后下载项目到操作面板中，通信建立。

3．拖曳变量建立通信连接

将 PLC 中的变量拖曳到 HMI 的画面中，通信连接自动建立，以 S7-300 CPU 317-2DP/PN 连接操作面板为例介绍连接的过程：

1）分别拖曳 PLC 和操作面板到网络界面，定义 PLC 以太网地址。

2）在 HMI 创建一个新画面。

3）由于 PLC 每个变量必须带有符号名称，所有变量都存储于"PLC 变量"文件夹中，可以直接拖曳其中一个变量到 HMI 画面中，也可以将 DB 块中的变量拖曳到 HMI 画面中（见图 7-97），将 DB 块中一个变量拖曳到画面中。

为了便于拖曳，可以使用图 7-97 中的标记的按钮水平或垂直拆分编辑器，变量拖曳完成后可以在 HMI 的"连接"中看到一个新的通信连接建立。由于是自动建立连接，优先使用以太网接口。

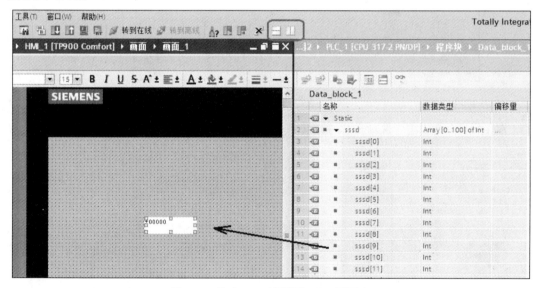

图 7-97　拖曳 PLC 变量到 HMI 画面中

4．HMI 中变量的创建

如果 PLC 和 HMI 在相同的项目中，由于它们具有相同的数据库，HMI 所需的变量可以直接从 PLC 变量中选择，例如在 HMI 画面中添加一个 I/O 域，在属性中选择连接的变量，弹出的对话框中可以选择 HMI 中创建的变量也可以直接选择 PLC 变量或程序块（DB 变量）。（见图 7-98），PLC 变量和 HMI 变量都可以选择，对于 PLC 变量，如果在"PLC 变量"栏中没有使能变量"在 HMI 可见"选项，单击 PLC 变量时在对话框的右边将不能显示该变量，但是如果单击对话框的"显示全部"，该变量仍然可以显示，所以"在 HMI 可见"选项只是过滤功能，如果在"PLC 变量"栏中没有使能变量"可从 HMI

访问"选项，那么该变量将不能被 HMI 访问。

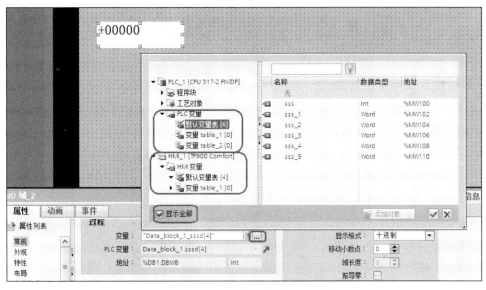

图 7-98　HMI 画面中直接选择 PLC 变量

在画面选择的变量在 HMI 中的"HMI 变量"中自动添加，如图 7-99 所示。

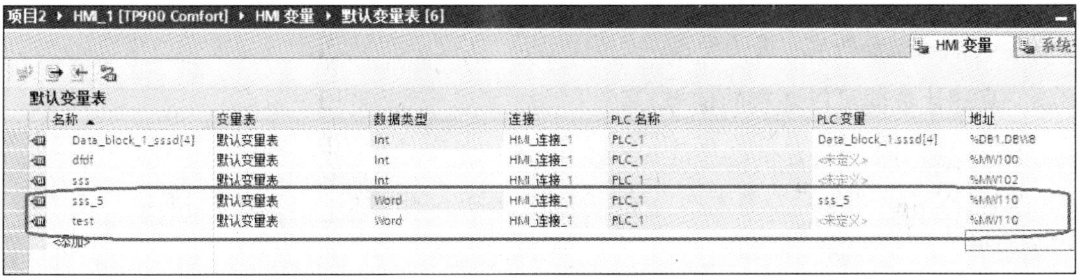

名称 ▲	变量表	数据类型	连接	PLC 名称	PLC 变量	地址
Data_block_1_sssd[4]	默认变量表	Int	HMI_连接_1	PLC_1	Data_block_1.sssd[4]	%DB1.DBW8
dfdf	默认变量表	Int	HMI_连接_1	PLC_1	<未定义>	%MW100
sss	默认变量表	Int	HMI_连接_1	PLC_1	<未定义>	%MW102
sss_5	默认变量表	Word	HMI_连接_1	PLC_1	sss_5	%MW110
test	默认变量表	Word	HMI_连接_1	PLC_1	<未定义>	%MW110

图 7-99　HMI 变量表

同一变量在 PLC 和 HMI 变量表中的名称可以相同也可以不同，如果变量名称相同，在 PLC 中只需要更改变量的地址信息，在 HMI 中对应变量的地址信息也将自动更新，而不用再次手动匹配。

第 8 章 计数模块的使用

8.1 高速计数器的应用场合

通常情况下，使用数字量输入信号或 PLC 执行程序产生的脉冲信号作为 CPU 集成计数器的信号源，如果输入频率较高，必须计算程序的扫描周期，例如：CPU 的扫描周期为 25 ms，数字量信号从 0 到 1，从 1 到 0，需要 CPU 两次扫描，这样计数的响应时间为 50 ms，计数频率最高为 20Hz，如果输入频率超出最高计数频率，部分输入的脉冲信号将丢失，PLC 不能保证计数器的准确性，这时需要使用高速计数器模块完成计数任务。

8.2 高速计数器的原理

高速计数器通常自带处理器，不占用主 CPU 的处理时间，高速计数功能以及一些快速响应功能在高速计数器的内部完成，CPU 通过调用函数块与高速计数器进行通信，例如设定高速计数器的计数模式、比较值等参数并可以读出当前的计数值以及计数器内部的状态信息。快速响应直接通过高速计数器触发，例如计数值达到设定的比较值时，通过高速计数器模块自身带有的输出点快速响应外部事件，如果将计数值读到 CPU 中处理，再通过输出点控制外围设备，响应时间往往达不到控制的要求，读到 CPU 中的计数值通常只作为参考或控制一些响应慢的设备。

8.3 高速计数器可以连接的信号

通过高速计数器连接的信号可分为以下几种类型：

1）24V 脉冲信号，没有方向信号，只有一个输入端，连接高速计数器通道的 A 端作为输入信号，如图 8-1 所示。

图 8-1　24V 脉冲信号

2）24V 脉冲和方向信号，如图 8-2 所示。

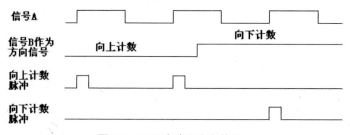

图 8-2　24V 脉冲和方向信号

信号 A 作为高速脉冲输入信号，信号 B 作为计数的方向，为 0 时向上计数，为 1 时向下计数。

3）5V 增量脉冲编码器，输出信号为带有 A、B 相对称脉冲串，A、B 相位相差 90°，

N 为零脉冲，如图 8-3 所示。通常情况下，编码器每转 1 圈输出一个零脉冲信号，计数的方向与 A、B 的相位有关，默认情况下（可以通过参数修改），A 相比 B 相提前为向上计数，反之为向下计数。

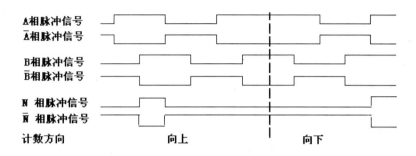

图 8-3　5V 增量脉冲信号

4）24V 增量脉冲编码器，输出信号为 A、B 相脉冲串，A、B 相位相差 90°，不需要连接零脉冲信号，如图 8-4 所示。

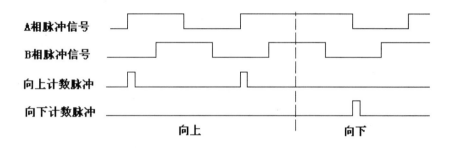

图 8-4　24V 增量脉冲信号

计数方向与 A、B 的相位有关，默认情况下（可以通过参数修改），A 相比 B 相提前为向上计数，反之为向下计数。

注意：

①编码器脉冲输出信号类型（PNP 和 NPN）必须与高速计数器输入通道类型相匹配。

②连接 24V 增量编码器，而在参数配置中选择信号类型为脉冲加方向，在一些情况下可能会造成偏差错误，如传动带拖动电机，手压传动带时电机向前微动，计数器向上计数，手松开时，电机回到原位置，而计数器没有向下计数回到原值，造成电机位置的偏移，在振动的情况下也有类型的情况发生。通过配置修正即可避免上述问题。

8.4　脉冲信号的采集方式

高速计数器采集脉冲信号时，可以选择下面三种方式。

1. 单倍频信号采集方式（默认方式）（见图 8-5）

向上计数时高速计数器捕捉 A 相信号的上升沿（B 相信号电平为 0）进行计数，向下计数时高速计数器捕捉 A 相信号的下升沿（B 相信号电平为 0）进行计数。

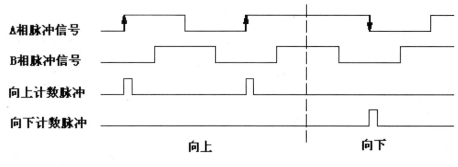

图 8-5　单倍频信号捕捉方式

2. 双倍频信号采集方式（见图 8-6）

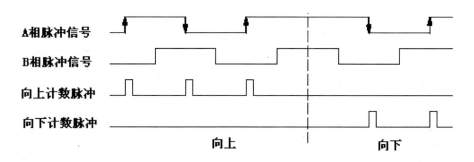

图 8-6　双倍频信号捕捉方式

选择双倍频信号采集方式，高速计数器捕捉 A 相信号的上升沿和下降沿，计数方向取决于 A、B 相脉冲的相位。

3. 四倍频信号采集方式（见图 8-7）

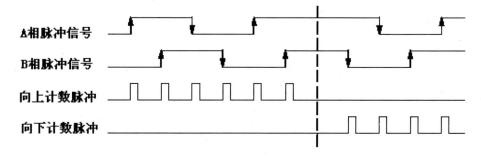

图 8-7　四倍频信号捕捉方式

选择四倍频信号采集方式，高速计数器同时捕捉 A、B 相信号的上升沿和下降沿，计数方向取决于 A、B 相脉冲的相位。

选择不同的信号采集方式，将影响高速计数器的计数值，例如脉冲编码器一圈发出 1024 个脉冲，如果选择单倍频信号采集方式，旋转一圈计数值为 1024，如果选择双倍频信号采集方式，计数值将为 2048，通过设定高的倍频，可以增加计数器的分辨率。

8.5　高速计数器的计数模式

高速计数器有单次计数、连续计数和周期计数三种计数模式。

1．单次计数

1）如果没有激活上下计数方向时，从装载值开始计数，当达到计数的上下限，接收到新的脉冲信号时，跳回到装载值，高速计数器模块不计数，开始计数信号（门信号）必须被再次激活后才能进行新的计数任务。

2）激活向上计数方向时，计数从装载值开始计数，当达到计数的上限，接收到新的脉冲信号时，跳回到装载值，高速计数器模块不计数，开始计数信号（门信号）必须被再次激活后才能进行新的计数任务。

3）激活向下计数方向时，计数从装载值开始计数，当达到计数的下限，接收到新的脉冲信号时，跳回到装载值，高速计数器模块不计数，开始计数信号（门信号）必须被再次激活后才能进行新的计数任务。

2．连续计数

计数值达到上限后，接收到新的脉冲时，计数值跳到下限重新开始计数；计数值达到下限后，接收到新的脉冲时，计数值跳到上限重新开始计数。上下限跳转不会丢失脉冲信号，上限设置为 $2^{31}-1$，下限设置为 -2^{31}。

3．周期计数

1）如果没有激活上下计数方向时，计数从装载值开始计数，当达到计数的上下限，接收到新的脉冲信号时，跳回到装载值重新开始计数。

2）激活向上计数方向时，计数从装载值开始计数，当达到计数的上限，接收到新的脉冲信号时，跳回到装载值重新开始计数。

3）激活向下计数方向时，计数从装载值开始计数，当达到计数的下限，接收到新的脉冲信号时，跳回到装载值重新开始计数。上下限跳转不会丢失脉冲信号。

注：装载值为用户设定的计数开始值，默认状态下装载值为 0。

8.6　高速计数器开始计数的条件

高速计数器通常有三种可设置的开始计数条件：①不需要门信号；②软件门信号；③硬件门信号。"门信号"是开始计数的条件，是一个 PLC 内部的位信号（软件门）或集成在高速计数器上的数字量输入信号（硬件门），只有在门打开的时候，接收到的脉冲信号才被记录下来。有的硬件门可设置为高电平控制信号即信号为 1 时门打开，如图 8-8 所示。

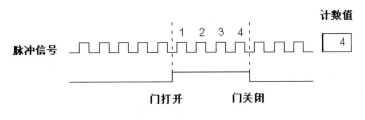

图 8-8　门信号－电平信号

在门内的 4 个脉冲信号被记录下来，所有的软件门均采用高电平控制信号。有的硬件门也可以设置为脉冲沿控制信号，如图 8-9 所示。

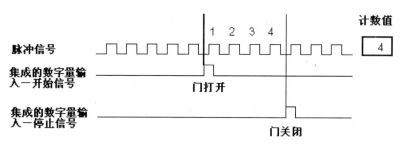

图 8-9　硬件门信号-脉冲沿信号

触发硬件门的沿信号分别为计数器模块集成的两个数字量输入信号，通过信号的变化改变门的开关。

1. 不需要门信号

在连续计数模式时可以选择"NO GATE"，只要接收到脉冲信号，计数器开始计数。

2. 软件门信号

软件门信号是由 CPU 发出的开始计数命令，通过调用通信块将命令传递到计数器模块中，软件门可以是 CPU 中存在的任意一个位信号。软件门通常适合对计数开始条件没有快速响应的应用。

3. 硬件门信号

开始计数的信号由集成在高速计数器上的数字量输入信号触发，硬件门通常适合对计数开始条件需要快速响应的应用，例如测量快速移动物体的长度，如果通过普通的数字输入信号触发，包括输入延时时间、CPU 扫描时间及 CPU 与计数器的通信时间，时间滞后将影响测量的准确度，使用硬件门将最大限度提高测量的准确度。

8.7　高速计数器的其它功能

高速计数器利用计数功能再加上其它的设置可以完成一些辅助功能，例如通过集成的数字输入信号可以实现锁存功能、测量两个输入信号的间隔时间、在计数的基础上设定时间窗口测量频率值等。

8.8　具有高速计数功能的模块

上面介绍了计数器的计数模式和功能，西门子 PLC 中有许多模块具有高速计数功能，见表 8-1。

表 8-1　具有高速计数功能的模块

功能	产品	解决方案
计数频率最高 200kHz	S7-200	集成计数功能
计数频率最高 200kHz	S7-1200	本体：100K；信号板：200K
计数频率最高 60kHz	S7-300C、C7	集成计数功能
计数频率最高 100kHz(24V)，500kHz（5V）	1 COUTER	ET200S 计数模块
计数频率最高 200kHz(24V)，500kHz（5V）	FM350-1、FM450-1	功能模块

（续）

功能	产品	解决方案
计数频率最高 20kHz(24V)，8 个通道	FM350-2	功能模块
计数功能（自由编程）	FM352-5	应用模块
计数功能（自由编程）	FM458-1DP	应用模块
SSI(同步串行接口)编码器信号	1 SSI	ET200S 接口模块
SSI(同步串行接口)编码器信号	SM338	接口模块

SSI 编码器以通信的方式将当前的位置信号传送到接口模块中，由于是机械结构，再次上电后计数值不会丢失，增量编码器信号是电压脉冲信号，掉电后计数值不会保留，通过程序可以保留掉电前的计数值，如果掉电后位置发生变化，保留的计数值与实际值会有偏差。除表 8-1 中列出的高速计数器，还有一些模块具有计数功能，如 FM351、FM352、FM354 等定位模块，计数器只作为位置环的反馈信息，在特定的操作模式下可以将计数值读出，但是比较麻烦。下面介绍几种常见高速计数器的使用。

注意：不是每一种计数模块都具有上述介绍的功能，选型时请参考样本手册。

8.9 FM350-1 高速计数器的使用

FM350-1 高速计数器模块可以连接 24V 增量编码器或 5V 增量编码器，一个通道连接的信号源可以是 PNP 也可以是 NPN 类型。以连接 24V 编码器为例介绍 FM350-1 模块的使用。

1. FM350-1 的接线

FM350-1 的端子接线如图 8-10 所示。

将 24V 增量编码器的输出 A、B 端连接到 FM350-1 的 6、8 号端子上，端子 3、5 可以提供编码器 24V 电源，端子 13、14、15 为模块集成的数字量输入信号，分别为硬件门的启停信号和同步信号，端子 17、18 为模块集成数字量输出信号，用于两个比较器快速响应输出（设定比较值，当计数值接近设定的比较值时触发输出），连接类型不同的编码器，需要在模块的侧面设定跳线开关，如图 8-11 所示。

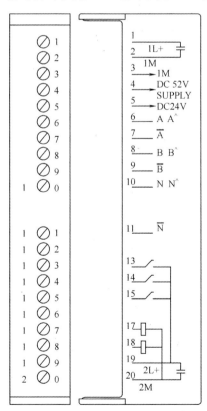

图 8-10 FM350-1 端子接线图

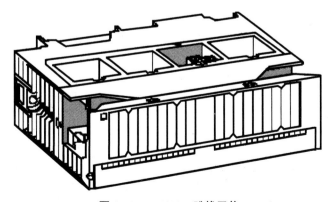

图 8-11 FM350-1 跳线开关

跳线开关分为 A、B 两个方向，开关指向 A 表示连接 5V 编码器信号，开关指向 B 表示连接 24V 编码器信号，本例中将调节跳线开关指向 B。

2. FM350-1 的硬件配置

打开 TIA 博途软件，插入 FM350-1 模块，在项目树中显示 FM350-1 的"参数设置"选项，如图 8-12 所示。

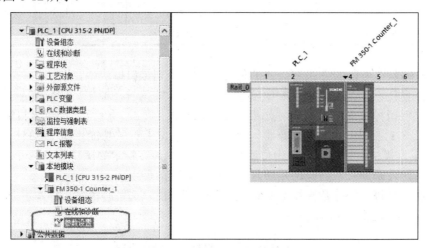

图 8-12　FM350-1 参数设置选项

单击"参数设置"选项，进入配置界面，单击"编码器"选项选择连接的编码器类型，如图 8-13 所示。

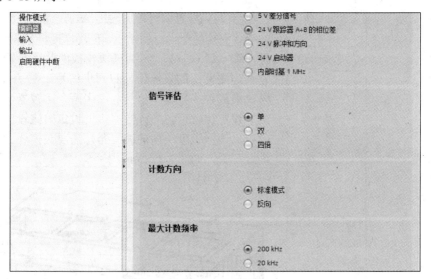

图 8-13　FM350-1 编码器选择界面

选择"24V 跟踪器 A+B 相位差"，单倍频计数；在"编码器输入"选项中选择连接信号源的类型（源流入或源输出）；在"最大计数频率"选项中选择输入信号的滤波时间，如果输入频率低于 20kHz 时，应选择"20kHz"选项，增加信号的滤波时间。

在操作模式界面可以选择计数范围、操作模式及门控制等参数，如图 8-14 所示。

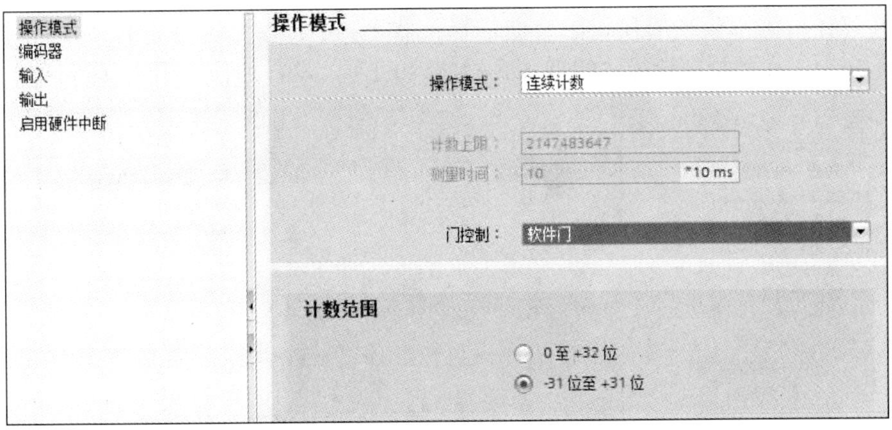

图 8-14　FM350-1 操作模式选择界面

　　例图中选择连续计数和软件门控制，如果选择硬件门控制，则需要在"输入"界面进行配置，在"输入"界面中还可以设置 DI2（模块集成的第三个数字输入）的同步功能，通过集成的输入信号纠正当前的计数值或输入信号触发时将设定值作为当前的计数值，应用于快速移动物体通过某一开关时对当前计数值的快速设定，而不会产生大的偏差。在"输出"界面中可以选择触发集成快速输出的事件，这些事件与设置的比较值有关，如图 8-15 所示。

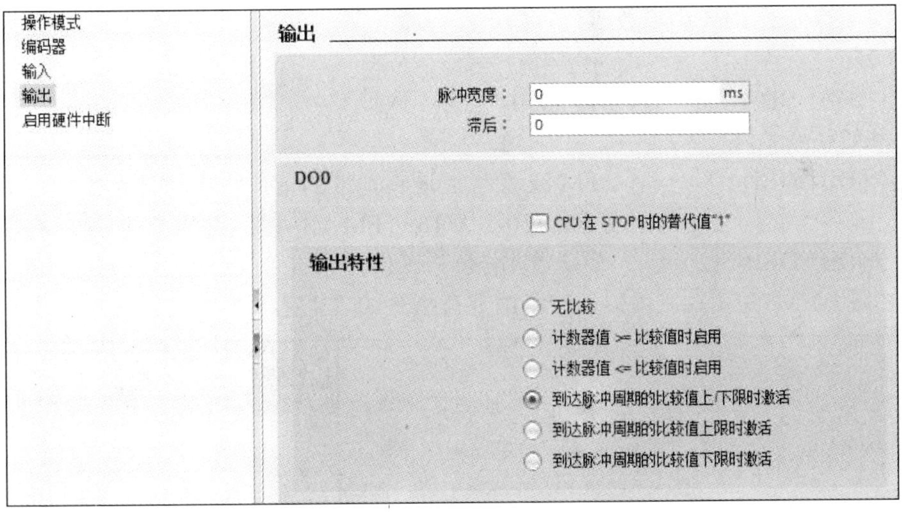

图 8-15　FM350-1 集成输出的配置界面

　　在模块的属性中如果选择产生中断，则"启用硬件中断"界面被激活，可以选择产生中断的事件，中断将调用 OB40(硬件中断)，配置完成后编译存盘。

　　3．FM350-1 的控制编程

　　在 CPU 中，编写 FM350-1 控制程序，将控制命令传送到 FM350-1 中，并读出计数值及反馈信息。FM350-1 与 CPU 之间的通信结构包含在用户数据类型 CNT_CHANTYPE1 中，这个用户数据类型已经包含在软件中，不需要创建，将通信结构即用户数据类型 CNT_CHANTYPE1 赋值到数据块中，例如 DB1，CPU 发送命令后，定义在 DB1 中的值将

传送到高速计数器中，同时模块的反馈信息存储于 DB1 相应的地址中。首先创建 DB1
（见图 8-16），在类型中选择"CNT_CHANTYPE1"，这样通信结构复制到 DB1 中。

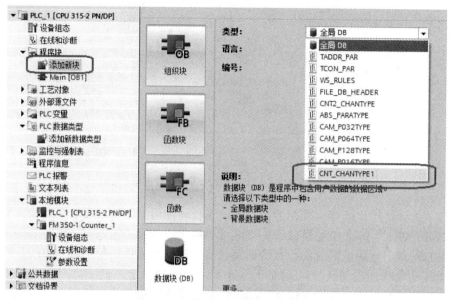

图 8-16 创建具有通信结构的数据块

在 OB1 首先对 DB1 中参数赋值，如下：

L	256	
T	%DB1.DBW　6	//FM 350-1/450-1 地址
L	P#256.0	
T	%DB1.DBD　8	//FM 通道地址,逻辑地址的指针格式，固定格式
L	16	// FM 350-1 为 16；FM 450-1 为 32
T	%DB1.DBB　12	//用户数据接口长度

然后调用 FM350-1 控制函数，控制函数在指令的"工艺"栏中，如图 8-17 所示。

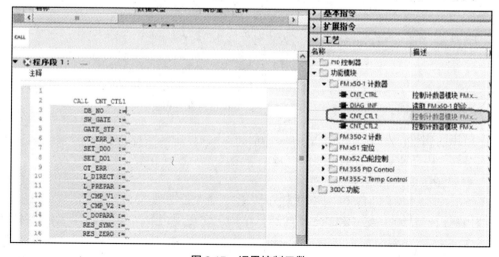

图 8-17 调用控制函数

控制函数有两个，分别为 CNT_CTL1 和 CNT_CTL2，如果 FM350-1 用于分布 I/O ET200M 上且使用等时同步模式下必须调用 CNT_CTL2。控制函数的调用如下：

CALL CNT_CTL1

DB_NO   :=1

SW_GATE :=%M1.1

GATE_STP:=%M1.2

OT_ERR_A:=%M1.3

SET_DO0 :=%M1.4

SET_DO1 :=%M1.5

OT_ERR :=%M1.6

L_DIRECT:=%M1.7

L_PREPAR:=%M2.1

T_CMP_V1:=%M2.2

T_CMP_V2:=%M2.3

C_DOPARA:=%M2.4

RES_SYNC:=%M2.5

RES_ZERO:=%M2.6

DB1 是 CPU 与高速计数器模块的通信数据区，在数据块中包含 FM350-1 的地址信息，例如逻辑地址 256 存放在 DB1.DBW6 中，FM350-1 的通道地址与逻辑地址相同，但是表达形式为指针形式，例如 P#256.0，FM350-1 接口区长度为 16，这些参数的设定为固定模式，除此之外 DB1 中还包括当前计数值、比较值及比较器状态等参数，对 FM350-1 的操作是通过读写数据块 DB1 实现的。

函数 CNT_CTL1 参数解释如下：

DB_NO：指定 CPU 与 FM350-1 模块数据交换的数据块，本例为 DB1。

SW_GATE：软件门，例如 M1.1 为 1 时软件门打开，开始计数，为 0 时关闭。

GATE_STP：为 1 时终止计数功能。

OT_ERR_A：复位 OT_ERR 操作故障。

SET_DO0：如果 CRTL_DO0（DB1.DBX28.0 使能比较器的快速输出功能）为 1 时，通过该参数可以直接控制 FM350-1 集成的第一个输出点。

SET_DO1：如果 CRTL_DO1（DB1.DBX28.1 使能比较器的快速输出功能）为 1 时，通过该参数可以直接控制 FM350-1 集成的第二个输出点。

OT_ERR：输出操作故障信息，为 1 表示有故障。

L_DIRECT：为 1 时，直接将 DB1.DBD14 中的值作为计数值。如果发送命令成功，FM350-1 将此位赋 0。

L_PREPAR：为 1 时，将 DB1.DBD14 中的值作为预备值，出现特殊事件（例如周期计数模式中没有设定计数方向，到达上下限时、同步操作、锁存功能等）将预备值作为实际的计数值。如果发送命令成功，FM350-1 将此位赋 0。

T_CMP_V1：为 1 时，将 DB1.DBD18 中的值作为比较值 1 存放到模块中，根据模块"Outputs"界面中的配置决定 DO0 的输出。如果发送命令成功，FM350-1 将此位赋 0。

T_CMP_V2：为 1 时，将 DB1.DBD22 中的值作为比较值 2 存放到模块中，根据模块"Outputs"界面中的配置决定 DO1 的输出。如果发送命令成功，FM350-1 将此位赋 0。

C_DOPARA：为 1 时，将存储于 DB1.DBD14 中的数值作为命令源（命令格式参考模块手册），动态设定两个快速输出 DO0、DO1 的参数。如果发送命令成功，FM350-1 将此位赋 0。

　　RES_SYNC：通过 DI2 及 ENSET_UP、ENSET_DN、零脉冲信号进行同步操作，如果同步完成，同步状态位置 1，通过 RES_SYNC 复位同步状态位，从而可以得到新的同步信息。如果发送命令成功，FM350-1 将此位赋 0。

　　RES_ZREO：复位过零、上下限等状态信息，如果发送命令成功，FM350-1 将此位赋 0。

　　本例中当 M1.1 为 1 时软件门打开（其它参数可以保持默认状态），计数开始，计数值可以从 DB1.DBD34 中读出。除计数功能以外，FM350-1 还支持频率测量、检查旋转速度等功能。

8.10　FM350-2 高速计数器的使用

　　FM350-2 高速计数器模块可以连接 24V 增量编码器，八个通道，漏型输入（电流流入计数器模块），以连接 24V 的编码器为例介绍 FM350-2 模块的使用。

　　1. FM350-2 的接线

　　FM350-2 采用 40 针的前连接器，端子接线如图 8-18 所示，模块需要连接 24V 电源，

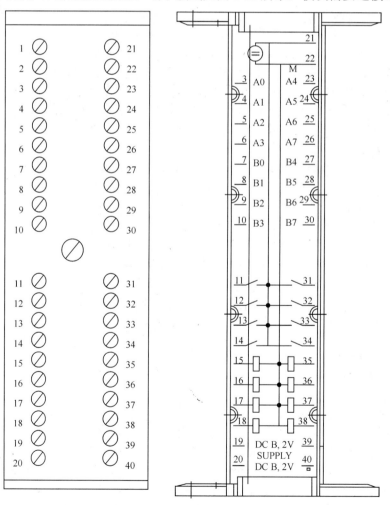

图 8-18　FM350-2 端子接线图

A0～A7 为八个计数器的计数信号端，B0～B7 为八个计数器的方向信号端，如果只连接高速脉冲信号，可以连接到 A0～A7 端子上；如果连接脉冲加方向的信号，A0～A7 端子连接脉冲信号，B0～B7 端子连接计数的方向信号，方向信号为 0 时，向上计数，为 1 时向下计数；如果连接 24V 增量编码器，A0～A7、B0～B7 为编码器的 A、B 相，计数方向与 A、B 的相位有关。模块不能向 24V 编码器提供电源。I0～I7 为八个计数通道的硬件门信号并且只能为电平信号，为 1 时门打开，为 0 时关闭，每个计数通道的门信号分为软件门信号和硬件门信号（使用硬件门时必须先使能软件门）。Q0～Q7 为八个计数通道比较器的快速输出。除连接 24V 信号外，FM350-2 还可以连接 NAMUR 类型传感器，并提供传感器电源。本例选择连接两个 24V 增量编码器，分别连接到第一（端子 A0、B0）和第五通道（端子 A4、B4）上。

　　2. FM350-2 的硬件配置

　　在 TIA 博途软件设备视图中插入 FM350-2 模块，在项目树中显示 FM350-2 的"参数设置"选项，如图 8-19 所示。

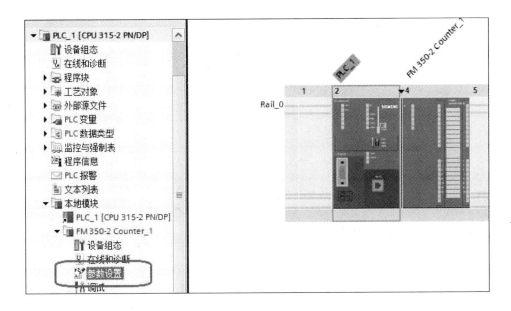

图 8-19　FM350-2 参数设置选项

　　双击"参数设置"，在弹出的对话框中可以选择计数通道的用途，例如选择连接"NAMUR"类型传感器或由四个通道组成的比例型计数器等，也可以选择利用 FM350-2 的逻辑地址直接读出四个计数通道的计数值，但是功能受限，本例中选择默认设置。单击"通道 0"，单击"编码器"栏，选择连接的编码器类型（见图 8-20），在例图中选择旋转编码器单倍频信号采集。在"滞后"参数中填写输出滞后值，这个值影响比较器触发的快速输出，例如设定的比较值为 5，没有设置滞后值（等于 0），计数方向向上，计数值大于等于比较值时输出，如果计数值在 4～6 间振荡时，快速输出被不断触发，可能不符合某些工艺要求，如果设置输出滞后值，相当于加入一个"死区"，计数值在一定范围中振荡时，不影响输出的变化。

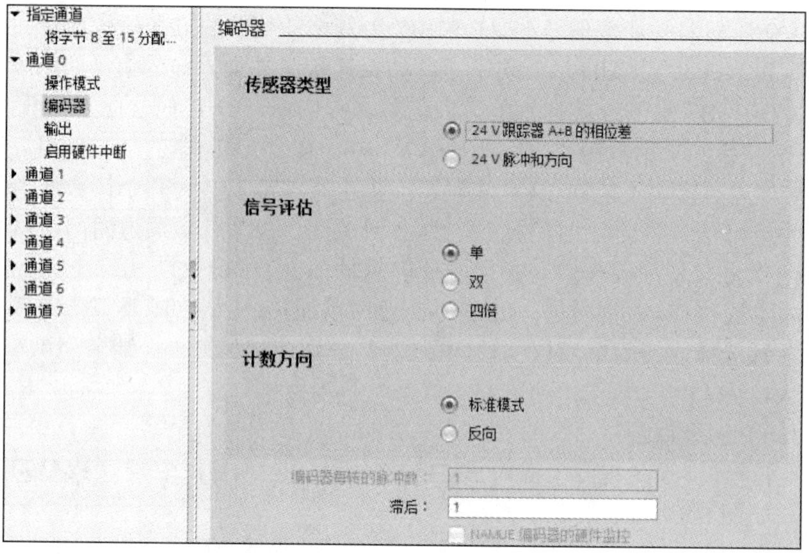

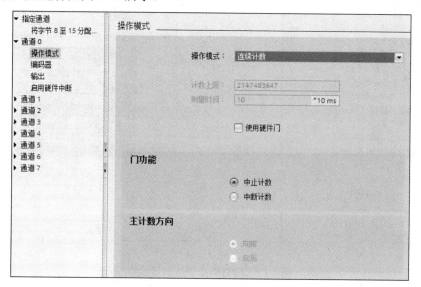

图 8-20　FM350-2 编码器配置图

操作模式的选择如图 8-21 所示。

图 8-21　FM350-2 模式选择

　　在操作模式界面选择计数模式和测量模式，频率测量模式需要定义采样的时间窗口；在操作模式界面还可以选择是否使用硬件门作为计数的触发条件；如果选择计数模式为单次计数或者周期计数，计数方向栏将被激活，可以选择计数的主方向。本例中选择连续计数模式，使用软件门触发计数。设置第一个计数通道后，以相同的方法设置第 5 个计数通道，配置完成后编译存盘。

　　3．FM350-2 的控制程序

　　在 CPU 中编写 FM350-2 控制程序，将控制命令传送到 FM350-2 中，并读出计数值及反馈信息。FM350-2 与 CPU 之间的通信结构包含在用户数据类型 CNT2_CHANTYPE

中，这个用户数据类型已经包含在软件中，不需要创建，将通信结构即用户数据类型 CNT2_CHANTYPE 赋值到数据块中，例如 DB1，CPU 发送命令后，定义在 DB1 中的值将传送到高速计数器中，同时模块的反馈信息存储于 DB1 相应的地址中。首先创建 DB1（见图 8-22），在类型中选择"CNT2_CHANTYPE"，这样通信结构就能复制到 DB1 中。

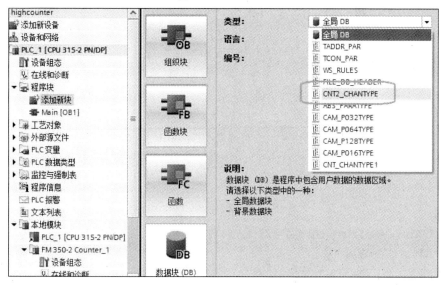

图 8-22　创建具有通信结构的数据块

在 OB1 中编写的程序如下：

L　　272　　　　　　　　　　//FM350-2 逻辑地址

T　　%DB1.DBW　12

L　　P#272.0　　　　　　　　//FM350-2 的通道地址，逻辑地址的指针形式，固定格式

T　　%DB1.DBD　14

然后调用 FM350-2 控制函数，控制函数在指令的工艺栏中，如图 8-23 所示。

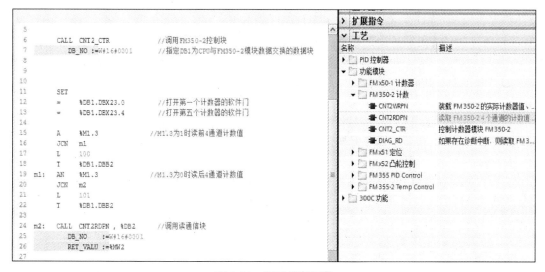

图 8-23　调用控制函数

```
        CALL  CNT2_CTR           //调用 FM350-2 控制块
        DB_NO:=W#16#1            //指定 DB1 为 CPU 与 FM350-2 模块数据交换的数据块
        SET
        =   %DB1.DBX  23.0       //打开第 1 个计数器的软件门
        =   %DB1.DBX  23.4       //打开第 5 个计数器的软件门

        A   %M    1.3            //M1.3 为 1 时读前 4 通道计数值
        JCN m1
        L   100
        T   %DB1.DBB  2
   m1:  AN  %M    1.3            //M1.3 为 0 时读后 4 通道计数值
        JCN m2
        L   101
        T   %DB1.DBB  2

   m2:  CALL "CNT2RDPN, %DB2"    //调用读通信块
        DB_NO  :=W#16#1
        RET_VAL:=%MW2
```

　　将 FM350-2 的地址参数 272 存放到 DB1.DBW12 中，将逻辑地址的指针形式存放到 DB1.DBD14 中；调用"CNT2_CTL"的作用是为了设定计数通道的软件门，8 个计数通道的设定值存放在 DB1.DBB23 中，FM350-2 软件门状态存储于 DB1.DBB43 中，可以查询是否已经打开。本例中分别打开第 1 和第 5 计数通道的软件门。通过读工作号和调用读操作函数 "CNT2RDPN" 读出计数值，读工作号为 100 时，只能读出前 4 个计数通道的计数值，读工作号为 101 时，只能读出后 4 个计数通道的计数值，不能一次直接读出 8 个通信计数值，读工作号必须存储于 DB1.DBB2 中。示例程序中 M1.3 为在 CPU 中设定的时钟信号，脉冲频率为 0.5s（M1.3 0.5s 为 1，0.5s 为 0），M1.3 为 1 时读出前 4 个计数通道的计数值，M1.3 为 0 时读出后 4 个计数通道的计数值。这样 8 个计数通道前后 4 个通道的计数值更新间隔为 0.5s（编写的间隔时间必须大于 CPU 与 FM350-2 的通信时间），第一个计数通道的计数值从 DB1.DBD148 中读出，第 5 个计数通道的计数值从 DB1.DBD180 中读出。

　　读数据通过读工作号完成，同样 CPU 向 FM350-2 模块写的数据是通过写工作号和调用写操作函数 "CNT2WRPN" 完成的，例如通过写工作号 10 设定第 1 个通道的装载值，示例程序如下：

```
        A   %M    6.1
        JCN M3
        L   123
        T   %DB1.DBD  52         //第 1 计数通道的装载值
        L   10                   //写工作号 10
```

```
T    %DB1.DBB   0


CALL  CNT2WRPN , %DB4        //调用写操作函数
DB_NO     :=W#16#1
RET_VAL :=%MW4
    M3  :=NOP   0
```

写工作号必须存储于 DB1.DBB0 中，当 M6.1 为 1 时，调用写操作函数 CNT2WRPN，执行存放在 DB1.DBB0 中的写任务-写工作号 10（写第一个计数通道的装载值），将存放在 DB1.DBD52 中的值 123 作为第 1 个计数通道的装载值存储于 FM350-2 中。写任务完成后应立刻复位写任务操作（如复位 M6.1）释放通信资源。其它的读写工作号可以参考 FM350-2 手册。

4．FM350-2 的调试功能

FM350-2 模块带有在线调试功能，在编写通信程序之前，可以通过在线调试功能读出计数值，测试设置的参数及连接编码器的类型是否正确，如果不能读出计数值，通过程序同样不能读出计数值。在 FM350-2 选项栏中，单击选项"调试"，进入调试界面如图 8-24 所示。

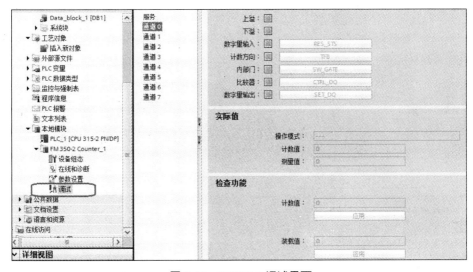

图 8-24　FM350-2 调试界面

通过调试界面可以对快速输出、软件门、计数值及比较值进行操作，也可以读出计数值及测量值等状态信息。在调试界面所有的测试任务及步骤都可以使用程序完成，可以根据测试的步骤编写用户程序自动执行计数工作。

8.11　S7-300C 集成高速计数器的使用

S7-300C 系列 PLC 集成高速计数功能，以 CPU314C 为例介绍集成的高速计数功能。CPU314C 集成四路完全独立的计数器，最高计数频率为 60kHz，可以连接脉冲信号、脉冲加方向信号和 24V 增量编码器信号，漏型输入（电流流入计数器模块），不需要配置软件。

1. CPU314C 集成高速计数器的接线

以第一个计数通道为例介绍计数器的接线，接线端子见表 8-2。

表 8-2　CPU314C 第一计数通道接线

端子号	名称/地址	功能
2	DI+0.0	通道 0：A 相/脉冲信号
3	DI+0.1	通道 0：B 相/方向信号
4	DI+0.2	通道 0：硬件门
16	DI+1.4	通道 0：锁存功能输入
22	DO+0.0	通道 0：高速响应输出

如果信号源为单脉冲信号，连接到 2 号端子；如果信号源为脉冲加方向信号，将脉冲信号连接到 2 号端子，将方向信号连接到 3 号端子；如果信号源为 24V 增量编码器信号，连接 A、B 相到 2、3 号端子。端子 4 为硬件门信号，端子 16 为计数器的锁存功能输入，22 号端子为计数器 0 通道的高速响应输出。

2. CPU314C 高速计数器的硬件配置

在硬件配置中插入 CPU314C-2DP CPU，单击 CPU，在设备概览栏中选择"计数_1"槽，选择"属性"选项卡进入计数器配置界面，如图 8-25 所示。

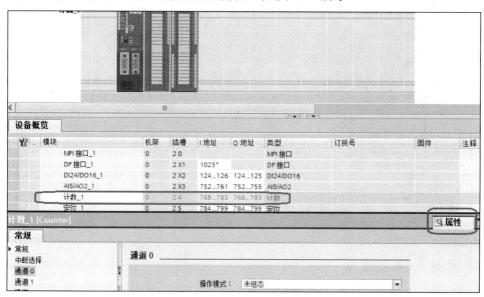

图 8-25　进入 S7-300C 计数器通道配置界面

为了更方便配置计数器参数，可以将属性界面放大。在属性界面的左边可以选择"中断选择"及需要配置的通道，在"中断选择"中，可以配置是否产生诊断中断（调用 OB82）和硬件中断（调用 OB40）。在默认模式下，每个计数通道的操作模式为"未组态"，选择相应的操作模式即可进入单个通道的配置界面，如图 8-26 所示。

如果选择计数模式为单次计数和周期计数，在"操作参数"栏中可以设置主计数方向、计数值的开始值及结束值（与主计数方向的设置有关），如果选择连续计数模式则不需要设定计数方向；设定门功能时，如果选择"中断计数"，门关闭后再次打开，从装载值或上次计数值开始计数，如果选择"中止计数"，门关闭后再次打开，从初始值开始计数；比较值的设定影响高速响应输出，在"滞后"参数中可设定滞后值，防止计数值在比较值附近振荡而造成高速响应输出频繁动作。

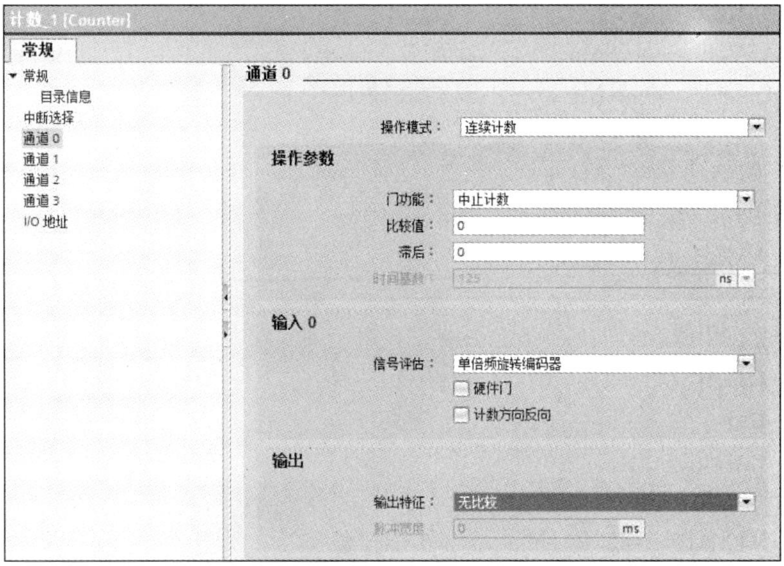

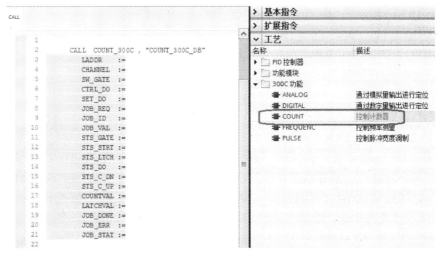

图 8-26 S7-300C 计数器通道配置界面

在输入栏中选择输入信号的类型及是否使用硬件门，例图 8-26 中选择单倍频旋转编码器采集，无硬件门。在输出栏中可以选择触发高速响应输出的事件。在硬件中断栏中可以选择触发硬件中断的事件，硬件中断事件触发 CPU 调用 OB40。高速计数器配置完成后编译存盘。

3. CPU314C 集成高速计数器的程序控制

在 CPU 中编写控制程序，将控制参数传送到集成的高速计数器中，并读出计数值等反馈信息。在 OB1 中调用 300C 功能中专用函数块，如图 8-27 所示。

图 8-27 调用 300C 控制函数

本例中背景数据块选择 DB47（可以任意选择），程序如下：

```
CALL COUNT_300C , "COUNT_300C_DB"
    LADDR       :=W#16#300      //逻辑地址，缺省为 768
    CHANNEL     :=0             //通道号
    SW_GATE     :=%M1.1         //软件门
    CTRL_DO     :=%M1.2         //控制输出
    SET_DO      :=%M1.3         //置位输出
    JOB_REQ     :=%M1.4
    JOB_ID      :=%MW2
    JOB_VAL     :=%MD4
    STS_GATE    :=
    STS_STRT    :=
    STS_LTCH    :=
    STS_DO      :=
    STS_C_DN    :=
    STS_C_UP    :=
    COUNTVAL    :=%MD12         //实际计数值
    LATCHVAL    :=
    JOB_DONE    :=
    JOB_ERR     :=
    JOB_STAT    :=
```

控制函数块的参数含义如下：

LADDR：计数器的逻辑地址，默认为 W#16#300。

CHANNEL：计数器通道，0 为第一个计数通道。

SW_GATE：计数通道软件门。

CTRL_DO：为 1 时，使能高速响应输出。

SET_DO：CTRL_DO、SET_DO 为 1，可以通过程序控制高速响应输出。

JOB_REQ、JOB_ID、JOB_VAL：读写工作参数。

STS_X：状态反馈值。

COUNTVAL：实际计数值。

LATCHVAL：锁存计数值。

JOB_DONE、JOB_ERR、JOB_STAT：读写工作状态值。

上例中，M1.1 为 1 时，第一个计数通道的计数值存放在 MD12 中。如果进行写工作操作，例如写入比较值，从在线帮助中找出写比较值的任务 ID 号为 W#16#0004 并传送到 MW2 中，将需要设定的比较值传送到 MD4 中，M1.4 上升沿触发写工作，这样存储于 MD4 中比较值传送到高速计数器中。同样可以从高速计数器中再读出写入的比较值，将读比较值的任务 ID 号 W#16#0084 传送到 MW2 中，M1.4 上升沿触发读工作，读出比较值存放在 DB47.DBD28 中。

8.12　ET200S 高速计数器的使用

　　ET200S 分布式 I/O 计数器模块分为连接 24V 增量编码器和连接 5V 对称脉冲串增量编码器两种，两种模块计数方式相同，以连接 24V 增量编码器为例介绍 ET200S 高速计数器模块的使用。ET200S 每个计数器模块为单通道计数模块，最高计数频率为 100kHz，可以连接脉冲信号、脉冲加方向信号和 24V 增量编码器信号，可以设置为漏型输入（电流流入计数器模块）和源型输入（电流流出计数器模块），可以直接在 TIA 博途软件硬件配置中进行参数化。

　　1. ET200S 高速计数器模块的接线

　　ET200S 计数器模块接线端子与接线如图 8-28 所示。

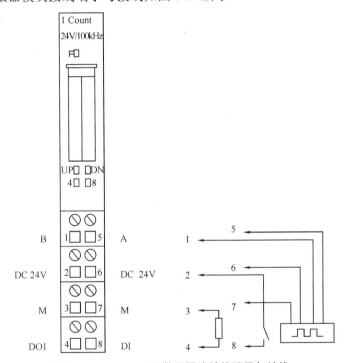

图 8-28　ET200S 计数器模块接线端子与接线

　　如果信号源为单脉冲信号，可以连接到 5 号端子；如果信号源为脉冲加方向信号，将脉冲信号连接到 5 号端子，将方向信号连接到 1 号端子；如果信号源为 24V 增量编码器信号，连接 A、B 相到 5、1 号端子。8 号端子为计数器的硬件门或锁存功能输入（在配置中选择），4 号端子为计数器的高速响应输出。端子 2、3、6、7 为模块电源和向编码器提供的电源。

　　2. ET200S 高速计数器模块的硬件配置

　　在 TIA 博途软件“设备视图”中，插入 ET200S 高速计数器模块，选择模块然后单击“属性”选项卡进入配置界面如图 8-29 所示，在“参数”栏中选择操作模式为“计数”（除此之外还支持测量模式），在“信号评估 A*、B*”选项中选择连接的信号源，本例中选择旋转编码器单倍频采集，在“过滤 xx”选项中根据输入的频率选择信号的滤波时间，滤波时间长，信号稳定但输入频率低，反之频率高但信号容易被干扰。在“编码器输入"选项中选择输入信号的类型，P 开关、M 开关（PNP 或 NPN）。在"功能 DO1、DO2"选项中选择触发 DO1、DO2 的事件，例如计数值大于等于比较值时触发 DO1 输出，比较值通过程序设置，高速计数器模块没有集成 DO2，DO2 功能只提供信号，可以触发其它输出点，用于响应较慢的应用。在"滞后"参数中可设定滞后值，防止计数值在比较值附近振荡而造成高速响应输出频繁动作。在"计数模式的类型"选项中可以选择连续计数、单次计数和周期计数三种模式。在设定参数"门功能"时，如果选择"中断计数"，门关闭后再次打开，从上次计数值开始计数，如果选择"中止计数"，门关闭后再次打开，从初始值开始计数，在"功能 DI"选项中可以选择模块集成的输入是作为硬件门信号还是锁存信号。配置完成编译存盘。

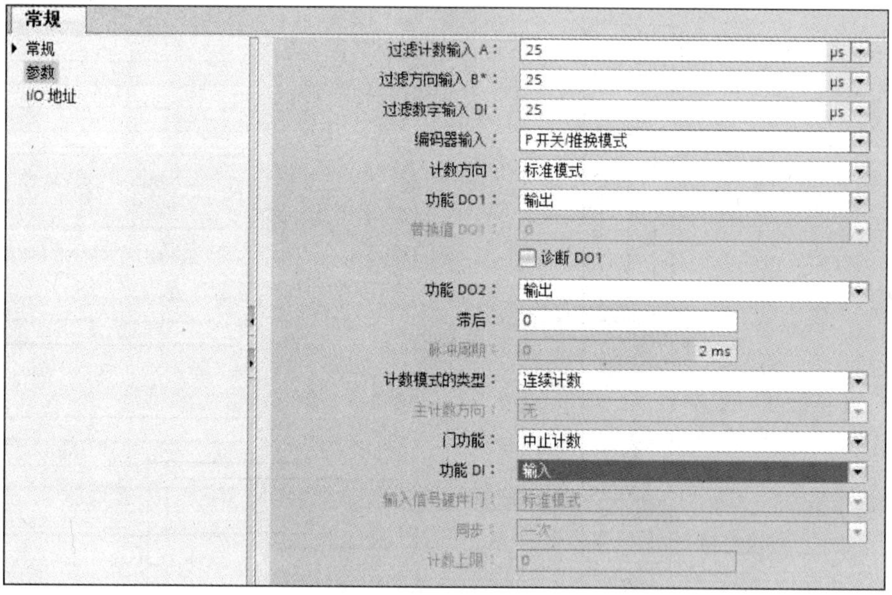

图 8-29 ET200S 计数器模块配置界面

3. 编写 ET200S 高速计数器控制程序

ET200S 高速计数器在硬件配置中，占用 CPU 12 字节的输入和 6 字节的输出 (6ES7138-4DA04-0AB0 以前的版本占用 CPU 输入、输出各 8 字节)，CPU 通过输入输出字节读写计数模块信息。读写的示例程序如下：

```
    L   %ID280:P        //将计数器模块状态值存放到 MB20～
                          MB27 中，模块地址为 272
    T   %MD20          //当前计数值
    L   %ID276:P
    T   %MD24

    L   123            //装载比较值
    T   %MD30

    SET
```

```
=   %M34.0        //打开软件门
=   %M34.4        //使能 DO1 输出

A   %M10.0        //使能传送比较值功能
=   %M35.2

L   %MD30         //将操作命令传送到计数模块中
T   %QD272:P
L   %MW34
T   %QW276:P
```

　　示例程序中，ET200S 高速计数器的输入输出地址同为 272，在输入的最后 4 字节为当前的计数值存放于 MD20 中，在输出格式中，第 5 字节的第一位为软件门信号，第五位为使能 DO1 输出，第 6 字节的第三位触发传送比较值命令，将输出的前 4 字节中的值作为比较值传送到计数器中。程序中 M10.0 为一个上升沿时，将 123 作为第一个比较器的比较值，如果计数值大于等于 123 时（在模块参数化中使能比较器功能），模块带有的快速输出使能。具体的输入、输出接口请参考 ET200S 计数器手册。

第9章　程序调试

9.1　建立与 PLC 的连接并进行设置

建立编程 PC 与 PLC 之间的在线连接，可用于下载 S7 用户程序、从 PLC 上传程序到编程 PC 和其它操作：

1）调试用户程序；

2）显示和改变 PLC 操作模式；

3）为 PLC 设置时间和日期；

4）显示模板信息；

5）比较在线和离线的程序块；

6）诊断硬件；

7）更新硬件固件。

建立在线连接之前，必须把编程 PC 和 PLC 通过使用的接口电缆连接起来，然后才能在"在线和诊断"视图中或使用"在线"菜单访问 PLC 上的数据。项目树中图标指示 PLC 的当前在线状态(见表 9-1)，鼠标静止在相关的图标上即可获得状态图标的含义。

9.1.1　设置 PG/PC 接口

在"Portal 视图"界面下选择"在线与诊断"→"可访问设备"，可以进行编程 PC 接口设置，同样也可以修改 PG/PC 接口的类型，如图 9-1 所示。

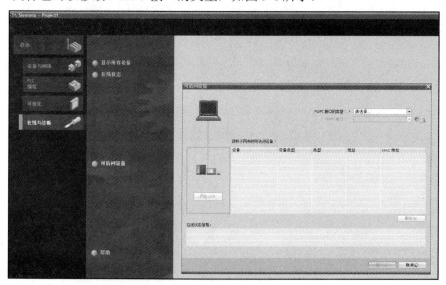

图 9-1　Portal 视图中进行接口设置

在"项目视图"中单击组态 PLC，鼠标右键选择"在线与诊断"→"在线访问"选项栏，或者通过菜单"在线"→"下载到设备"（快捷键为 Ctrl+L）打开下载界面修改 PG/PC 接口，如图 9-2 所示。

通过 MPI、PROFIBUS、工业以太网或者 TeleService 可以与 PLC 建立在线连接，在编程 PC 上需要指定适配器、通信处理器或以太网网卡用于连接不同的网络。

1. 自动组态

选择 PG/PC 接口的类型为"自动协议识别"，然后在 PG/PC 接口中选择使用的通信接口，例如"CP5611"。单击"组态接口" 按钮，设置接口参数的组态步骤如下（见图 9-3）：

1）选择"组态"选项下的"自动组态"并进行本地设置，可以设置自身地址为 0（默认值），如果不确定使用的地址是否唯一则可以勾选上"检查"选项。

2）正确连接编程 PC 与 PLC 之间的通信电缆并上电。

3）单击总线设置下的网络检测按钮用来获得当前网络的类型参数等信息。

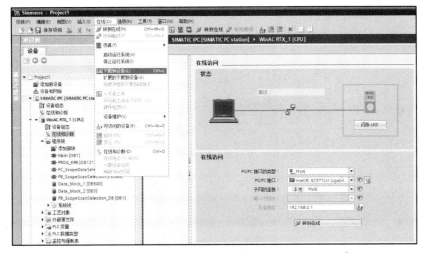

图 9-2　项目视图中进行接口设置

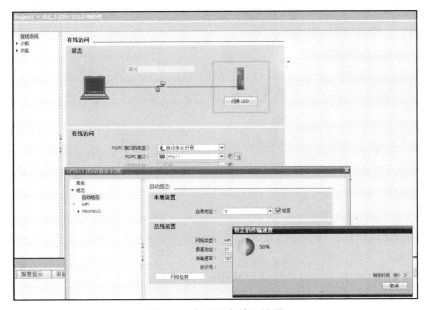

图 9-3　自动组态接口设置

2. MPI 网络

选择 PG/PC 接口的类型为"MPI"，然后在 PG/PC 接口中选择使用的通信接口，如"CP5611"，单击"组态接口" 按钮设置接口在 MPI 网络的地址及通信速率，如图 9-4 所示。

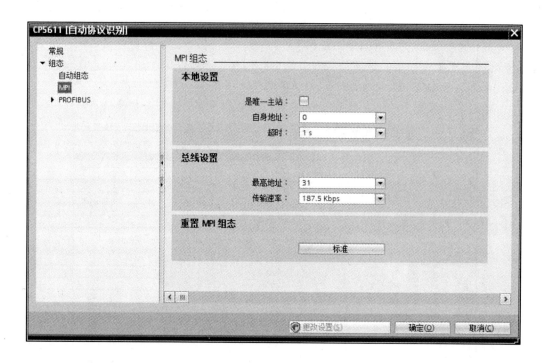

图 9-4 设置 MPI 接口参数

注意：

①接口与通信方的通信速率必须匹配。

②网络上站地址必须唯一。

③PC Adapter（MPI）为串行接口转换 MPI 接口的适配器。串口侧的设置必须与连接 PC 的串口相匹配，MPI 侧的设置必须与通信方 PLC 的 MPI 接口速率相匹配。

3. PROFIBUS 网络

如果使用 PROFIBUS 网络，则选择 PG/PC 接口的类型为"PROFIBUS"，然后在 PG/PC 接口中选择使用的通信接口，如"CP5611"，参数和诊断功能与 MPI 接口设置相同。在 PLC 侧连接的接口可以选择 PLC 集成的 DP 接口或通信处理器，如 CP342-5 等，如图 9-5 所示。

注意：

①接口与通信方的通信速率必须匹配。

②网络上站地址必须唯一。

③PLC 集成的 DP 接口及 CP 的 PROFIBUS 站地址必须进行初始化（程序下载）后才能使用。

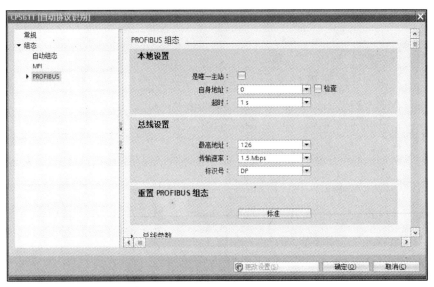

图 9-5　设置 PROFIBUS 接口参数

　　④"PC Adapter"需要由通信方的接口提供电源（如主站接口），大部分的从站接口（如 ET200M）不能提供电源，所以不能插入从站的编程接口对网络上的主站进行编程。CP5512、CP5611/21、CP5613/23 由 PC 供电，可以插入 PROFIBIUS 网络中任意站点上使用。

　　4. 工业以太网网络

　　如果使用以太网编程，则选择 PG/PC 接口的类型为"PN/IE"，然后在 PG/PC 接口中选择使用的通信接口，如"Intel（R） 82577LM"。选择子网的连接为 PLC 使用的网络名称，如"PN/IE_1"，如图 9-6 所示。

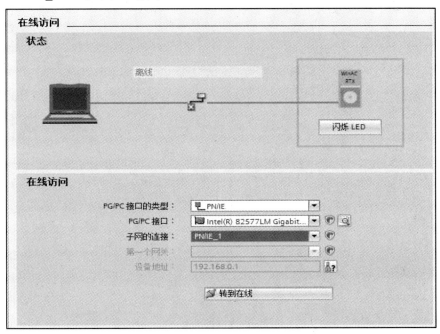

图 9-6　设置以太网通信接口

注意：

①网络上地址必须唯一。

②网线必须正确连接到 PLC 或者交换机上，即保证 PLC 与编程 PC 之间网络连通。

③如果存在多个设备，可以使用闪烁 LED 功能进行设备的区分。

5. TeleService

西门子 TS Adapter 可以使 PLC 具有通过电话网络通信的能力，通过远程连接进行集中管理，控制和监视分散工厂里的 PLC。

首先选择 PG/PC 接口的类型为"TeleService"，然后在 PG/PC 接口中选择使用的通信接口"TeleService"，如图 9-7 所示。

单击 图标进行 TeleService 的设置如图 9-8 所示。

注意：

①需要使用正确的网络连接，因为 TS adapter 有模拟型和 ISDN 型，不同的型号是不可以混用的。

②下载前需要正确配置 TS 适配器参数，配置需要使用西门子 TeleService 选件包。

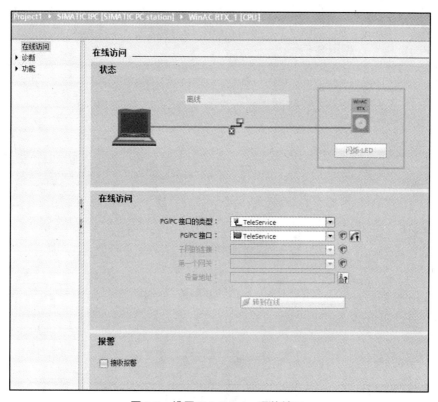

图 9-7 设置 TeleService 通信接口

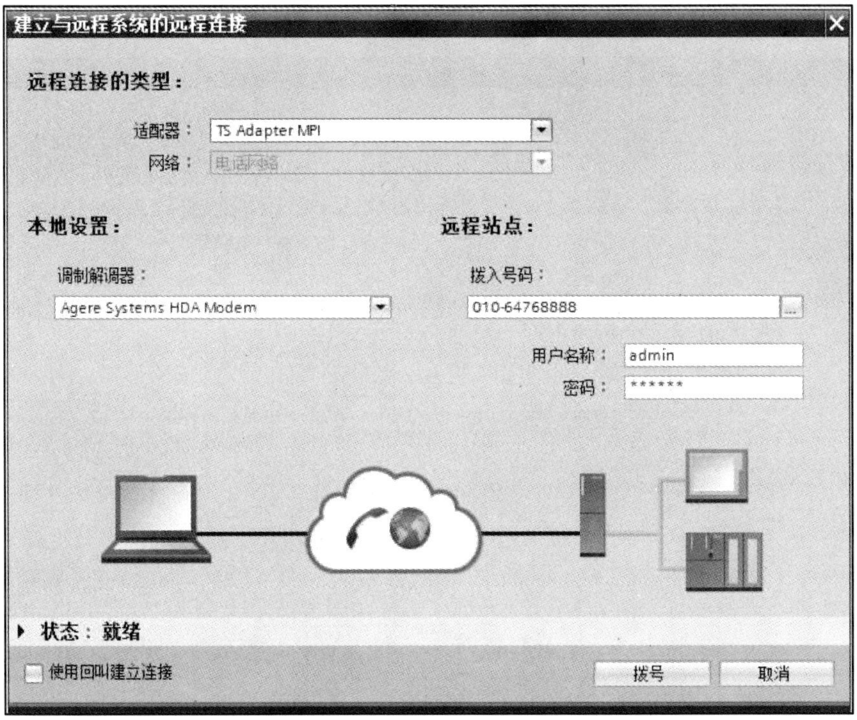

图 9-8　设置远程连接的参数

6.使用网络路由功能

如果在一个项目中使用多种网络（MPI、PROFIBUS、以太网）或站点间通过网络相互连接，这样使用编程器连接网络的任意一点，即可对整个网络上的设备进行访问。如图 9-9 所示，编程器可以对网络上三个站点进行编程访问，访问 315-2PN/DP 站点的网络路由路径为，编程器 PROFIBUS CP5611→PLC319Profibus 接口→PLC319MPI 接口→ PLC317-2DP MPI 接口→PLC317-2DP PN 接口→PLC 315-2PN/DP。

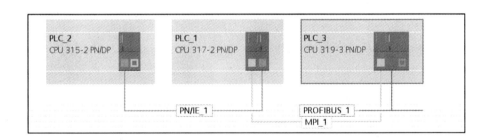

图 9-9　网络路由功能示例

实现网络路由的编程功能具体步骤如下：

1）所有 PLC 站必须在同一项目下；

2）在设备和网络中组态当前的实际网络连接情况；

3）在"在线和诊断"界面中选择实际使用的接口类型，则需要经过的网关 PLC 会自动显示在界面中，本例的第一个网关为 PLC 319（PLC_3），如图 9-10 所示。

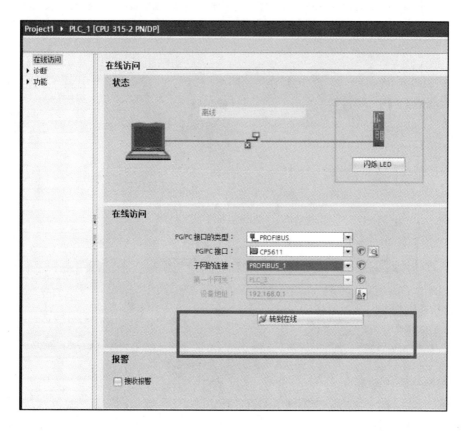

图 9-10　网络路由下载

如果在网络视图中组态 PC 站作为编程器，连接网络中任一接口，单击相应站点下载时，接口自动识别而不需要再次进行配置。

9.1.2　建立在线连接

通信接口设置完成后，可以建立与 PLC 的联机操作，下面几种方式都可以建立与 PLC 的连接：

1.通过"Portal 视图"建立在线连接

在"Portal 视图"中使用菜单命令"在线与诊断"，打开"在线状态"窗口，在"选择设备"窗口中显示可编程序控制器站点名称和类型。勾选"转为在线状态"选项并单击"转至在线"即可，如图 9-11 所示。

2.通过在线功能建立连接

在"项目视图"中，使用菜单命令"转到在线" 转到在线 打开，或者通过"在线和诊断"菜单中的"在线访问"功能打开在线，如图 9-12 所示。

该连接方式可以显示 PLC 站的在线信息，如 PLC 的诊断信息、运行模式及程序的状态等，如图 9-13 所示。

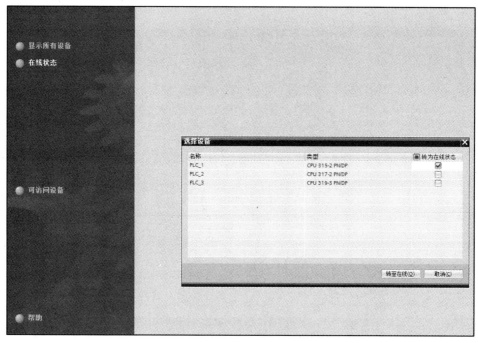

图 9-11　Portal 视图下切换在线

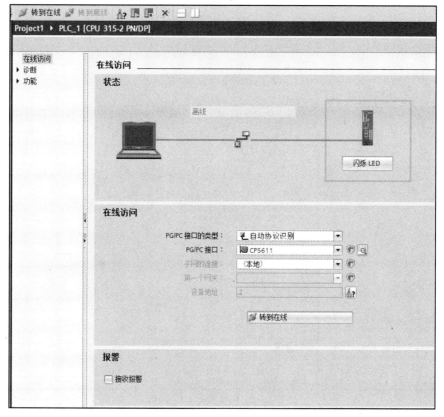

图 9-12　项目视图下切换在线

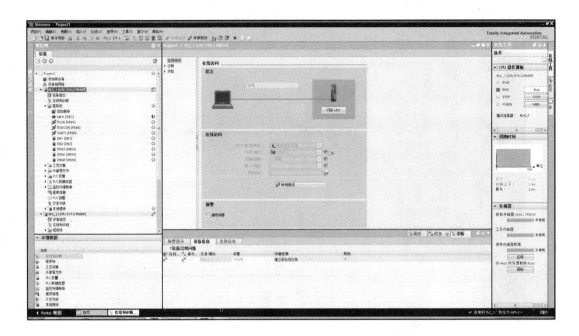

图 9-13   在线状态

3. 通过下载、监控等功能进行在线连接

在"项目视图"中，使用下载按钮![下载图标]，或者通过工具栏按钮![监控图标] 监控功能打开在线，如图 9-14 所示。

图 9-14   项目视图下切换在线

9.1.3　显示和改变 PLC 的操作模式

在联机的情况下，选择"在线工具"，使用"PLC 操作面板"界面中相应的按钮可以将 PLC 的操作模式切换为"STOP"、"RUN"、"MRES"，如图 9-15 所示。

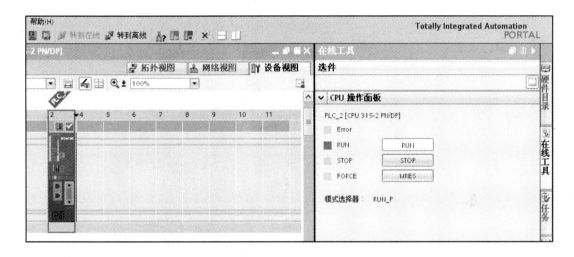

图 9-15　PLC 在线操作面板

注意：

①PLC 面板上的开关只有在"RUN"的位置上，才可以使用软件进行操作。

②如果 PLC 不支持某些操作模式，相应的按钮将变为灰色，不可操作。

9.1.4　显示和改变 PLC 的时钟

PLC 时钟信号的应用都是与消息相关的，例如 PLC 内部的诊断缓冲区可以记录所有信息的触发和结束时间；可以记录信号（例如快速输入信号）上升沿和下降沿的触发时间，并将消息上传到 PC 归档；PLC、HMI 站间的时钟信号可以相对（以某一个站的时钟信号作为主时钟）或绝对（GPS）同步。使用"在线和诊断"菜单命令"功能"→"设置日期时间"打开 PLC 时钟界面，时钟界面显示当前编程器和 PLC 的时钟信息，如图 9-16 所示。

选择"从 PG/PC 获取"选项，单击"Apply"按钮可以将编程器的当前时间值赋值到 PLC 中，不选择"Take from PG/PC"选项，PLC 的时钟信号可以手动修改。

在程序中可以通过调用 SFC0、SFC1 对 PLC 时钟信号进行读写操作。

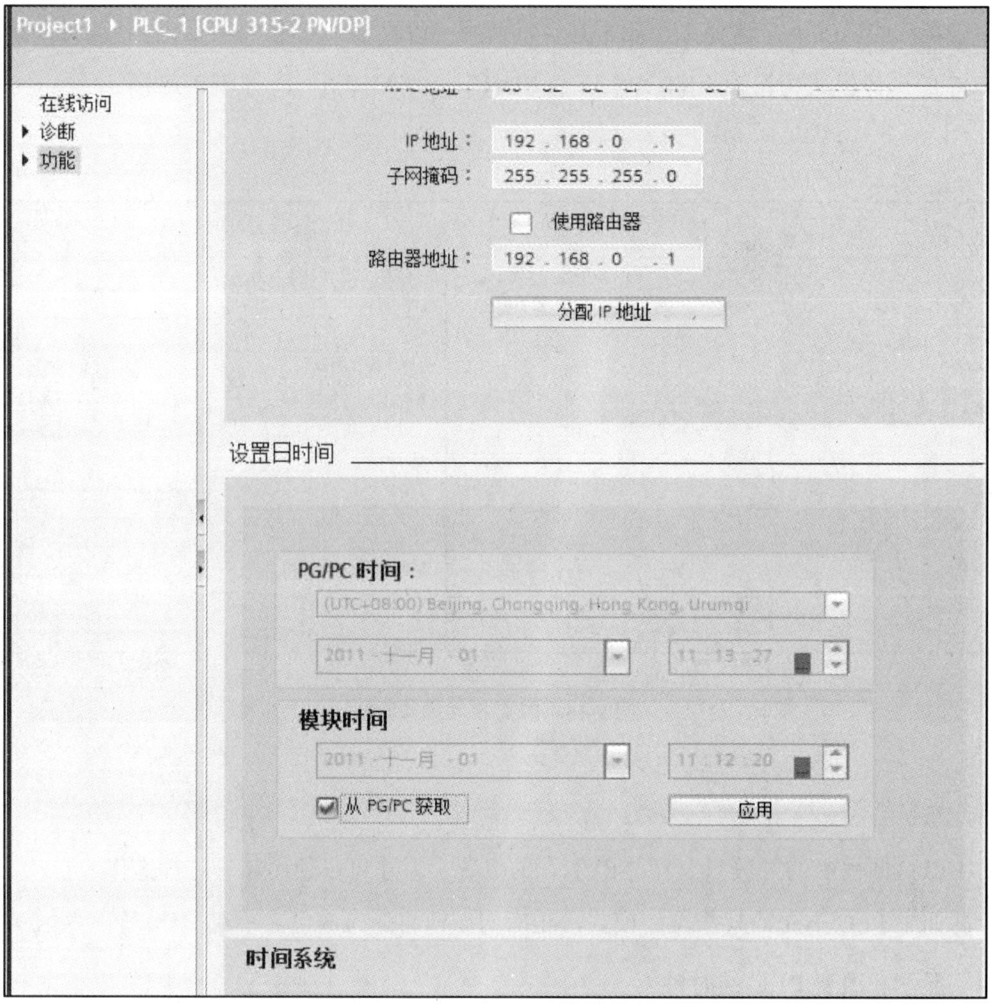

图 9-16　PLC 时钟界面

9.1.5　在线更新硬件固件版本

固件（Firmware）相当于智能模块（例如 PLC、CP、IM）的操作系统，智能模块功能的更新以及一些小故障的更正可以通过固件版本的升级实现。通过在线联机的方式可以更新硬件的固件版本。具体的步骤如下：

1）从西门子网站上下载相关的更新文件。

2）在 PLC 硬件配置界面中选择所要更新的模块，使用"在线和诊断"菜单命令"功能"→"固件更新程序"打开相应的操作界面，选择更新的文件，单击"运行更新"按钮进行固件版本的更新操作，如图 9-17 所示。

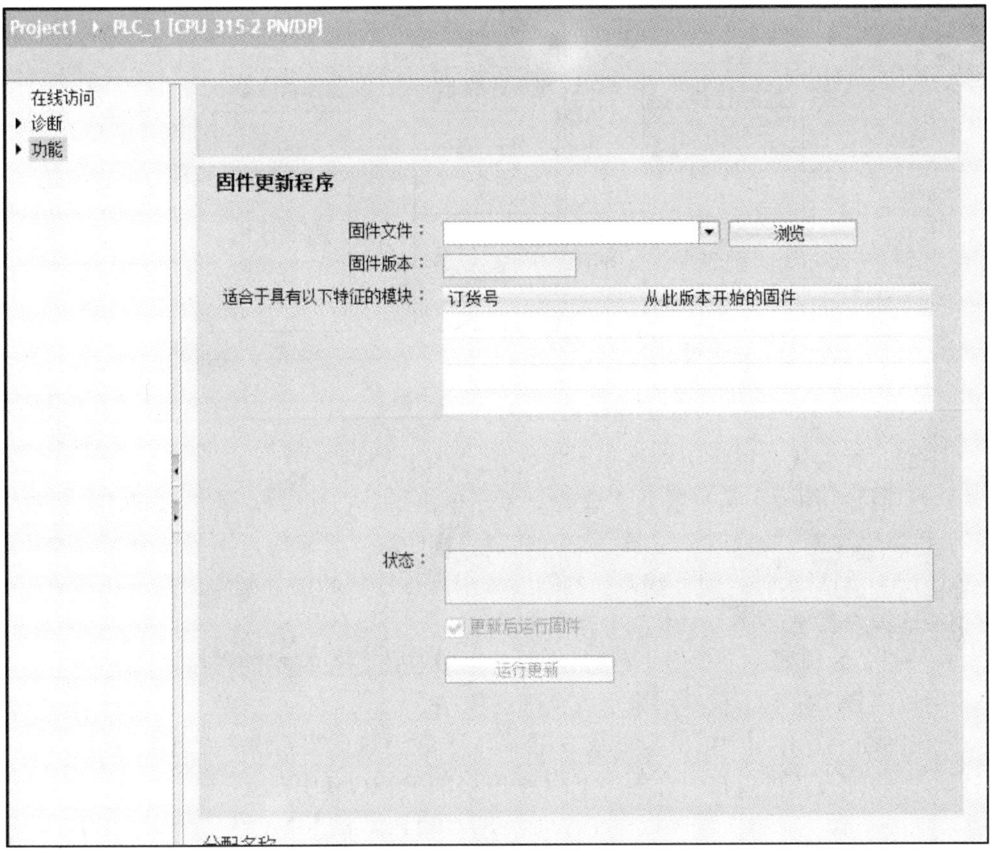

图 9-17　在线固件升级

3）固件版本更新后，可以使用模块新的功能。

注意：

①在更新操作中模块不能掉电或拔插通信电缆。

②有些模块不支持在线更新功能，菜单命令不能激活。这些模块必须使用 MMC 或 FLASH 卡及带有 MMC 或 FLASH 读写装置的编程器进行更新。

③在下载固件版本文件时提示更新文件适用的硬件订货号、版本号、升级的方法及具体步骤，从中可以知道该固件版本是否支持在线更新功能。

9.2　程序的下载、上传、复位操作

9.2.1　程序的下载

程序编写完成后，通过下载操作可以将程序下载到 PLC 中，程序首先下载到 PLC 的装载存储器中（EPROM:程序保持不需要电池；RAM:程序保持需要电池。有电池时可以保持过程数据），与执行相关的部分程序存储于工作存储器中，例如函数 FC1，在程序中没有调用或当前没有调用，FC1 存储于装载存储器中，如果条件满足主程序调用 FC1，则FC1 同时存储于装载存储器和工作存储器中。下载的过程如图 9-18 所示。

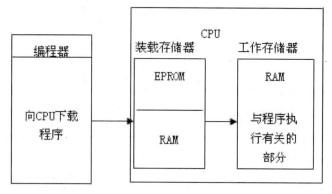

图 9-18　程序的下载

有下面几种方式可以将用户程序下载到 PLC 的 RAM 中：

1）在项目视图中，选择需要下载的对象，单击下载按钮⬇，就可以将该对象的内容下载到 PLC。选中一个块时，下载该块；选中"程序块"目录时，下载整个目录中所有的块；选中 PLC 站目录时，则下载该站内的所有用户程序块和硬件配置信息，在下载过程中会有相应的覆盖提示。

2）在程序编辑器中，单击下载按钮⬇，下载当前正在编辑的程序块或数据块。在动作中也可以选择"统一下载"用来下载全部的程序。

3）在硬件配置界面中，单击下载按钮⬇，下载当前正在编辑的硬件配置信息。

有下面两种方式可以将用户程序下载到 PLC 的 EPROM 中：

1）使用下载功能可以直接将程序存储于 S7-300 PLC 的 MMC 中。

2）使用西门子 PG 或带有外置 EPROM 读写器的 PC 离线下载。下载前必须在"SIMATIC 卡读卡器"中添加相应的读卡器，并选择微型存储卡选项，可以拖曳或者下载程序到存储卡，如图 9-19 所示。

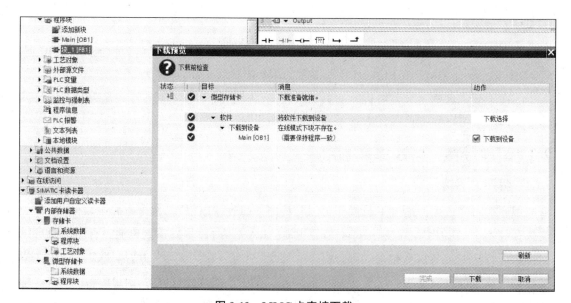

图 9-19　MMC 卡直接下载

9.2.2　程序的上传

上传与下载的过程相反，将存储于 PLC 装载存储器中程序复制到编程器的硬盘中。有下面几种方式可以实现程序的上传：

1）在项目视图中，切换到在线后，使用菜单命令“在线”→“从设备上传”命令可以将 PLC 站中的程序上传到编程器中。

2）在项目视图中单击左侧工具栏“在线访问”或选择菜单命令“在线”→“可访问的设备”，将站点中的程序块复制到编程器中。

3）在工具栏界面中，可以通过工具栏上的上载按钮上载 PLC 程序。

上传的配置信息和用户程序与源程序相比并不完整，例如：

1）程序块不包含任何参数、变量的符号名称；

2）程序块不包含任何注释。

9.2.3　程序信息

在 TIA 博途软件项目视图中，通过双击项目树中的“程序信息”选项卡可以查看丰富详细的程序信息，包括调用结构、从属结构、分配列表和 CPU 资源。

调用结构的功能是显示用户程序块的调用结构，并概要说明所用的块与块间的关系，如图 9-20 所示。

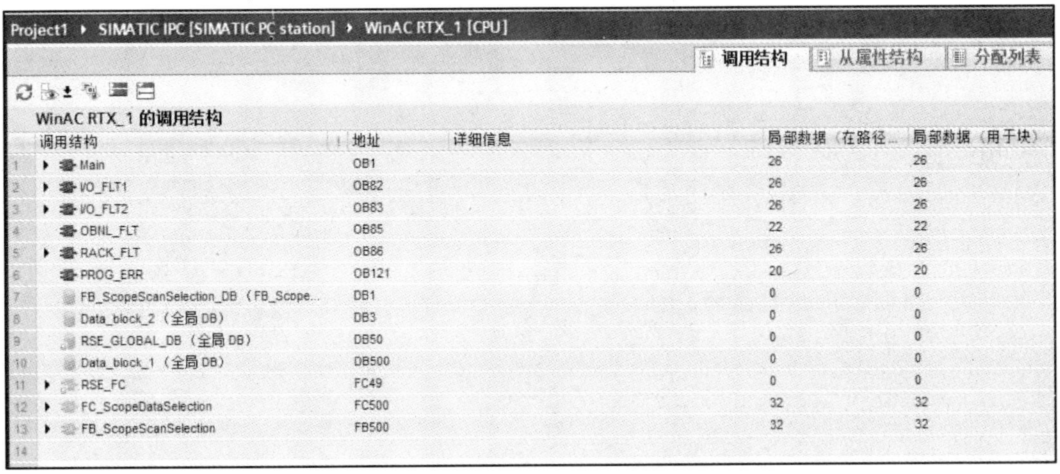

	调用结构	地址	详细信息	局部数据（在路径…	局部数据（用于块）
1	Main	OB1		26	26
2	I/O_FLT1	OB82		26	26
3	I/O_FLT2	OB83		26	26
4	OBNL_FLT	OB85		22	22
5	RACK_FLT	OB86		26	26
6	PROG_ERR	OB121		20	20
7	FB_ScopeScanSelection_DB（FB_Scope...	DB1		0	0
8	Data_block_2（全局 DB）	DB3		0	0
9	RSE_GLOBAL_DB（全局 DB）	DB50		0	0
10	Data_block_1（全局 DB）	DB500		0	0
11	RSE_FC	FC49		0	0
12	FC_ScopeDataSelection	FC500		32	32
13	FB_ScopeScanSelection	FB500		32	32
14					

图 9-20　调用结构

显示从属结构时，会显示用户程序中使用块的列表（见图 9-21），块显示在最左侧，调用或使用此块的块缩进排列在其下方。从属结构还会用符号显示单个块的状态。时间选项卡冲突或者程序中出现不一致的对象分别以不同符号表示。从属结构是对象交叉引用列表的扩展。

分配列表显示 CPU 的地址区的使用情况，因此它是在用户程序中查找地址错误或进行地址更改的重要基础，如图 9-22 所示。

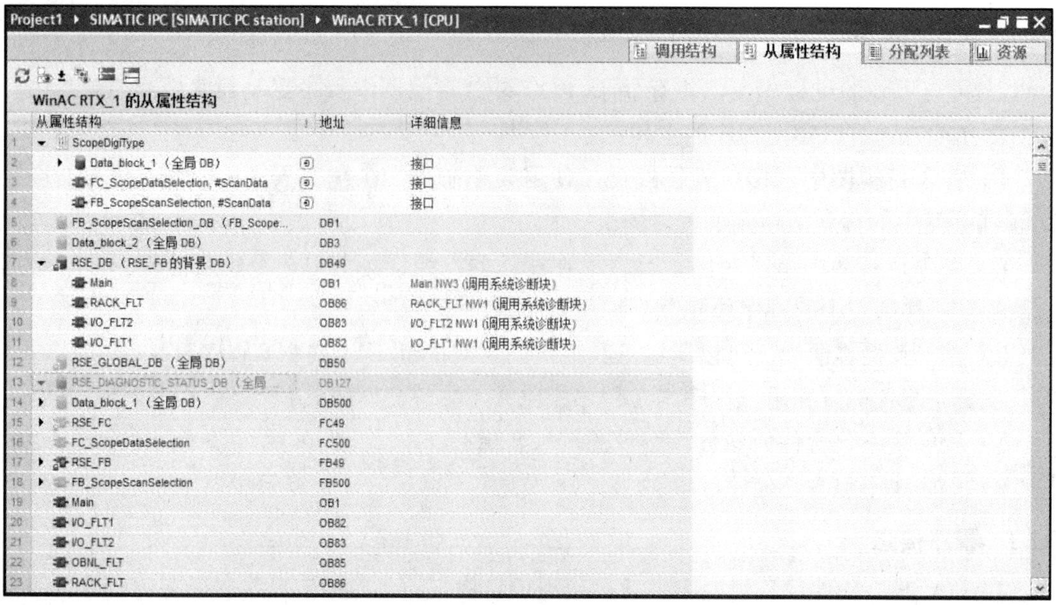

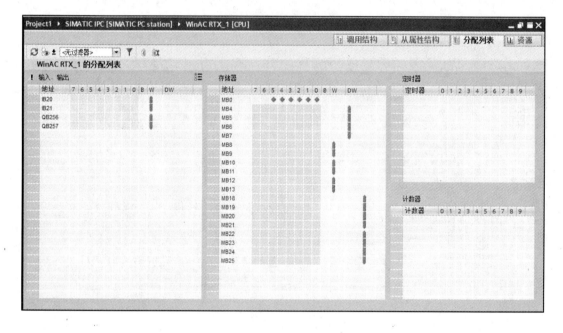

图 9-21　从属结构

图 9-22　分配列表

通过分配列表，可以查看到 CPU 特定的概况，其中列出了 CPU 输入 (I)、输出 (O)、位存储器 (M)、定时器 (T)、计数器 (C)、I/O (P) 地址区，在上述的存储区字节的使用情况。

"资源"选项卡指示已组态 CPU 上使用的编程对象，CPU 中存储区的分配，以及现有输入和输出模块中已分配的输入和输出，如图 9-23 所示。

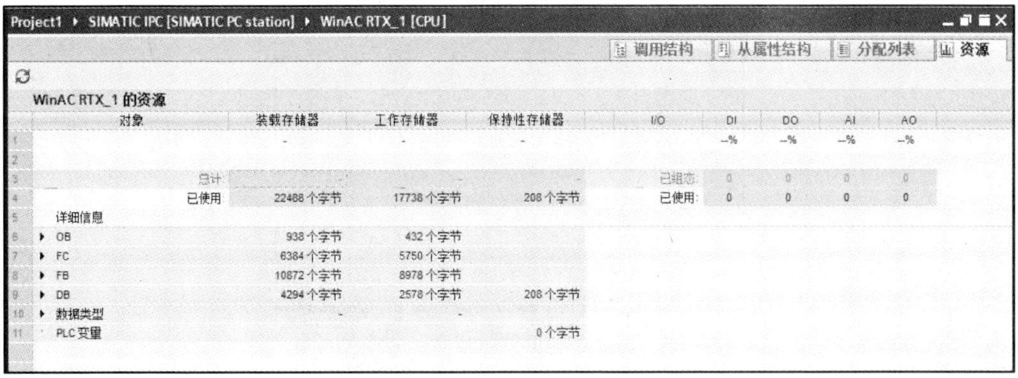

图 9-23　资源

资源选项卡概要说明了 CPU 上用于以下对象的硬件资源：CPU 中使用的 OB、FC、FB、DB、PLC 变量和用户定义的数据类型，CPU 上可用的存储区（工作存储器、装载存储器、保持性存储器），其最大尺寸及上述编程对象使用的大小，可为 CPU 组态模块（I/O 模块、数字输入模块、数字输出模块、模拟输入模块和模拟输出模块）I/O 的数量，包括已使用的 I/O。其详细的信息可以供用户了解资源的实际情况。

9.2.4　删除 CPU 中的程序块

在需要删除的程序块上单击右键选择"删除"功能（见图 9-24），在弹出的对话框内根据需要选择删除的位置即可。

图 9-24　删除程序

如图 9-25 所示，如果选择位置为设备中，即从 PLC 中在线删除 CPU 的程序块，如果位置为项目中删除，则是删除离线的程序块。

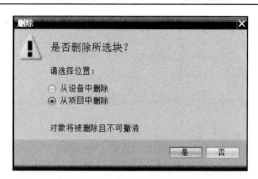

图 9-25 选择从项目删除或者从设备中删除

9.2.5 程序比较

当切换到在线后，可以通过程序块等对象的在线图标获知当前离线与在线的比较情况。其图标含义见表 9-1。

表 9-1 比较符号含义

符号	说明	符号	说明
⚠	文件夹包含在线和离线版本不同的对象	◖	对象的在线和离线版本不同
❓	比较结果未知	◐	对象仅离线存在
▦	对象的在线和离线版本相同	◑	对象仅在线存在

如果需要获取更加详细的信息可以使用"工具"菜单的"比较"功能，其比较功能有两种即，"离线/在线比较"和"离线/离线比较"（见图 9-26），以"离线/在线比较"为例介绍比较功能的使用。

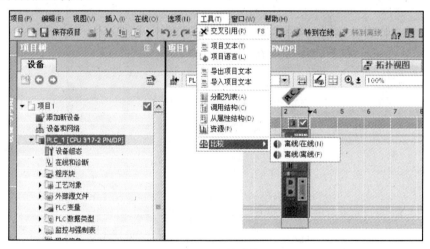

图 9-26 比较功能

单击"离线/在线比较"命令将显示所有在线存在和离线存在的对象。比较编辑器和项目树中的符号会显示对象的状态如图 9-27 所示，现在可以定义对象所需的操作，或启动详细的比较。

在比较中可以选择需要执行的动作，符号含义见表 9-2。

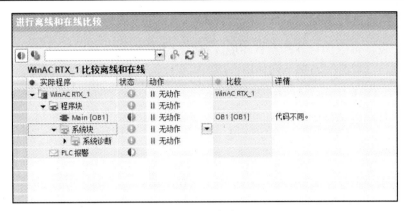

图 9-27　比较编辑器

表 9-2　比较动作

符号	说明	符号	说明
‖	无动作	←	在线程序覆盖离线程序
→	离线程序覆盖在线程序	⇄	文件夹中比较对象的不同操作

　　当程序存在多个版本或者多人编辑项目时，充分的利用比较功能可以确保程序的正确执行，在比较编辑器中选择比较有区别的块，双击"详情"栏中原因，如图 9-27 中的"代码不同"可以获得具体的比较信息。

　　通过详细比较可以确定存在块版本不同的确切位置。用户通过以下颜色编码可以尽快找到这些位置：差异所在的行以灰色高亮显示，不同的操作数和指令以绿色高亮显示。如果程序段数不同，则会添加伪程序段，使相同程序段的显示同步。图 9-28 中所示为 LAD 编程语言的详细比较示例。

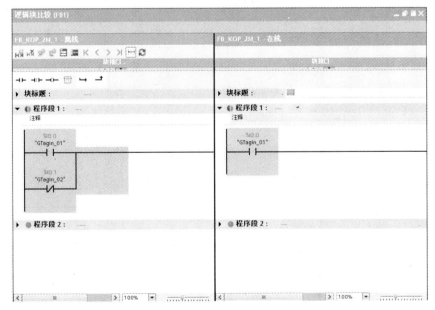

图 9-28　详细比较功能

9.3　使用监控表进行调试

使用监控表，可以保存各种测试环境，有效地进行测试和监控。项目中保存监控表的数量没有限制。变量监控表有下列作用。

监视表中可以使用以下功能：

1）"监视变量"

使用该功能可以在 PG/PC 上显示 PLC 中或用户程序中的各个变量的当前值。

2）"修改变量"

使用该功能可以将特定值分配给用户程序中或 PLC 中的各个变量。 使用程序状态进行测试时，也可以进行修改。

3）"启用外设输出"和"立即修改"

使用这两项功能可以将特定值分配给处于 STOP 模式下 PLC 的各个外设输出，同时还可以检查接线情况。

可以监视和修改以下变量：

1）输入、输出和位存储器；

2）数据块的内容；

3）I/O；

4）可能的应用。

监视表的优势在于可以存储若干测试环境。这样用户就可以在调试期间或因维修和维护需要重新进行测试。

9.3.1　建立监视表并添加变量

在项目视图中选择"监控与强制表"目录，使用菜单命令"插入"→"监控表"。或者在"监控与强制表"目录中选择"添加新监控表"，如图 9-29 所示。

图 9-29　建立监控表

打开监控表输入相应监控的变量，如图 9-30 所示。

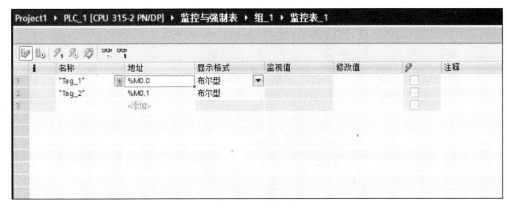

图 9-30　监控表

在"地址"栏中输入需要监控的变量地址，如 I、Q、M 等地址区和数据类型，如果需要监控一个连续的地址范围，可以在地址的下脚标位置使用拖曳的方式进行批量输入；在"显示格式"栏中，可以选择显示的类型，如布尔型、十进制、十六进制、字符、浮点等格式，选择显示的格式与监控变量的数据类型有关。

注意：外设输出区变量不能显示，例如 QW256:P，但是可以赋值。

9.3.2　变量的监控和修改

通过工具栏中的快捷键可以对监控表中的变量进行监视和修改，快捷键符号和命令含义如图 9-31 所示。

图 9-31　监控表快捷键

通过工具栏中的图标 "显示/隐藏高级设置列"或者命令"在线>扩展模式"可以切换为扩展模式，扩展模式下会显示"使用触发器监视"和"使用触发器修改"列。在"使用触发器修改"列中，从下拉列表框中选择所需修改模式。有下列选项：

1）永久；

2）永久，扫描周期开始时；

3）仅一次，扫描周期开始时；

4）永久，扫描周期结束时；

5）仅一次，扫描周期结束时；

6）永久，切换到 STOP 时；

7）仅一次，切换到 STOP 时。

使用菜单命令"在线→修改→使用触发器修改"命令启动修改。如果要使用触发器修改，则单击"是"确认提示。

9.3.3　强制变量

在程序调试过程中，由于一些输入信号不满足而不能对某个控制过程进行调试，强制功能可以让某些 I/O 保持用户指定的值，与修改变量不同，一旦强制了 I/O 的值，这些 I/O 将不受程序影响，始终保持该值，直到用户取消强制功能。

在项目树中打开目标 PLC 下的"监视和强制表"文件夹，双击该文件夹中的"强制表"选项卡栏，打开并创建一个强制表。一个 PLC 只能打开一个强制变量窗口。强制变量窗口与监控表界面类似，输入需要强制的变量地址和强制值，使用快捷键 **F** 或菜单命令"在线"→"强制"选项启动强制命令选择。

强制功能由 PLC 提供，不具备强制功能的 PLC 无法在监控表中使用强制功能。使能强制功能后，PLC 前面板上强制指示灯（FRCE）变为黄色，提示强制功能可能导致的危险。关闭强制窗口或退出"强制表"并不能删除强制任务，强制任务只能使用快捷键 **F** 或菜单命令"在线"→"强制"→"停止强制"终止。如果在 PLC 上激活了"启用外设输出"功能，则无法在此 PLC 上进行强制。如果需要，可在监视表中禁用该功能。

9.4　使用程序编辑器调试程序

9.4.1　调试 LAD/FBD 程序

LAD 或 FBD 程序以能流的方式传递信号状态，通过程序中线条、指令元素及参数的颜色和状态判断程序的运行结果，如图 9-32 所示。

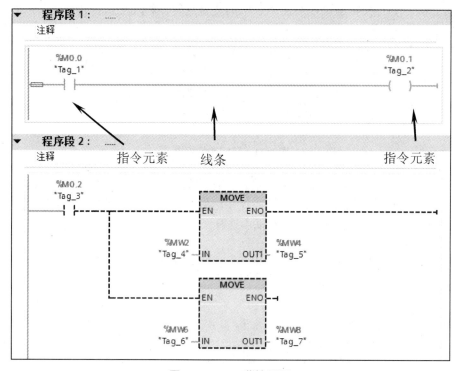

图 9-32　LAD 监控界面

注：图中实线均为绿色实线，虚线均为蓝色虚线。

线条颜色默认设置如下：

1）绿色实线　　　　已满足

2）蓝色虚线　　　　未满足

3）灰色实线　　　　未知或未执行

4）黑色　　未互连

判断线条、指令元素及参数状态的规则如下：

1）程序中线条的状态

a）线条的状态如果未知或没有完全运行则是灰色实线。

b）在能流开始处线条的状态总是满足的（"1"）。

c）并行分支开始处线条的状态总是满足的（"1"）。

d）如果一个指令元素和它前面的线条的状态都满足，则该元素后面的线条状态满足。

e）如果 NOT 指令前面的线条状态不满足（相反），则 NOT 指令后面的线条状态满足。

f）在下列情况下，线条交叉点后面的线条状态如果满足：

①之前至少有一个线条的状态满足；

②分支前的线条的状态满足。

2）指令元素的状态

a）触点的状态：

①如果该地址为"1"值则满足；

②如果该地址为"0"值则不满足；

③如果该地址的值不知道则为未知。

b）输出 Q 的元素状态对应于该触点状态。

c）如果 BR 位在调用后被置位，则调用（CALL）的状态满足。

d）如果跳转被执行则跳转指令的状态满足，即意味着跳转条件满足。

e）带有使能输出（ENO）的元素，如果使能输出未被连接则该元素显示为黑色。

3）参数的状态

a）黑色显示的参数值是当前值。

b）灰色显示的参数值来自前一个扫描，表明该程序区在当前扫描循环中未被处理。

在程序编辑界面中，单击工具栏按钮 ，即可进入监视状态如图 9-32 所示，使用鼠标单击变量，按右键"修改"可以直接修改变量的值，同样按右键选择"修改"→"显示格式"可以切换显示的数据格式。

9.4.2　调试 STL 程序

STL 程序通过状态字及其它显示信息判断程序的运行结果，单击工具栏按钮 ，即可进入监视状态如图 9-33 所示。

在 STL 监控界面右边的状态域中显示程序执行的状态及结果，可显示的信息包括：

1)RLO

"RLO"列将显示程序中每一行的逻辑运算结果。可以根据表格单元的背景颜色识别 RLO 的值。这里，绿色表示 RLO 为 1，淡紫色表示 RLO 为 0。

				RLO	值	额外
1	A	"Tag_3"	%M0.2	0	0	
2	=	%L20.0	%L20.0	0	0	
3	A	%L20.0	%L20.0	0	0	
4	JNB	Label_0		1		
5	L	"Tag_4"	%MW2			
6	T	"Tag_5"	%MW4			
7	Label_0 : NOP 0			1		
8	A	%L20.0	%L20.0	0	0	
9	JNB	Label_1		1		
10	L	"Tag_6"	%MW6			
11	T	"Tag_7"	%MW8			
12	Label_1 : NOP 0			1		

程序段 3: ____
注释

				RLO	值	额外
1						
2	L	P#10.0	P#10.0	1	P#10.0	
3	L MD ["Tag_8"]		%MD40	1	16#3000000	P#0.0
4						
5						

图 9-33　STL 监控界面

2)值

在"值"(Value)列中为操作数的当前值。

3)额外

"额外"(Extra) 列将显示特定操作的其它信息，例如数学指令的相关状态位、定时器和计数器的时间或计数值，或者用于直接寻址的存储器地址。其它的监控信息可以在 PLC 寄存器中得到，如图 9-34 所示。

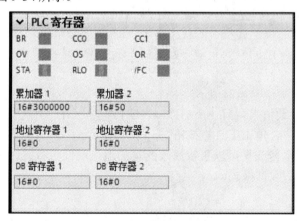

图 9-34　PLC 寄存器监控界面

PLC 寄存器信息对于程序的调试很有帮助，可以从中了解到累加器、地址寄存器以及 DB 寄存器等信息。

9.4.3　使用断点单步调试程序

借助断点调试功能，可以一个指令一个指令地单步调试程序。是否支持断点功能以及支持断点的数目参考 PLC 订货手册。

实现单步调试程序必须满足下列条件：

1）已设置断点；

2）在线连接到 PLC；

3）PLC 处于测试模式；

4）正在监控的程序不能使用断点；

5）未达到 PLC 断点的最大数量。

如果使用断点功能，首先建立在线连接，勾选启用测试模式，然后在程序代码中设置断点，如图 9-35 所示。

▼	程序段 1：……		
	注释		
	1　　A　　"Tag_1"		%M0.0
◑	2　　=　　"Tag_2"|		%M0.1
▼	程序段 2：……		
	注释		
	1　　A　　"Tag_3"		%M0.2
	2　　=　　%L20.0		%L20.0
	3　　A　　%L20.0		%L20.0
	4　　JNB　Label_0		
	5　　L　　"Tag_4"		%MW2
	6　　T　　"Tag_5"		%MW4

图 9-35　断点调试

可使用下列功能逐步执行程序：

1）继续执行，直到下一个启用的断点。

2）运行到光标处：继续执行，直到光标位置。

3）逐过程：执行当前所选指令。

4）逐语句：跳转到低级块或调用低级块。

5）跳出：如果正在处理块调用，而且所调用块中的程序执行在断点处发生中断，则可以使用"跳出" 🔁 命令跳回到被调用的块。

通过右侧任务卡选择"测试"即可显示断点调试工具栏，如图 9-36 所示。

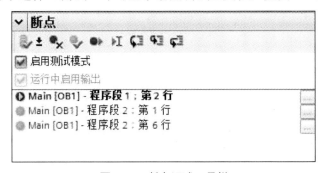

图 9-36　断点调试工具栏

激活断点调试功能后，PLC 进入“HOLD”模式（PLC 的前面板“RUN”灯闪烁，“STOP” 亮）。在“HOLD”模式下 PLC 具有下列特性：

1）在 HOLD 模式下不处理 S7 指令码，没有优先级被进一步处理。

2）所有定时器被冻结：

①不处理任何定时器；

②所有监控时间停止；

③时间控制的基本时钟被停止。

3）实时时钟继续运行。

4）为安全原因，在 HOLD 模式下输出被禁止。

单击删除所有断点键，再单击继续运行键，PLC 恢复正常运行模式。

9.4.4　调试数据块

共享数据块和背景数据块中的数值可以在联机的模式下直接监控，单击“全部监视”按钮，数值显示在“监视值”栏中，如图 9-37 所示。

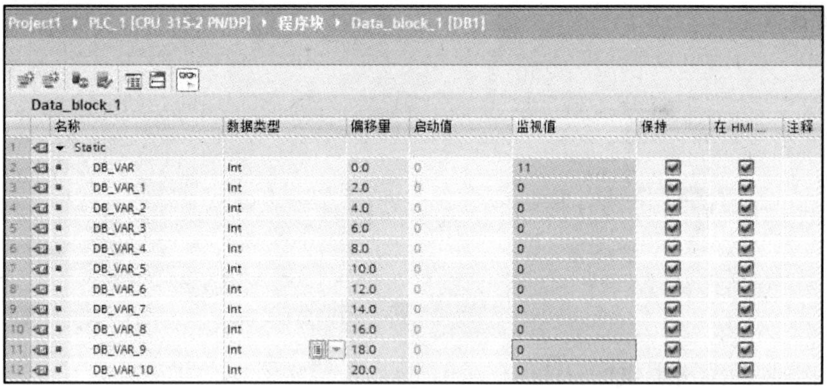

	名称	数据类型	偏移量	启动值	监视值	保持	在 HMI ...	注释
1	Static							
2	DB_VAR	Int	0.0	0	11	☑	☑	
3	DB_VAR_1	Int	2.0	0	0	☑	☑	
4	DB_VAR_2	Int	4.0	0	0	☑	☑	
5	DB_VAR_3	Int	6.0	0	0	☑	☑	
6	DB_VAR_4	Int	8.0	0	0	☑	☑	
7	DB_VAR_5	Int	10.0	0	0	☑	☑	
8	DB_VAR_6	Int	12.0	0	0	☑	☑	
9	DB_VAR_7	Int	14.0	0	0	☑	☑	
10	DB_VAR_8	Int	16.0	0	0	☑	☑	
11	DB_VAR_9	Int	18.0	0	0	☑	☑	
12	DB_VAR_10	Int	20.0	0	0	☑	☑	

图 9-37　数据块监控界面

在监控过程中，数据块监视值中将显示当前数据值。数值分别以各自的数据类型显示，其格式不能修改。如果需要保存当前的数据值可以使用“快照”功能，即通过单击快照按钮显示数据块单击按钮瞬间的数值，并存储于离线项目中，如图 9-38 所示。

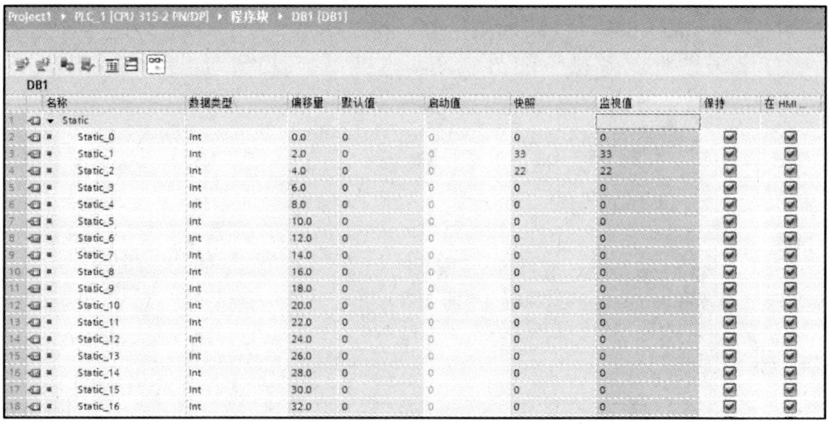

	名称	数据类型	偏移量	默认值	启动值	快照	监视值	保持	在 HMI ...
1	Static								
2	Static_0	Int	0.0	0	0	0	0	☑	☑
3	Static_1	Int	2.0	0	0	33	33	☑	☑
4	Static_2	Int	4.0	0	0	22	22	☑	☑
5	Static_3	Int	6.0	0	0	0	0	☑	☑
6	Static_4	Int	8.0	0	0	0	0	☑	☑
7	Static_5	Int	10.0	0	0	0	0	☑	☑
8	Static_6	Int	12.0	0	0	0	0	☑	☑
9	Static_7	Int	14.0	0	0	0	0	☑	☑
10	Static_8	Int	16.0	0	0	0	0	☑	☑
11	Static_9	Int	18.0	0	0	0	0	☑	☑
12	Static_10	Int	20.0	0	0	0	0	☑	☑
13	Static_11	Int	22.0	0	0	0	0	☑	☑
14	Static_12	Int	24.0	0	0	0	0	☑	☑
15	Static_13	Int	26.0	0	0	0	0	☑	☑
16	Static_14	Int	28.0	0	0	0	0	☑	☑
17	Static_15	Int	30.0	0	0	0	0	☑	☑
18	Static_16	Int	32.0	0	0	0	0	☑	☑

图 9-38　数据快照功能

通过离线的复制粘贴操作可以从快照栏内把启动值进行更新。步骤如下：

1）单击“全部监视”按钮启动监视；

2）表中显示“监视值”列，该列显示当前数据值；

3）在工具栏上，单击“监视值的快照”；

4）最新的监视值显示在“快照”列中；

5）再次单击“全部监视”按钮结束监视；

6）选择“快照”列中的值；

7）在快捷菜单中，选择“复制”；

8）选择“启动”列中的值；

9）在快捷菜单中，选择“粘贴”；

10）编译并重新装载块。

9.4.5 调用环境功能

如果多个编程对象功能相同，可以编写一个带有形参的函数，多次调用并赋值不同的实参即可完成对多个对象的编程，例如对多个功能相同的阀门进行控制。使用函数编程使整个程序结构变得简单、清晰和结构化，易于调试。但是由于各个函数中使用的局部变量共用 PLC 内部的局部变量堆栈，而对每个函数赋值的实参又不同，因而不能直接监控每个控制对象的中间过程即中间变量（如果使用函数块 FB，中间变量使用静态变量则可以直接监控，但是要占用全局变量）。TIA 博途软件中提供了调用环境功能，可以临时监控每个控制设备的中间过程。使用调用环境功能必须满足以下两个前提条件：

1）使能在线功能；

2）使能测试模式。

下面以示例的方式介绍调用环境功能，例如编写一个控制阀门的函数 FB1，在 OB1 中调用三次分别赋值不同的实参控制三个阀门。首先在 OB1 中多次调用，如图 9-39 所示。

		RLO	值	额外
CALL "FB1", "DB11"	%FB1, %DB11		In	Out
Input_0 :="Tag_2"	%M10.0		TRUE	
Output_1 :="Tag_3"	%M10.1			TRUE
InOut_2 :="Tag_4"	%M10.2		FALSE	FALSE
CALL "FB1", "FB1_DB"	%FB1, %DB12		In	Out
Input_0 :="Tag_5"	%M10.3		FALSE	
Output_1 :="Tag_6"	%M10.4			FALSE
InOut_2 :="Tag_7"	%M10.5		FALSE	FALSE
CALL "FB1", "FB1_DB_1"	%FB1, %DB13		In	Out
Input_0 :="Tag_8"	%M10.6		FALSE	
Output_1 :="Tag_9"	%M10.7			FALSE
InOut_2 :="Tag_10"	%M11.0		FALSE	FALSE

图 9-39　函数调用程序

单击右侧菜单栏“测试”，在“调用环境”中选择“更改”。然后使用鼠标选择需要监控的背景 DB 块号，如图 9-40 所示。

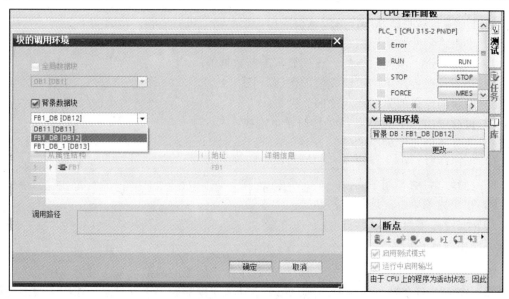

图 9-40　更改调用环境功能

　　这时打开并进行监控的 FB1，中间过程变量只与当前赋值的实参有关而独立于其它 FB1 形参的赋值，这样就实行了对其中一个阀门中间过程变量的监控。

　　注意：启用的调用环境功能在监控的函数关闭后失效，必须重新启用。

9.4.6　编程交叉引用

　　在编程时一个变量可能在多个程序中使用，因此在编程时可以通过信息栏中的交叉引用功能进行方便快捷的信息显示，可以准确的定位和了解当前使用变量的信息，例如在 OB1 中使用了 IW20 这个变量，同时此变量在 OB121 中也有使用，选择需要监控的变量，单击"交叉引用"信息栏后，即可获知详细信息，如图 9-41 所示。

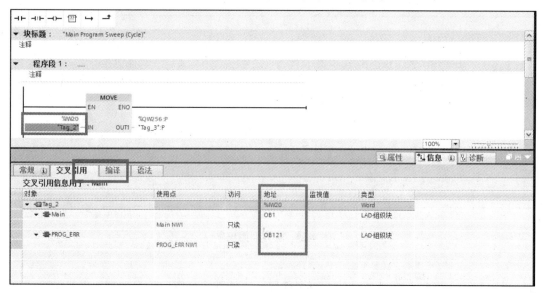

图 9-41　编程交叉引用

9.5　硬件诊断

9.5.1　硬件的诊断符号

在设备组态窗口，使用菜单命令"转到在线"打开设备组态在线窗口。通过在线窗口可以快速查看配置的硬件模块是否有故障，如果模块没有故障，则在模板图标上不显示诊断符号，图标为绿色对号；如果模板有诊断信息，则会在模板的图标上增加一个诊断符号。模块的诊断符号与含义见表 9-3。

表 9-3　硬件诊断符号

诊断符号	含　义
	硬件配置与实际不匹配、配置的模板不存在或者插入了不同类型的模板。如果是 PROFIBUS-DP 从站，表示从站不存在
	从属组件发生故障：至少一个从属硬件组件发生故障
	建立了连接，但尚未确定模块的状态
	已组态的模块不支持显示诊断状态

PLC 的信息也可以通过诊断符号快速诊断，诊断符号见表 9-4。

表 9-4　PLC 诊断符号

诊断符号	含　义
	起动（STARTUP）模式
	停机（STOP）模式
	运行（RUN）模式
	保持（HOLD）模式
	故障（DEFECTIVE）模式
	未知操作模式
	已组态的模块不支持显示操作模式

9.5.2　模板诊断信息

在硬件配置在线窗口中，单击具有诊断功能的模块如 PLC、模拟量模块、数字量输入、PROFIBUS-DP 从站接口等，使用右键选择"在线与诊断"或者使用快捷键"Ctrl+D"即可获得在线诊断信息，不同模块显示的诊断信息不同，例如 PLC 显示的模板在线信息如图 9-42 所示。

模板信息中不同选项卡栏对应不同的诊断信息和用途，模板信息包含的内容见表 9-5。

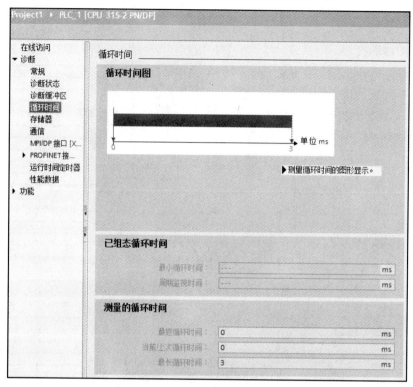

图 9-42 PLC 的模板在线信息

表 9-5 模板信息包含的内容

功能/选项卡	信 息	用 途
常规	所选模板的标识数据，例如订货号、版本号、状态、机架中的插槽	可将所插模板的在线信息与配置数据进行比较
诊断状态	所选模板的诊断数据	评估模板故障的原因
诊断缓冲区	诊断缓冲区中事件总览以及所选中事件的详细信息	查找引起 PLC 进入 STOP 模式的原因，使用诊断缓冲区可以对系统错误进行分析，查找停机原因并对出现的每个诊断事件进行追踪和分类
循环时间	所选 PLC 最长、最短和最近一次的循环扫描时间	用于检查配置的最小循环时间、最大循环时间和当前循环时间
存储器	存储能力。所选 PLC 工作存储器和装载存储器以及具有保持功能的存储器当前使用的情况	检查 PLC/功能模板的装载存储器中是否有足够的空间，或者需要压缩存储器内容
通信	传送速率，通信连接概述，通信负荷以及所选模板在通信总线上最大的信息容量	PLC 或 FM 的连接数量和种类，以及正在使用的数量
运行时间定时器	当前 PLC 运行的时间信息	包括运行时间定时器是 16 位还是 32 位的相关信息、已运行的小时数、状态、是否发生了溢出的信息
性能数据	所选模板（PLC/FM）的地址区和可使用的程序块，显示所选 PLC 所有可用的程序块类型，包括 OB、SFB、SFC 列表，可将这些程序块用于该 PLC	在生成用户程序之前或之中检查 PLC 是否满足执行用户程序的要求。例如，装载存储区的大小或过程映像的大小，检查用户程序中包含或调用的 OB、SFB、SFC 是否可以在所选的 PLC 上运行

如果模板出现故障，模板信息对于用户来说至关重要，提供的诊断信息可以帮助用户快速定位故障原因并找到解决方法，例如 CP341 MODBUS 通信，如果通信指示灯闪烁，但是没有接收到数据，CP341 的模板信息会显示出错的原因和错误代码，在手册中可以查找错误的原因和解决方法。

对于程序的调试、维护，PLC 的诊断缓冲区非常重要，在诊断缓冲区中列出所有与 PLC 故障相关的触发事件，例如模板拔出的时间（或故障时间）和插入时间（更换时间）、程序执行故障点、PLC 模式切换记录等。利用诊断缓冲区可以跟踪程序执行的故障信息，如图 9-43 所示。

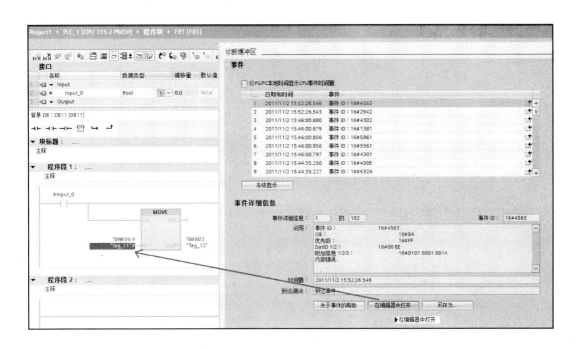

图 9-43 PLC 的诊断缓冲区

选择缓存区中的故障信息，单击"在编辑器中打开"键直接跳转到程序故障点。在程序中使用 M、C、T 数据区超出 PLC 系统存储器规定的范围，程序下载后，PLC 报错，使用相同的方法可以查出非法 M、C、T 数据区在程序中使用的位置。

9.5.3 系统诊断

当 PLC 发生错误时会触发组织块调用。例如，如果出现断线，则系统将调用 OB 82。硬件组件提供有关所发生系统故障的信息、错误类型（例如通道错误或模块故障）的常规信息。如果需要在 TIA 博途软件中记录并显示当前出错的信息，可以通过硬件组态的属性窗口进行设置，选择"激活对该 PLC 的系统诊断"和"发送报警"两个选项，如图 9-44 所示。

当"转到在线"后即可在 TIA 博途软件的"诊断"中获得已经发生的错误记录信息，如图 9-45 所示。

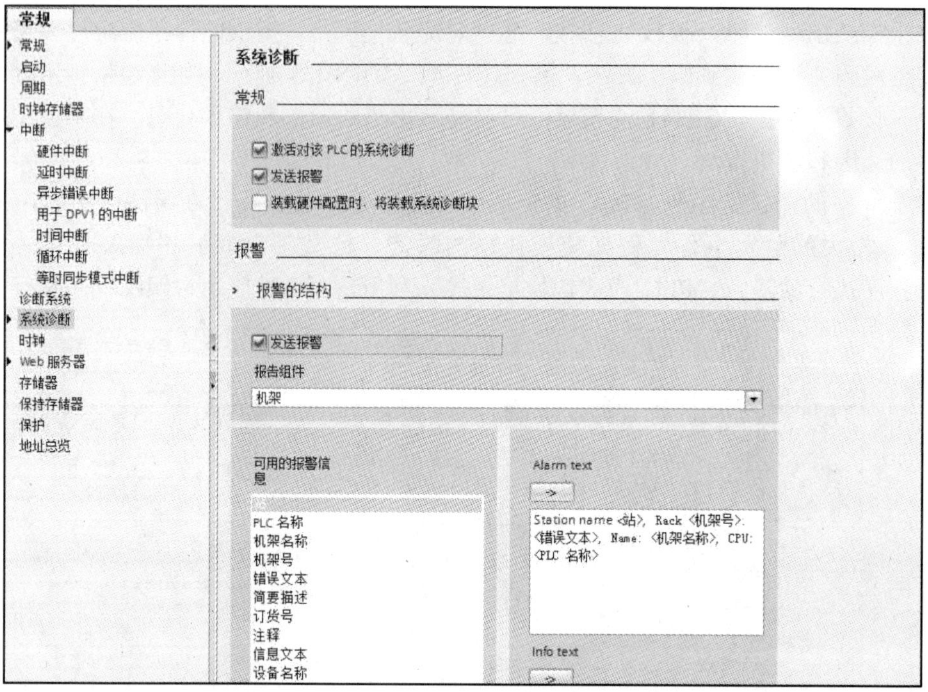

图 9-44　设置报告系统错误

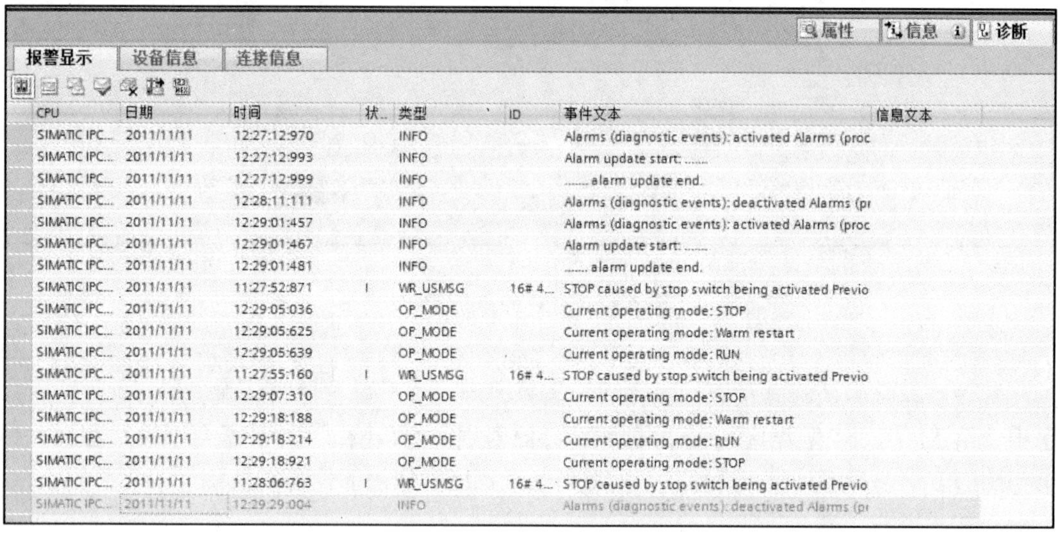

图 9-45　报警显示

图 9-45 中的报警显示内容为英文，如果需要显示中文内容，则需要设置显示语言，打开项目树中的"项目语言"选项卡栏，在项目语言视图中选择"中文（中华人民共和国）"并把"编辑语言"和"参考语言"均修改为"中文（中华人民共和国）"，如图 9-46 所示。

重新刷新，在线报警显示即为中文报警内容，如图 9-47 所示。

图 9-46　项目语言

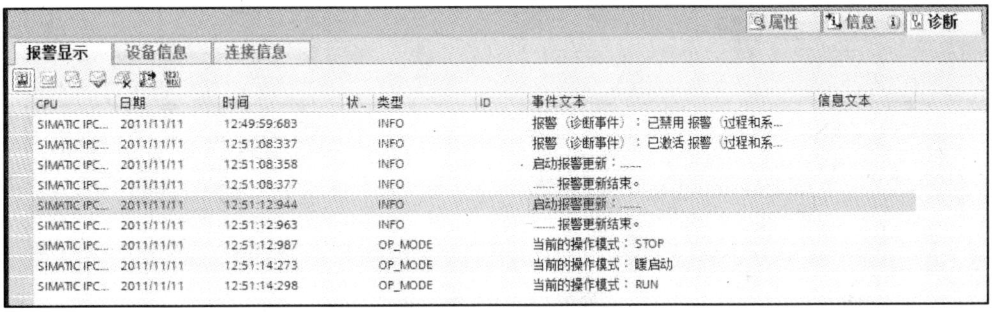

图 9-47　中文报警

报警的接收与刷新可以由"在线"菜单的"接收报警"选项进行控制，如图 9-48 所示。

在设备信息窗口可以获得当前的设备状态信息，此窗口会跟随当前的实际状态动态更新。

系统诊断功能自动将系统的报警信息发送到西门子 HMI 中，用户不再需要编写繁复的报警程序，如果报警触发而 HMI 并没有接收到，可以使用 TIA 博途软件按上述的方法接收报警信息作测试，如果同样没有接收到信息，可以判断是参数设置的原因。

9.6　使用 S7 PLCSIM 模拟器测试用户程序

TIA 博途软件集成 PLC 模拟器，在编程器上可以直接模拟 S7-300、S7-400 PLC 的运行并测试程序。PLC 模拟器完全由软件实现，不需要任何 S7 硬件，例如 PLC 或信号模板。

PLC 模拟器只能对用户程序进行测试或由用户程序引起

图 9-48　接收报警选项

的故障进行诊断，由于没有连接硬件，不能模拟硬件的诊断、串口模块通信程序、FM 模块的调试操作。

PLC 模拟器为监视和修改用户程序提供了一个简单的用户界面，例如切换输入开关的接通和断开等功能，也可以使用软件中各种调试工具例如断点调试、程序监控及使用监控表监视和修改变量。

单击需要模拟的 CPU，按鼠标右键选择"开始模拟"命令打开模拟器（见图 9-49），用户可以插入需要模拟的存储器，（包括输入信号，也可以在变量监控表中模拟）然后系统提示下载程序，单击下载键，模拟 CPU 程序将下载到模拟器中。

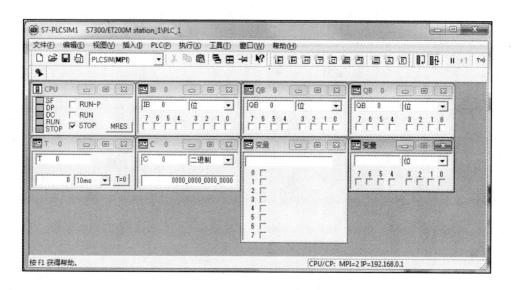

图 9-49　模拟器界面

9.6.1　设置 PLC 的操作模式

在 CPU 栏中可以单击"RUN-P"、"RUN"、"STOP"及"MRES"选项或通过菜单命令"执行"→"钥匙开关位置"模拟 PLC 的运行模式；使用菜单命令"执行"→"启动开关位置"可以模拟 PLC 启动模式，如冷启动、暖启动等特性；使用菜单命令"执行"→"扫描模式"可以选择 PLC 执行单次扫描还是循环扫描，扫描模式也可以通过工具栏选择，工具栏按钮及含义如图 9-50 所示。

在单循环模式下，可以单击按钮 +1 进行下一次循环。在何种模式下，都可以通过 Ⅱ 暂停程序的执行。

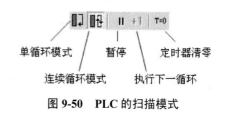

图 9-50　PLC 的扫描模式

9.6.2　触发中断

通过触发相应的 OB 块，对中断程序进行测试，使用菜单命令"执行"→"触发错误 OB"选择相应的中断 OB 块，不同 OB 块中可选择的触发事件不同，例如可以选择触发诊断中断 OB82 的事件类型如图 9-51 所示。

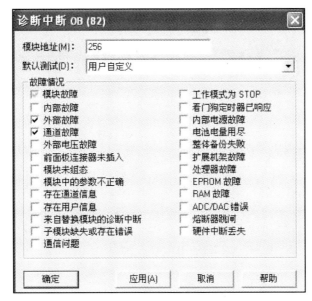

图 9-51 可触发 OB82 的事件

选择引起中断触发的模块地址、故障类型（可以选择软件定义的故障类型，如外部电压故障等，每个故障类型中可能包含多个触发事件），单击"应用（A）"键触发中断，执行中断程序一次，用于中断程序的测试。

9.6.3 回放功能

PLCSIM 具有回放功能，可以记录信号的联锁反应，通过回放记录，可以查看联锁反应的正确性，通过菜单命令"工具"→"记录/回放"或单击回放按钮 弹出回放对话框如图 9-52 所示。

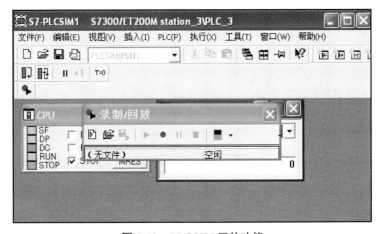

图 9-52 PLCSIM 回放功能

单击 键记录程序的联锁响应，记录过程中可以手动模拟输入、输出及 M 等信号状态，完成后可以将记录过程保存为一个文本文件。单击 ▶ 键回放记录的事件，通过 键可以调节回放的速度。

第 10 章 GRAPH 编程

10.1 GRAPH 简介

10.1.1 GRAPH 构成

GRAPH 是用于创建顺序控制系统的图形编程语言。可快速、便捷地对顺序控制系统进行编程。GRAPH 编程时将过程分解为多个步，每个步都有明确的功能域并用图形方式表示。用户可以在各个步中定义要执行的动作，把步间进行转换的条件作为转换条件。

TIA 博途软件 FB 块集成了 GRAPH 编程环境，此 FB 可以被其它程序（OB、FC、FB）调用，例如 OB1。S7 程序构成如图 10-1 所示。

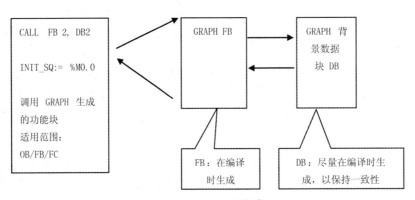

图 10-1　S7 程序构成

10.1.2 GRAPH 中英文词汇对照关系

由于很多英文的科技专用词汇没有明确统一的中文词汇，所以在本文的讲解当中，尽量保持手册中的英文信息。本章将尽量减少使用中文词汇代替英文专用词汇，需要代替的中英文词汇对照关系如下：

1）Sequencer　　　　　　　　顺控器
2）Step　　　　　　　　　　　步
3）Branch　　　　　　　　　　分支
4）Interlock　　　　　　　　　互锁条件
5）Supervision　　　　　　　　监控条件
6）Transition　　　　　　　　　转换条件

10.2 用户界面

10.2.1 生成新 GRAPH 程序

在 TIA 博途软件项目的程序块目录下，双击"添加新块"，在弹出界面中选择函数块，编程语言类型选择 GRAPH，如图 10-2 所示。

图 10-2　创建 GRAPH

程序双击新生成的 GRAPH FB 后，可以打开用户界面，如图 10-3 所示。

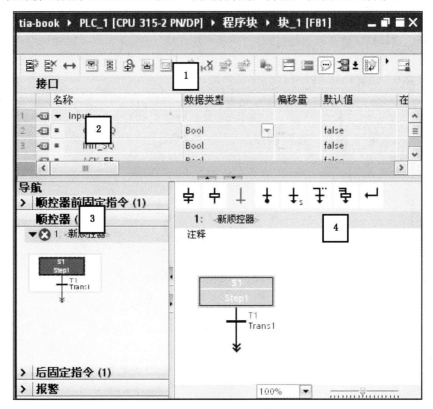

图 10-3　GRAPH 用户界面

在图 10-3 中生成的 GRAPH FB 用户界面中包括如下区域:

1) 工具条;

2) FB 接口参数区;

3）导航窗口；

4）工作区。

下面将简要介绍各个区域的功能：

1）工具条

图 10-4 GRAPH 工具条

工具条中的图标功能依次为（以图 10-4 中的虚线为分界线）：

①插入顺控器、删除顺控器、同步导航；

②前固定指令、顺控器视图、单步视图、后固定指令、报警视图；

③插入程序段、删除程序段；

④插入行、添加行；

⑤复位启动值；

⑥打开所有程序段、关闭所有程序段、启用/禁用自由格式的注释、绝对/符号操作数在编辑器中显示收藏；

⑦转到上一个错误、转到下一个错误、更新不一致的块调用；

⑧启用/禁用监视。

2）FB 接口参数区

用户可以在此编辑 GRAPH-FB 的接口参数。

3）导航窗口

用户可以在导航窗口中控制工作区在如下类型窗口中切换：前固定指令、顺控器视图、单步视图、后固定指令、报警视图。

4）工作区

用户可以在此窗口内显示并编辑一下具体内容：前固定指令、顺控器视图、单步视图、后固定指令、报警视图。

10.2.2 GRAPH 程序规则

用户可以在工作区编辑 GRAPH 程序，此程序应当遵循如下规则：

1. 顺控器规则

GRAPH 程序是这样工作的：

1）每个 GRAPH 程序，都可以作为一个普通 FB 被其它程序调用；

2）每个 GRAPH 程序，都被分配一个背景数据块，此数据块用来存储 FB 参数设置，当前状态等；

3）每个 GRAPH 程序，都包括三个主要部分：顺控器之前的固定指令，一个或多个顺控器，顺控器之后的固定指令。

2. 固定指令

在"前固定指令"（Permanent pre-instructions）和"后固定指令"（Permanent post-instructions）工作区视图中，用户可以编写固定指令。GRAPH-FB 总共可包含 250 个前固定指令和 250 个后固定指令程序段。无论顺控程序的状态如何，固定指令都会在每个循环内处理一次。

3．顺控器结构

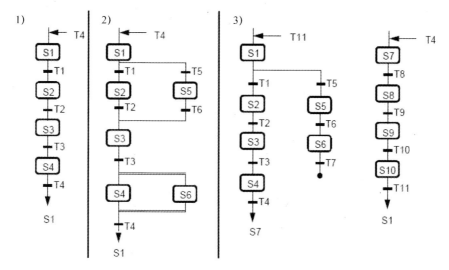

图 10-5　顺控器结构

由图 10-5 示例中可以归纳出以下三点：

1）GRAPH 的 FB 可以是简单的线性结构顺控器；

2）GRAPH 的 FB 可以是包括选择结构及并行结构顺控器；

3）GRAPH 的 FB 可以包括多个顺控器。

4．顺控器执行规则

1）每个顺控器都以如下情况开始：

①一个初始步或者；

②多个位于顺控器任意位置的初始步：只要某个步的某个动作（action）被执行，则认为此步被激活（active），如果多个步被同时执行，则认为是多个步被激活。

2）一个激活的步在如下情况退出：

①任意激活的干扰（active disturbaces），例如互锁条件或监控条件的消除或确认；

②并且至后续步的转换条件（transition）满足。

3）满足转换条件的后续步被激活

4）在顺控器的结束位置如果有：

①一个跳转指令（jump），指向本顺控器的任意步，或者 FB 的其它顺控器，此指令可以实现顺控器的循环操作；

②分支停止指令，顺控器的步将停止。

5．步（Step）

在 GRAPH 程序中，控制任务被分为多个独立的步。在这些步中将声明一些动作，这些动作将在某些状态下被控制器执行（例如控制输出，激活或去激活某些步）。

激活的步（Active Step）：激活的步是一个当前自身的动作正在被执行的步。

一个步在如下任意情况下，都可被激活：

1）当步前面的转换条件满足；

2）当某步被定义为初始步（initial step），并且顺控器被初始化；

3）当某步被其它基于事件的动作调用（event-dependent action）。

6. 顺控器元素

在新建的 GRAPH FB 中，默认会有一个步及转换条件，用户可以在此基础上增加新的步及转换条件。用户添加步或转换条件时，它们会被系统自动分配一个编号，此编号可以被任意修改。

初始步：当一个 GRAPH FB 被调用时，顺控器中的初始步将被无条件执行，此步不一定是顺控器中编号第一的步。顺控器由 FB 的参数 INIT_SQ=1 被初始化，由初始步开始执行。

在工作区的顺控器视图中有如下顺控器元素，如图 10-6 所示。

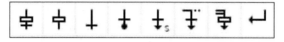

图 10-6 顺控器元素

它们依次如下：①步+转换条件；②步；③转换条件；④顺控器结尾；⑤跳转；⑥打开选择分支；⑦打开并行分支；⑧结束分支。

10.2.3 步的构成及属性

双击顺控器结构视图的某步后，在工作区可以对每步进行详细编辑，如图 10-7 所示。

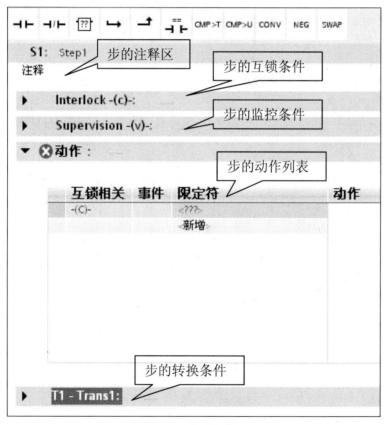

图 10-7 步的构成图

1．步的属性

右键单击步的图标，可以指定此步是否为初始步，如图 10-8 所示。

图 10-8　步的属性

2．互锁条件（Interlock）

Interlock 是每步的一个可编程条件，它将影响每个单独步的执行情况。

1）如果互锁条件满足，则与互锁条件组合的指令将被执行（在 GRAPH 中有专门与 Interlock 状态相关的指令）。

2）如果互锁条件不满足，则：

①与互锁条件组合的指令将不被执行；

②互锁错误信号将为 1（事件 event L1）。

每个互锁条件最多可以容纳 32 个 LAD/FBD 元素，在工作区中用字母"C"来表示。如果每个互锁条件为空，即没有编程，系统则认为互锁条件满足。

3．监控条件（Supervision）

Supervision 是每步的一个可编程条件，它将影响每个单独步向下一步转换的执行情况。

1）如果监控条件满足，则事件 V1 发生，顺控器不再转换到下一步，当前步保持激活，步的激活时间 Si.U 停止。

2）如果监控条件不满足，并且当前步向下一步的转换条件满足，顺控器将转换到下一步。

每个监控条件最多可以容纳 32 个 LAD/FBD 元素，在工作区中用字母"V"来表示。如果监控条件为空，即没有编程，系统则认为监控条件不满足。

10.2.4　步的动作编程

步的动作包括 4 个部分，用户可为每个部分选择不同的内容，通过这些内容的组合，来实现需要的控制任务，如图 10-9 所示。

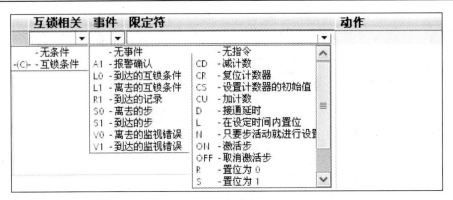

图 10-9　步的动作概览

1．互锁相关

用户可以选择此动作是否与互锁条件相关，如果不相关，则选择"无条件"；如果相关，则选择"互锁条件"。

2．事件

用户可以选择此动作是否与事件相关，如果不相关，则选择"无条件"；如果相关，则可以在下拉菜单中选择相应的事件。

1）S1：步变为活动状态

2）S0：步已取消激活

3）V1：发生监视错误（故障）

4）V0：已解决监视错误（无故障）

5）L0：满足互锁条件（故障消除）

6）L1：不满足互锁条件（发生故障）

7）A1：报警已确认。

8）R1：到达的注册（FB 输入管脚 REG_EF/REG_S 输入端的上升沿）

3．限定符

1）CD：减计数

2）CR：复位计数器

3）CS：设置计数器值

4）CU：加计数

5）D：接通延时

6）L：设置制时间

7）N：在步处于活动状态时设置

8）ON：激活步

9）OFF：禁用步

10）R：置位为 0

11）S：置位为 1

12）TD：保持型接通延时

13）TF：关闭定时器

14）TL：扩展脉冲

15）TR：保持定时器和复位

4. 动作

标准动作是与事件无关的动作，包括的类型请见表 10-1。

表 10-1　标准动作

互锁	事件	标识符	动作	要求	信号状态
		N		已激活步	操作数的信号状态为 1
		S			操作数将置位为 1
		R			操作数设置为 0 并一直保持为 0
		N	CALL		调用指定的块
		L	<定时器值>		操作数的信号状态在 n 秒内为 1
		D	<定时器值>		激活步 n 秒后将操作数的信号状态设置为 1，并在步激活期间其一直保持为 1。如果步激活的持续时间短于 n 秒，则此项不适用
		TF	<定时器值>		激活步后，操作数的信号状态为 1。如果取消激活步，定时器会继续运行，且仅在超过时间后才会将操作数设置为 0
-(C)-		N		已激活步并且满足互锁条件	操作数的信号状态为 1
-(C)-		S			操作数设置为 1 并一直保持为 1
-(C)-		R			操作数设置为 0 并一直保持为 0
-(C)-		N	CALL		调用指定的块
-(C)-		L	<定时器值>		操作数的信号状态在 n 秒内为 1
					如果步处于不活动状态，则信号状态为 0
-(C)-		D	<定时器值>		激活步 n 秒后以及激活了步并满足了条件后，操作数的信号状态为 1。如果步处于不活动状态，则操作数的信号状态为 0

所有动作（标识符为 D、L 和 TF 的动作除外）都可与事件组合在一起，表 10-2 列出了带和不带互锁条件的事件型动作。

注意：S0、V0、L0、L1 不可以与互锁条件组合在一起。

表 10-2　互锁条件与动作

互锁	事件	标识符	含　义
-(C)- 可选	S1, V1, A1, R1	N, R, S	若事件到达（且带有可选的未决互锁条件），则在下一周期中执行一次该动作

（续）

互锁	事件	标识符	含　　义
	S0, V0, L0, L1	N, R, S	若事件到达，则在下一周期中执行一次该动作

可以使用 ON 和 OFF 指令激活或取消激活其它步。这些指令始终取决于步事件。由事件来确定激活或取消激活的时间。与事件 S1、V1、A1 和 R1 链接在一起的动作也可以选择与互锁条件链接在一起。表 10-3 中列出了 GRAPH 特有的用于激活和取消激活步的动作。

表 10-3　激活/取消激活步的动作

互锁	事件	标识符	操作数	含　　义
-(C)- 可选	S1, V1, A1, R1	ON, OFF	步名称	事件到达时（且带有可选的未决互锁条件），会激活 (ON) 或取消激活 (OFF) 该步
	S0, V0, L0, L1	ON, OFF	步名称	事件到达时，会激活 (ON) 或取消激活 (OFF) 该步
-(C)- 可选	S1, V1	OFF	S_ALL	事件到达时（且带有可选的未决互锁条件）取消激活所有步。不包括包含有动作的步
	L1	OFF	S_ALL	事件到达时取消激活所有步。不包括包含有动作的步

注意：如果在同一个周期内同时操作激活和取消激活步，则取消激活操作具有更高的优先级。

步的动作编程示例如图 10-10 所示。

互锁相关	事件	限定符		动作
-(C)-	S1	R	-置位为 0	"Tag_1"
	V1	OFF	-取消激活步	#Step3
	L1	OFF	-取消激活步	S_ALL
		新增		

图 10-10　步的动作编程示例

10.2.5　转换条件编程

在顺控器中，转换条件决定了步的切换，其逻辑运算结果 (RLO) 可能影响步、到下一步的切换或整个顺控程序。

转换条件可以以 LAD/FBD 方式编程，例如常开触点、常闭触点、AND 功能框、OR 功能框或比较器。

注意：每个转换条件中最多包括 32 个操作指令，并且只可以使用常开触点、常闭触点、AND 功能框、OR 功能框或比较器。

对于互锁条件、监控条件、转换条件编程，可以从基本指令中选择相应的指令，如图 10-11 中列出了所有可以使用的指令。

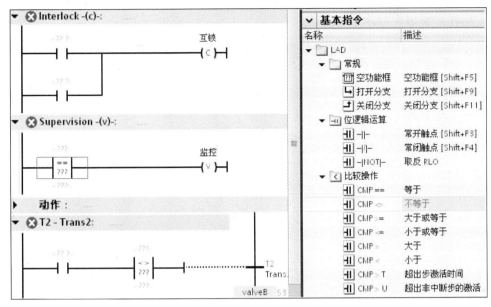

图 10-11　互锁条件、监控条件、转换条件可以使用的指令

10.2.6　GRAPH 特有地址

在 GRAPH FB 中存在一些特有地址，用户可以像使用普通 PLC 地址一样来使用这些地址，具体含义见表 10-4。

表 10-4　GRAPH 特有地址

地址	含义	使用方式
Si.T	步 i 的当前或上次的激活时间	比较，赋值
Si.U	步 i 的没有干扰的总的激活的时间	比较，赋值
Si.X	显示步 i 是否被激活	常开/常闭触点
Transi.TT	显示转换条件 i 是否满足	常开/常闭触点

GRAPH 特有地址的引用格式如图 10-12 所示。

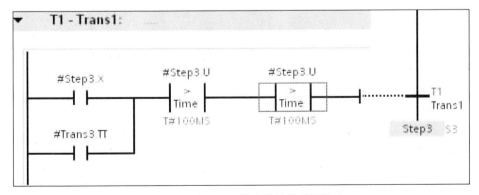

图 10-12　GRAPH 特有地址的引用格式

10.3　GRAPH 应用于虚拟工程

为了让读者更容易理解 GRAPH 的构成与编程，下面将以一个虚拟工程中的原料配比环节来举例说明 GRAPH 的使用。

10.3.1　虚拟工程工艺要求

原料配比示意图，如图 10-13 所示。

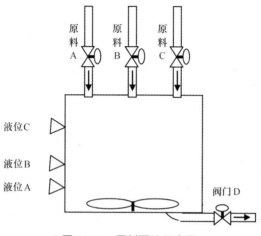

图 10-13　原料配比示意图

原料配比环节需要将三种原料 A、B、C 按照一定的工艺要求进行混合，并且搅拌均匀后由阀门 D 送至下一工艺流程。并且在箱体流入液体过程中的任意时刻，如果温度超出了温度 X，则关闭入口阀门。输入输出符号定义：

1）阀门 A　　　　%Q0.0

2）阀门 B　　　　%Q0.1

3）阀门 C　　　　%Q0.2

4）搅拌电机　　　%Q0.3

5）阀门 D　　　　%Q0.4

6）搅拌开始　　　%I0.0

简单工艺描述：

初始化

打开阀门 A，当液体 A 到达限位 A 时，关闭阀门 A，

打开阀门 B，当液体 B 到达限位 B 时，关闭阀门 B，

启动搅拌电机，5min 后关闭搅拌电机，

　　　　　　　如果附加工艺选择为"0"：

　　　　　　　　　　则打开阀门 D，流程结束。

　　　　　　　如果附加工艺选择为"1"：

1）则打开阀门 C，当液体 C 到达限位 C 时，关闭阀门 C；

2）启动搅拌电机，10min 后关闭搅拌电机；

3）打开阀门 D，流程结束。

原料配比工艺流程图如图 10-14 所示。

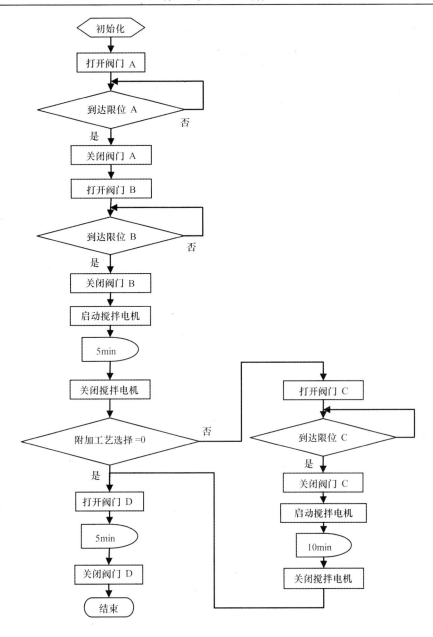

图 10-14　原料配比工艺流程图

10.3.2　GRAPH 简单示例

原料配比环节的控制任务属于非常典型的顺序控制流程，在下面的例子中，将使用 FB1 编写原料配比程序。

1）添加功能块（见图 10-2），生成新的 GRAPH 类型的 FB1，双击 FB1，打开后（见图 10-3），在工具栏区中选取顺控器的编程元素。

2）编程分支及流程如图 10-15 所示。

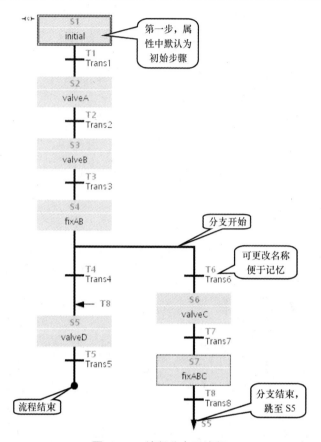

图 10-15　编程分支及流程

3）初始化处理，双击图 10-15 中的步 1（S1）在步的动作中，添加指令，在转换条件中设置转换条件，如图 10-16 所示。

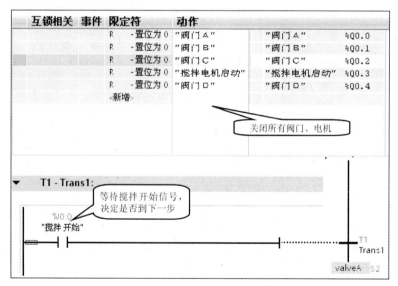

图 10-16　初始化

4）互锁条件及指令（步 2 的编程），双击图 10-15 所示中的步 2（S2），在 Interlock 及 Supervision 中设定条件，并编辑动作及条件。此处的 N 指令与 Interlock 条件是相关的指令，如图 10-17 所示。

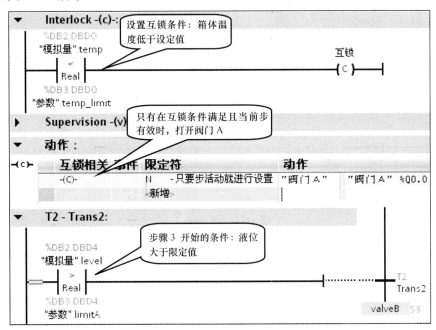

图 10-17　步 2 的互锁条件及动作编程

5）此处省略步 3 的编程。

6）流程分支，双击图 10-15 中的步 4）（S4），设定分支转换的选择条件，如图 10-18 所示。

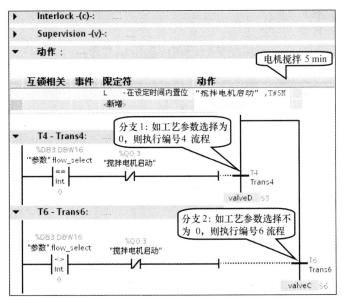

图 10-18　流程分支

7）省略步骤 6-7 具体程序。

8）步骤 5 结束，双击图 10-15 所示中的步 5（S5），编辑相关动作，如图 10-19 所示。

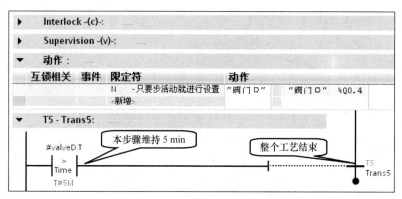

图 10-19　流程结束

9）在编辑程序时，随时可以存盘，当编辑结束后，用户可以右键单击"程序块"文件夹，选择"编译→软件（重建所有块）"来完成程序的逻辑检查，如图 10-20 所示。

图 10-20　编译程序

10）在 OB1 中调用 FB1，在初始化控制输入需要给定一个脉冲输入来初始化顺控器，如图 10-21 所示。

11）下载后，单击监控按钮，监控 FB1，如图 10-22 所示。

12）输入"搅拌开始"为"1"后，顺控器跳转至步骤 2，阀门 A 打开，当液位高于设定值时，进入下一步温度，图 10-23 中显示了互锁条件不满足，温度超高时的监控画面，此时步 2 用黄色显示，并且停在当前步。

13）至此，一个简单的 GRAPH 程序示例就结束了，本文中仅是对其非常简单的作了介绍。任何编程语言都有其复杂性，并非一朝一夕就可掌握，关于 GRAPH 的具体使用，请参照 TIA 博途软件手册 GRAPH 部分。

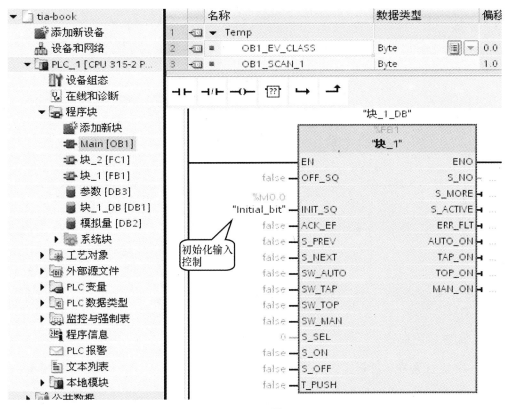

图 10-21　调用 FB1

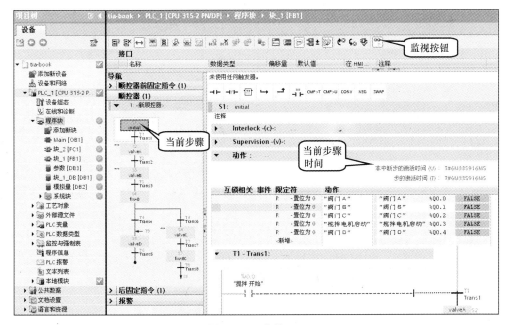

图 10-22　监控 FB1

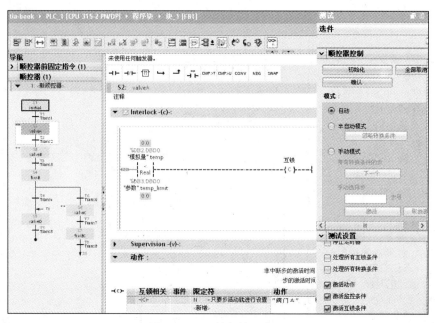

图 10-23　互锁条件不满足

10.4　GRAPH 程序调试

10.4.1　GRAPH 程序运行模式切换

用户可以在测试界面下控制 GRAPH 程序的运行模式，包括自动模式、半自动模式、手动模式，如图 10-24。

1）在自动模式下测试

当用户在线监控 GRAPH 程序时，默认为自动模式，此时顺控器的状态切换取决于自身的转换条件，用户不参与其状态的切换。

2）在半自动模式下测试

当用户在线监控 GRAPH 程序时，如果将其切换为半自动模式，此时用户可以通过"忽略转换条件"按钮，来强制顺控器切换到下一步。

3）在手动模式下测试

当用户在线监控 GRAPH 程序时，如果将其切换为手动模式，此时用户可以通过"下一步"按钮，来使顺控器切换到下一步。在"步编号"（Step number）输入域中输入要激活或禁用的下一步，然后单击"激活"（Activate）或"禁用"

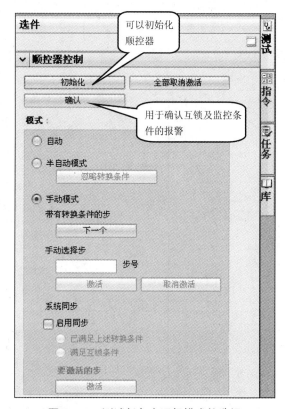

图 10-24　测试任务卡运行模式的选择

（Deactivate）按钮。

10.4.2　GRAPH 程序测试设置

用户可以在"测试"(Testing) 任务卡中选择以下测试设置，如图 10-25 所示。

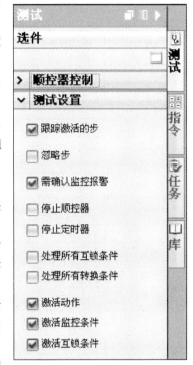

1）跟踪激活的步：在任何情况下，顺控程序的步都会显示在单步视图或顺序视图中。

2）忽略步：将不激活其前导或后续转换条件有效的步。可从相应块设置中获取此选项的默认设置。

3）需确认监控报警：仅在 GRAPH 设置中为顺序属性选择了"需确认监控报警"（Acknowledgement required for supervision errors）选项时，此选项才可用。 这样，"需确认监控报警"就默认设置为选中。

4）停止顺控器：将停止的顺序，即使满足以下转换条件，也是将停止。

5）停止定时器：如果选中此选项，则将停止所有步激活定时器。 如果取消选中此选项，则所有定时器继续运行。

6）处理所有互锁条件：将处理所有互锁条件，包括非活动步中的互锁条件。仅在 GRAPH 设置中为顺序属性选择了"在手动操作中永久处理所有互锁条件"（ Permanent processing of all interlocks in manual operation）选项时，此选项才可用。此选项仅在手动模式中可用。 为此，顺控程序必须与设备同步。

图 10-25　测试设置

7）处理所有转换条件：始终处理所有转换条件。 将显示是否满足相应的转换条件。

8）激活动作：默认启用该选项。 如果取消选中此选项，活动步中将不执行任何其它选项。

9）激活监控条件：默认启用该选项。如果取消选中此选项，活动步中将忽略监控条件。

10）激活互锁条件：默认启用该选项。如果取消选中此选项，活动步中将忽略互锁条件。

重要提示：由于通过测试任务卡，用户可以更改当前程序的手动/自动模式，当前激活的步骤（手动模式下程序限定条件无效，并可以直接选择当前激活的步骤，例如直接从第一步跳转至最后一步）。这样的操作有可能跳过系统原有的保护，可能对人身或生产造成伤害及影响，所以在对工艺及 GRAPH 不熟悉的情况下，请勿使用此功能。

重要提示：

1. 本文的虚拟工程与真实工程实例有重大差别，示例中并未遵循规范的工程设计流程进行编程，请读者切勿将其与工程实例相混淆。

2. 由于此例子是免费的，任何用户可以免费复制或传播此程序例子。程序的作者对此程序不承担任何功能性或兼容性的责任，使用者风险自负。

3. 西门子不提供此程序例子的错误更改或者热线支持。

10.5　GRAPH FB 参数设置

10.5.1　GRAPH FB 参数

表 10-5 是对部分参数的解释，希望有利于用户调试使用。

表 10-5　GRAPH FB 参数

FB 参数 (上升沿有效)	内部变量 (静态数据区名称)	顺序控制器 (GRAPH 名称)	含　义
ACK_EF	MOP.ACK	"Acknowledge"	故障信息得到确认
INIT_SQ	MOP.INIT	"Initialize"	激活初始步 (顺控器复位)
OFF_SQ	MOP.OFF	"Disable"	停止顺控器，例如使所有步失效
SW_AUTO	MOP.AUTO	"Automatic (Auto)"	模式选择：自动模式
SW_MAN	MOP.MAN	"Manual mode (MAN)"	模式选择：手动模式
SW_TAP	MOP.TAP	"Inching mode (TAP)"	模式选择：单步调节
SW_TOP	MOP.TOP	"Automatic or switch to next (TOP)"	模式选择：自动或切换到下一个
S_SEL	-	"Step number"	选择：激活/去使能在手动模式 S_ON/S_OFF 在 S_NO 步数
S_ON	-	"Activate"	手动模式：激活步显示
S_OFF	-	"Deactivate"	手动模式：去使能步显示
T_PUSH	MOP.T_PUSH	"Continue"	单步调节模式：如果传送条件满足，上升沿可以触发连续程序的传送
SQ_FLAGS.ERROR	-	"Error display: Interlock"	错误显示："互锁"
SQ_FLAGS.FAULT	-	"Error display: Supervision"	错误显示："监视"
EN_SSKIP	MOP.SSKIP	"Skip steps"	激活步的跳转
EN_ACKREQ	MOP.ACKREQ	"Acknowledge errors"	使能确认需求
HALT_SQ	MOP.HALT	"Stop seqencer"	停止程序顺序并且重新激活
HALT_TM	MOP.TMS_HALT	"Stop timers"	停止所有步的激活运行时间和块运行与重新激活临界时间
-	MOP.IL_PERM	"Always process interlocks"	"执行互锁"
-	MOP.T_PERM	"Always processtransitions"	"执行程序传送"
ZERO_OP	MOP.OPS_ZERO	"Actions active"	复位所有在激活步 N、D、L 操作到 0，在激活或不激活操作数中不执行 CALL 操作
EN_IL	MOP.SUP	"Supervision active"	复位/重新使能步互锁

关于选择 FB 参数的详细解释，请参考 TIA 博途软件手册 GRAPH 章节中关于背景数据块结构描述的。

10.5.2　GRAPH FB 程序的背景数据块

GRAPH FB 程序的背景数据块保存着顺控器执行的所有信息，因此 GRAPH FB 程序的背景数据块在调试及运行中有着重要的作用。编程人员要务必注意以下几点：

1）当修改顺控器程序后，下载时务必下载背景数据块；

2）PLC 断电后，背景数据块将保持，建议用户在供电恢复后，执行顺控器初始化操作；

3）在其它用户程序中，不要随意改写 GRAPH FB 程序背景数据块内容，否则将引起顺控器执行混乱，并对系统安全性构成威胁；

4）在其它用户程序中，改写 GRAPH FB 程序背景数据块内容，可以改变顺控器状态，编程者务必慎用。

10.5.3　背景数据块间接使用

间接使用背景数据块信息的意义：

用户在其它程序中调用 GRAPH FB 程序时，GRAPH FB 提供给用户的接口资源是有限的，用户如果希望使用 GRAPH 更多、更高级的功能（例如当前步的状态，转换条件信息等），就需要对 FB 的背景数据块的结构有所了解，这样就可以达到灵活使用 GRAPH 程序，GRAPH 程序与其它程序无缝衔接的目的。

前面的讲解已经说明了关于 FB 的设置及分配问题，下面重点强调一下 FB 的背景数据块的结构，见表 10-6。

表 10-6　GRAPH FB 背景数据块结构

区域	名称	长度
FB 参数	GRAPH FB 输入/输出参数	依赖于参数设置 2 字节：minimum 10 字节：standrad/maximum 不确定：user-define
保留工作区	G7T_0	16 字节
转换条件	转换条件名称（例如 Trans1, Trans2）	转换条件个数*16 字节
保留工作区	G7S_0	32 字节
步	步的名称(例如 Step1, Step2)	步个数*32 字节
顺控器状态	—	—
内部工作区	—	—

对于 FB 的背景数据块中关于转换条件的结构，见表 10-7。

表 10-7　GRAPH FB 背景数据块中转换条件的结构

组件	说明	数据类型	内部读	内部写	外部读	外部写
TV	转换条件有效	BOOL	yes	no	yes	no
TT	转换条件满足	BOOL	yes	no	yes	no
TS	转换切换	BOOL	yes	no	yes	no
CF_IV	CRIT_FLT 条目不允许	BOOL	yes	no	yes	no
TNO	显示用户定义的转换条件数量	INT	no	no	yes	no
CRIT	当前处理周期中，转换条件中 LAD/FBD 元素（最多 32 个）的状态	DWORD	yes	no	yes	no
CRIT_OLD	前一个处理周期中，转换条件中 LAD/FBD 元素（最多 32 个）的状态	DWORD	yes	no	yes	no
CRIT_FLT	如果错误发生，将复制 CRIT 状态	DWORD	yes	no	yes	no

对于 FB 的背景数据块中关于步条件的结构，见表 10-8。

表 10-8　GRAPH FB 背景数据块中步件的结构

组件	说明	数据类型	内部读	内部写	外部读	外部写
S1	步激活进入事件	BOOL	yes	no	yes	no
L1	Interlock 离开事件	BOOL	yes	no	yes	no
V1	Supervision 进入事件	BOOL	yes	no	yes	no
R1	保留	BOOL	no	no	no	no
A1	错误被确认	BOOL	yes	no	yes	no
S0	步激活离开事件	BOOL	yes	no	yes	no
L0	Interlock 进入事件	BOOL	yes	no	yes	no
V0	Supervision 离开事件	BOOL	yes	no	yes	no
X	步激活状态	BOOL	yes	no	yes	no
LA	Interlock 不满足	BOOL	yes	no	yes	no
VA	Supervision 满足	BOOL	yes	no	yes	no
RA	保留	BOOL	no	no	no	no
AA	保留	BOOL	no	no	no	no
SS	系统内部变量	BOOL	no	no	no	no
LS	Interlock 状态	BOOL	yes	no	yes	no
VS	Supervision 状态	BOOL	yes	no	yes	no
SNO	用户步的编号	INT	no	no	yes	no
T	步激活的所有时间	TIME	yes	no	yes	no
U	没有干扰情况下步激活的时间	TIME	yes	no	yes	no
CRIT_LOC	当前处理周期中，Interlock 中 LAD/FBD 元素（最多 32 个）的状态	DWORD	yes	no	yes	no
CRIT_LOC_ERR	当 Interlock 离开时，将复制 CRIT_LOC 状态	DWORD	yes	no	yes	no
CRIT_SUP	当前处理周期中，Supervision 中 LAD/FBD 元素（最多 32 个）的状态	DWORD	yes	no	yes	no
SM	系统内部变量	BOOL	no	no	no	no
LP	系统内部变量	BOOL	no	no	no	no
LN	系统内部变量	BOOL	no	no	no	no
VP	系统内部变量	BOOL	no	no	no	no
VN	系统内部变量	BOOL	no	no	no	no
H_IL_ERR	系统内部变量	BYTE	no	no	no	no
H_SV_FLT	系统内部变量	BYTE	no	no	no	no
RESERVED	保留	DWORD	no	no	no	no

表 10-8 中注解：

内部读：在 GRAPH 程序内部，对此变量的读操作。

内部写：在 GRAPH 程序内部，对此变量的写操作。

外部读：在 GRAPH 程序外部，其它程序中对此变量的读操作。

外部写：在 GRAPH 程序外部，其它程序中对此变量的写操作。

步激活进入事件：当步刚刚变为激活状态时（进入状态），此事件被认为是步激活进入事件，例如对于 Step1.S1，此变量在 Step1 进入激活状态时，接通一个扫描周期。

步激活离开事件：当步刚刚变为非激活状态时（离开状态），此事件被认为是步激活离开事件，例如对于 Step1.S0，此变量在 Step1 进入非激活状态时，接通一个扫描周期。

第 11 章　SCL 编程

11.1　SCL 简介

11.1.1　SCL 特点

相对于西门子 PLC 的其它类型编程语言，S7-SCL（Structured Control Language 结构化控制语言)与计算机高级编程语言有着非常相近的特性，只要使用者接触过 PASCAL 或者 VB 编程语言，实现 S7-SCL 的快速入门是非常容易的。S7-SCL 为 PLC 做了优化处理，它不仅仅具有 PLC 典型的元素（例如输入／输出、定时器、计数器、符号表），而且具有高级语言的特性, 例如：

1）循环；

2）选择；

3）分支；

4）数组；

5）高级函数。

S7-SCL 其非常适合于如下任务：

1）复杂运算功能；

2）复杂数学函数；

3）数据管理；

4）过程优化。

11.1.2　编辑 SCL

TIA 博途软件中集成了 SCL 编程环境，用户可以直接使用。当用户生成新的 OB、FB、FC 的时候，在语言选项里可以选择类型为 SCL，如图 11-1 所示。

当用户打开新添加的 SCL 程序时，将看到如图 11-2 所示的编程环境，其中主要包括以下几部分：

1）编辑/调试工具栏；

2）接口参数区；

3）指令区域；

4）程序控制语句向导区；

5）程序区。

在 SCL 先前版本中，SCL 程序都是以源代码的形式出现的，所以其 OB、FB、FC 的接口参数也都是通过特定语句定义的，如图 11-3 所示。

图 11-1　新建 SCL 程序

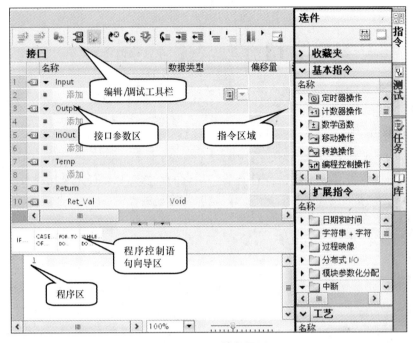

图 11-2　SCL 编程界面

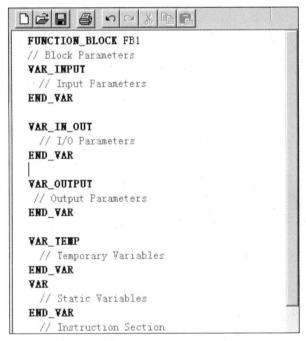

图 11-3　传统 SCL 定义接口参数方法

　　而在 TIA 博途软件中，OB、FB、FC 的接口参数的定义方法与使用 LAD/FBD 定义接口参数的方式相同，即直接定义即可。用户可以单击程序控制语句向导区的按钮来添加程序控制语句，也可以在基本指令区选择指令并添加到程序里。在默认情况下，程序中的关键字会以蓝色显示，有语法错误的部分将以红色显示，注释以绿色显示。

　　系统会自动为每行用户程序添加编号，对于程序控制语句，在语句结果前面会有灰色连线标识语句的层次结构，用户可单击此语句前面的"＋""－"来展开或收起此结构，如图 11-4 所示。这种显示方法，极大地方便了用户查看程序结构，特别是在用户程序结构复杂、嵌套非常多的时候，不必再像以前那样，手动通过文本的缩进量来标识程序结构。

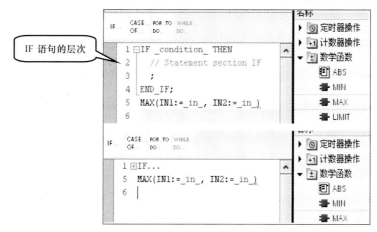

图 11-4　SCL 的程序显示

　　SCL 的特性决定了用户的输入以文本为主，用户需要熟悉大量的指令，为了减少用户的负担，TIA 博途软件中的 SCL 编程环境为用户提供了指令智能感知功能，当用户手动输入某个字母时，系统会自动显示相关的指令（见图 11-5），当用户输入字符"m"时，系统自动显示了所有以 m 开始的相关指令。

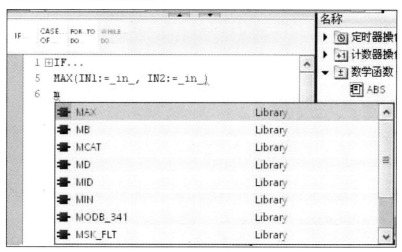

图 11-5　程序输入智能感知

11.2　SCL 语法规则简介

11.2.1　SCL 寻址

　　任何高级编程语言都有着自己的语法规则，这里将对 SCL 的寻址做简单介绍。

直接寻址的例子 ：

　　"Tag_1":=11;

　　赋值需要使用 ":=" , 语句使用 ";" 结束。

间接寻址的例子:

　　"Data_block_1".my_array[1,1]:=22;

　　"my_bool":= %DB1.DX(1,0);　//注意是逗号, 不是小数点

　　"my_byte":=%DB1.DB(0);

　　"my_word":=%DB1.DW(0);

　　"my_dword":=%DB1.DD(0); //这里的%是系统自动加的

　　"my_word":=%DB1.DW(#my_counter); //#my_counter 是临时变量

11.2.2　程序分支语句

1. IF 指令

使用"条件执行"指令, 可以根据条件控制程序流的分支。 该条件是结果为布尔值 (TRUE 或 FALSE) 的表达式。 可以将逻辑表达式或比较表达式作为条件。

1) IF 分支:

IF <条件> THEN <指令>

END_IF

如果满足该条件, 则将执行 THEN 后编写的指令。 如果不满足该条件, 则程序将从 END_IF 后的下一条指令开始继续执行。

2) IF 和 ELSE 分支:

IF <条件> THEN <指令 1>

ELSE <指令 0>;

END_IF

如果满足该条件, 则将执行 THEN 后编写的指令。 如果不满足该条件, 则将执行 ELSE 后编写的指令。 然后程序将从 END_IF 后的下一条指令开始继续执行。

3) IF、ELSIF 和 ELSE 分支:

IF <条件 1> THEN <指令 1>

ELSIF <条件 2> THEN <指令 2>

ELSE <指令 0>;

END_IF;

如果满足第一个条件 (<条件 1>) , 则将执行 THEN 后的指令 (<指令 1>) 。 执行这些指令后, 程序将从 END_IF 后继续执行。

如果不满足第一个条件, 则将检查第二个条件 (<条件 2>) 。 如果满足第二个条件 (<条件 2>) , 则将执行 THEN 后的指令 (<指令 2>) 。 执行这些指令后, 程序将从 END_IF 后继续执行。

如果不满足任何条件, 则先执行 ELSE 后的指令 (<指令 0>) , 再执行 END_IF 后的程序部分。

在 IF 指令内可以嵌套任意多个 ELSIF 和 THEN 组合。可以选择对 ELSE 分支进行编程。

IF 指令的语法见表 11-1。

表 11-1　IF 指令语法

部分	数据类型	说　　明
<条件>	BOOL	待求值的表达式
<指令>	指令 1 指令 2 指令 0	在满足条件 1 时，要执行的指令 如果不满足条件 1，则执行 ELSE 后编写的指令 如果结构体内的条件都不满足，则执行这些指令

以下举例说明了该指令的工作原理：

IF "Tag_1" = 1 THEN "Tag_Value":= 10;

ELSIF "Tag_1" = 2 THEN "Tag_Value" := 20;

ELSIF "Tag_1" = 3 THEN "Tag_Value" := 30;

ELSE "Tag_Value" := 0;

END_IF;

表达式的当前值存储在 "Tag_Value" 操作数中，并作为函数值以 INT 格式返回。

在表 11-2 中，将通过具体的操作数值对该指令的工作原理进行说明。

表 11-2　IF 指令例子运行结果

操作数	值			
Tag_1	1	2	3	其它值
Tag_Value	10	20	30	0

2．CASE 指令

使用"运行分支"指令可以根据数字表达式的值（必须为整数）执行多个指令序列中的一个。

执行该指令时，会将表达式的值与多个常量的值进行比较。如果表达式的值等于某个常量的值，则将执行紧跟在该常量后编写的指令。常量可以为以下值：

1）整数（例如：5）；

2）整数的范围（例如：15..20）；

3）由整数和范围组成的枚举（例如：10、11、15..20）。

"运行分支指令"指令的语法如下所示：

CASE <表达式> OF

<常量 1>: <指令 1>

<常量 2>: <指令 2>

<常量 X>: <指令 X>; // X >=3

ELSE <指令 0>;

END_CASE

该指令的语法由以下部分组成，见表 11-3。

如果表达式的值等于第一个常量（<常量 1>）的值，则将执行紧跟在该常量后编写的指令（<指令 1>）。程序将从 END_CASE 后继续执行。

表 11-3　CASE 指令语法

部分/参数	数据类型	说　明
<表达式>	整数	与设定的常量值进行比较的值
<常量>	整数	作为指令序列执行条件的常量值。 常量可以为以下值： 整数（例如：5） 整数的范围（例如：15..20） 由整数和范围组成的枚举（例如：10、11、15..20）
<指令>	—	当表达式的值等于某个常量值时，将执行的各种指令。 如果不满足条件，则执行 ELSE 后编写的指令。 如果两个值不相等，则执行这些指令

如果表达式的值不等于第一个常量（<常量 1>）的值，则会将该值与下一个设定的常量值进行比较。 以这种方式执行 CASE 指令直至比较的值相等为止。 如果表达式的值与所有设定的常量值均不相等，则将执行 ELSE 后编写的指令（<指令 0>）。ELSE 是一个可选的语法部分，可以省略。

此外，CASE 指令也可通过使用 CASE 替换一个指令块来进行嵌套。END_CASE 表示 CASE 指令结束。

以下举例说明了该指令的工作原理：

```
CASE "Tag_Value" OF
 0 : "Tag_1" := 1;
 1,3,5 : "Tag_2" :=1;
 6..10 : "Tag_3" := 1;
 16,17,20..25 : "Tag_4" := 1;
 ELSE "Tag_5" := 1;
END_CASE;
```

在表 11-4 中将通过具体的操作数值对该指令的工作原理进行说明。

表 11-4　CASE 指令例子运行结果

操作数	值				
Tag_Value	0	1, 3, 5	6, 7, 8, 9, 10	16,17, 20, 21, 22, 23, 24, 25	2
Tag_1	1	—	—	—	—
Tag_2	—	1	—	—	—
Tag_3	—	—	1	—	—
Tag_4	—	—	—	1	—
Tag_5	—	—	—	—	1

注：1 表示操作数将设置为信号状态"1"；　—表示操作数的信号状态将保持不变。

11.2.3　程序循环语句

1. FOR 指令（见表 11-5）

FOR 指令的语法如下所示：

```
FOR <执行变量> := <起始值> TO <结束值> BY <增量> DO <指令>
END_FOR
```

表 11-5　FOR 指令语法

部分	数据类型	说　　　明
〈执行变量〉	整数	执行循环时会计算其值的操作数
〈起始值〉	整数	表达式，在执行变量首次执行循环时，将分配表达式的值
〈结束值〉	整数	表达式，在运行程序最后一次循环时定义表达式的值。每次运行循环后，将检查以确定执行变量是否已达到结束值。如果执行变量未达到结束值，则将执行 DO 后编写的指令。　如果达到结束值，则程序将从 END_FOR 后继续执行。执行该指令期间，不允许更改结束值
〈增量〉	整数	执行变量在每次循环后都会递增（正增量）或递减（负增量）其值的表达式。　可以选择指定增量的大小。　如果未指定增量，则在每次循环后执行变量的值加 1 执行该指令期间，不允许更改增量
〈指令〉	—	只有运行变量的值在取值范围内，每次循环都就会执行的指令。　取值范围由起始值和结束值定义

以下举例说明了该指令的工作原理：

FOR i := 2 TO 8 BY 2 DO
　　　　"a_array[i] := "Tag_Value"*"b_array[i]";
END_FOR;

"Tag_Value" 操作数乘以 "b_array" ARRAY 变量的成员 (2, 4, 6, 8)。　并将计算结果写入到 "a_array" ARRAY 变量的成员 (2, 4, 6, 8) 中。

2. WHILE 指令

此指令可以用于重复执行程序循环，直至满足执行条件为止。　该条件可以是逻辑表达式或比较表达式。执行该指令时，将对指定的表达式进行运算。　如果表达式的值为TRUE，则表示满足该条件；如果其值为 FALSE，则表示不满足该条件。

用户在程序循环内，可以编写包含其它运行变量的其它程序循环。通过指令(CONTINUE)，可以终止当前连续运行的程序循环。　使用(EXIT) 指令，可以退出整个循环执行。

"满足条件时执行"指令的语法如下所示：

WHILE <条件> DO <指令>
END_WHILE

WHILE 指令的语法见表 11-6。

表 11-6　WHILE 指令语法

部分	数据类型	说明
<条件>	BOOL	表达式，每次执行循环之前都需要进行求值
<指令>	—	在满足条件时，要执行的指令。　如果不满足条件，则程序将从 END_WHILE 后继续执行

以下举例说明了该指令的工作原理：

```
WHILE ("Tag_3"<100) DO
    "Tag_3":="Tag_3"+1;
END_WHILE;
```

只要 "Tag_3" 小于 100，则将"Tag_3"增加 1。

3. REPEAT 指令

此指令可以用于重复执行程序循环，直至不满足执行条件为止。该条件可以是逻辑表达式或比较表达式。执行该指令时，将对指定的表达式进行运算。 如果表达式的值为 TRUE，则表示满足该条件；如果其值为 FALSE，则表示不满足该条件。

注意：即使满足终止条件，操作也将被执行一次。

用户在程序循环内，可以编写包含其它运行变量的其它程序循环。通过指令 (CONTINUE)，可以终止当前连续运行的程序循环。 使用(EXIT) 指令，可以退出整个循环执行。

"不满足条件时执行"指令的语法如下所示：

REPEAT <指令>

UNTIL <条件> END_REPEAT

REPEAT 指令的语法见表 11-7 所示。

表 11-7　REPEAT 指令语法

部分	数据类型	说　明
<指令>	—	在设定条件的值为 FALSE 时执行的指令。 即使满足终止条件，此指令也只执行一次
<条件>	BOOL	表达式，每次执行循环之后都需要进行求值。 如果表达式的值为 FALSE，则将再次执行程序循环。 如果表达式的值为 TRUE，则程序循环将从 END_REPEAT 后继续执行

以下举例说明了该指令的工作原理：

```
#my_index:=0;
#my_array[33]:=16#aa;
REPEAT #my_index := #my_index+1 ;
UNTIL #my_index>50 OR #my_array[#my_index]=16#aa
END_REPEAT;
"Tag_8":=#my_index;
```

此示例程序将查找数组中数值为 "16#aa" 的数值，查到后将数值所在位置的索引号送到 "Tag_8" 中，此例中将得到 33 的数值。

注意：此指令是在循环体结束以后才评估条件，这意味着当此循环体开始时即使终止满足，此循环体至少会被执行一次。

11.2.4　程序跳转语句

1. CONTINUE 指令

此指令用于结束当前的循环程序。

以下举例说明了该指令的工作原理：

```
FOR #my_index := 1 TO 15 BY 2 DO
        IF (#my_index < 5) THEN
                CONTINUE;
        END_IF;
"dbtest".my_array[#my_index] := 1;
END_FOR;
```

如果满足 my_index<5 条件，则不执行后续的值分配"dbtest".my_array[#my_index] := 1。 执行变量 my_index 以增量"2"进行递增，然后检查其当前值是否在设定的取值范围内。 如果执行变量在取值范围内，则将再次计算 IF 的条件，如果不满足 my_index < 5 条件，则执行后续的值分配 "dbtest".my_array[#my_index] := 1 并开始一个新的循环。

2．EXIT 指令

此指令可以随时退出 FOR、WHILE 或 REPEAT 循环的执行，而无需考虑是否满足条件。

以下举例说明了该指令的工作原理：

```
FOR #my_index := 50 TO 30 BY -2 DO
        IF (#my_index < 40) THEN
                EXIT;
        END_IF;
        "dbtest".my_array[#my_index] := 2;
END_FOR;
```

运行变量 #my_index 以 2 进行递减，并进行检查该变量的当前值是否在程序中设定的取值范围之内。如果满足 #my_index < 40 条件，则取消执行循环，程序将从 END_FOR 后继续执行，如果不满足 #my_index < 40 条件，则执行后续的值分配。 "dbtest".my_array[#my_index] := 2 并开始一个新的循环。

3．GOTO 指令

此指令可以使程序跳转到指定选项卡位置，并开始继续执行程序。

跳转选项卡和"Jump"指令必须在同一个块中。 在一个块中，跳转选项卡的名称只能指定一次。 每个跳转选项卡可以是多个跳转指令的目标。

注意：不允许从"外部"跳转到程序循环内，但允许从循环内跳转到"外部"。

以下举例说明了该指令的工作原理：

```
CASE "Tag_Value" OF
 1 : GOTO MyLABEL1;
 2 : GOTO MyLABEL2 ;
 3 : GOTO MyLABEL3;
  ELSE GOTO MyLABEL4;
END_CASE;
MyLABEL1: "Tag_1" := 1;
GOTO Lab_end;
```

MyLABEL2: "Tag_2" := 1;
GOTO Lab_end;
MyLABEL3: "Tag_3" := 1;
GOTO Lab_end;
MyLABEL4: "Tag_4" := 1;
Lab_end: RETURN;

根据 "Tag_Value" 操作数的值，程序将从对应的跳转选项卡标识处开始继续执行。 例如，如果 "Tag_Value" 操作数的值为 2，则程序将从跳转选项卡 "MyLABEL2" 开始继续执行。 在这种情况下，将跳过""MyLABEL1""跳转选项卡所标识的程序行。

注意：此例子中的 "Lab_end: RETURN; " 程序行，根据用户需要可以更换为 "Lab_end: <其它指令> "，此处的 RETURN 与 GOTO 语句没有必然搭配使用关系，可以作为空语句来处理（但其会结束当前程序块的执行）。

4. RETURN 指令

此指令可以结束当前程序块（OB、FB、FC）的执行，并返回到上一级调用块中继续执行程序。

注意：如果此指令出现在块结尾处，则被忽略。

以下举例说明了该指令的工作原理：

IF "Tag_Error" <>0 THEN RETURN;
END_IF;

如果"Tag_Error"操作数的信号状态为 0，则将终止当前程序块中的程序执行。

11.3 导入外部 SCL 源文件

用户可以通过添加外部文件的方式来将以前版本的 SCL 源程序导入到当前项目中，如图 11-6 所示。

图 11-6 导入外部文件

　　当用户单击打开按钮后，所选择的 SCL 文件将被导入到当前项目，此时用户需要使用右键单击此源文件，并在弹出菜单中选择"生成块"的功能，如图 11-7 所示。

　　当执行完生产块功能后，项目中将出现编译完成后的程序块。

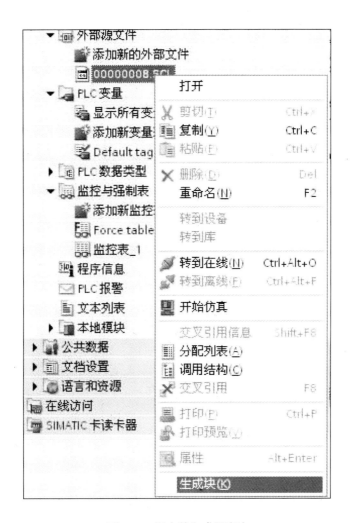

图 11-7　源文件生成程序块

11.4　调试 SCL 程序

11.4.1　监控程序

　　用户程序在编译成功、下载后，即可进行调试了，用户可以通过单击工具栏中的监控按钮来监控用户程序（见图 11-8），在程序右侧的状态监视栏中，可以监视到程序执行的状态、数值等。

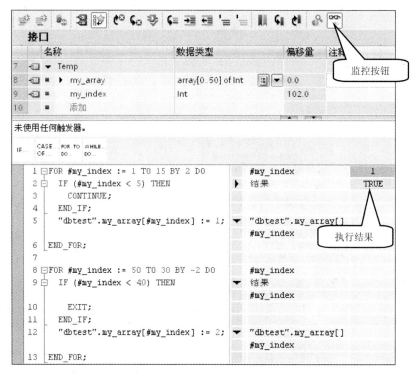

图 11-8 监控用户程序

11.4.2 断点调试

由于 SCL 具备高级语言的特性，用户需要经常用到断点调试功能。首先需要转换到在线模式，这时用户可以单击编程环境下的测试页签，如图 11-9 所示。

警告：当设备处于运行状态，测试可能对人员和财产造成严重伤害。在测试模式下，CPU 的周期时间会增加。

图 11-9 启用测试模式

当用户使能测试模式后，CPU RUN 灯会出现慢闪的状态指示。

用户可以单击调试工具栏中的工具条中的调试工具，来进行断点调试功能，如图 11-10 所示。

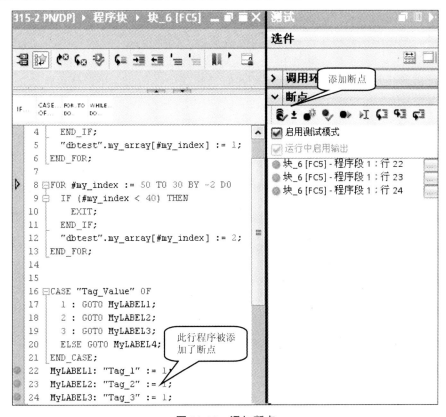

图 11-10　添加断点

调试工具栏中的工具条功能（见图 11-11），它们依次如下：

1）对所有断点的操作；

2）设置/删除断点；

3）启用/禁用断点；

4）继续执行；

5）执行到光标处；

6）逐过程；

7）逐语句；

8）跳出。

下面是对断点调试的一些说明：

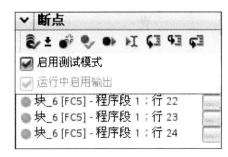

图 11-11　断点设置

1）用户在程序中添加断点后，需要启用断点，断点才生效。

2）用户可以单击继续执行按钮，让程序在停止到断点后继续执行后面的程序代码。

3）用户可以单击执行到光标处按钮来让程序运行到光标所在处。

4）当程序运行到断点位置时，会处于暂停的状态，此时用户可以查看关心的状态。

5）逐过程与逐语句的区别：逐过程会把整个过程当作一个整体来执行，逐语句会依次执行整个过程中的所有语句，例如当程序处在断点调试的模式时，如果在某个循环体内设置了断点，则程序执行到此处会暂停，如果用户单击逐语句，则会依步骤监控到所有循环体内执行的语句（例如循环 100 次的循环体）用户需要单击 100 次，才可执行完此循环体；如果用户单击逐过程，则此循环体会被认为是一个整体，用户无法看到每步的执行过程，用户只需单击一次此按钮，程序即可完成执行此循环体。

6）跳出按钮：当用户希望跳出当前循环程序层级，到上一层级继续执行断点调试时，可以使用跳出按钮，例如当程序中断在某循环程序体内时，可以使用跳出功能，跳至上一层级继续执行。

第 12 章 库 功 能

12.1 库功能简介

在项目编程中，可以将多次使用的对象存储在库中。这样，就可以在项目范围内或跨项目重复使用这些已存储的对象。也就是说可以创建不同的模板，以便在不同的项目中使用并根据自动化任务的特定要求修改这些模板。

根据任务不同，可使用的库类型包含以下两种：

（1）项目库：项目库是属于每个项目自己的库，可在其中存储想要在项目中多次使用的对象。项目库总是随当前项目一起打开、保存和关闭。

（2）全局库：全局库可以存储想要在多个项目中使用的对象。可以创建、更改、导入导出、保存和传送这些独立于项目的全局库。

在全局库区域中，还有随软件一起提供的库。这些库包括可以在项目中使用的现成的函数和函数块。用户无法修改软件所提供的这些库。

（1）库对象：库可以容纳大量的多种多样类型的对象，其中包括下面这些类型：

①函数（FC）；

②函数块（FB）；

③数据块（DB）；

④设备；

⑤PLC 数据类型；

⑥监控表和强制表；

⑦过程画面；

⑧面板。

注意：对于具有专有知识保护的对象，在将对象插入到库中后，也保持该保护机制。

（2）使用类型：可以将库元素作为类型或模板副本使用。使用副本模板来生成相互独立的库元素副本。不是每个对象都能用作类型，类型一般是用于面板及 WinCC 中，如图 12-1 所示。类型只能在项目库中创建和修改，可以拷贝到全局库中使用。

图 12-1　使用类型

（3）库任务卡：通过库任务卡可以高效使用项目库和全局库，并可根据需要显示或隐藏任务卡。库任务卡的结构如图 12-2 所示。

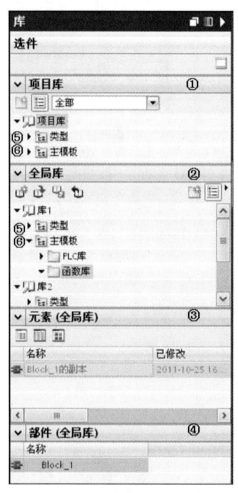

图 12-2　库任务卡
①—"项目库"窗口　②—"全局库"窗口　③—"元素"窗口，
可以通过全局库窗口工具栏中的"打开或关闭元素视图"来控制
"元素"窗口的打开　④—"部件"窗口　⑤—"类型"文件夹
⑥—"主模板"文件夹

12.2　库功能使用举例

项目库和全局库使用基本相同，存在的区别只是项目库是属于每个项目自己的库，而全局库独立于项目可以在多个项目中使用。

下面以全局库为例，来说明库功能的使用方法：

第一步：创建全局库。

单击"全局库"窗口工具栏中的"创建新全局库"，或选择菜单命令"选项 > 全局库 > 创建新库"，取名为"库 1"，如图 12-3 所示。

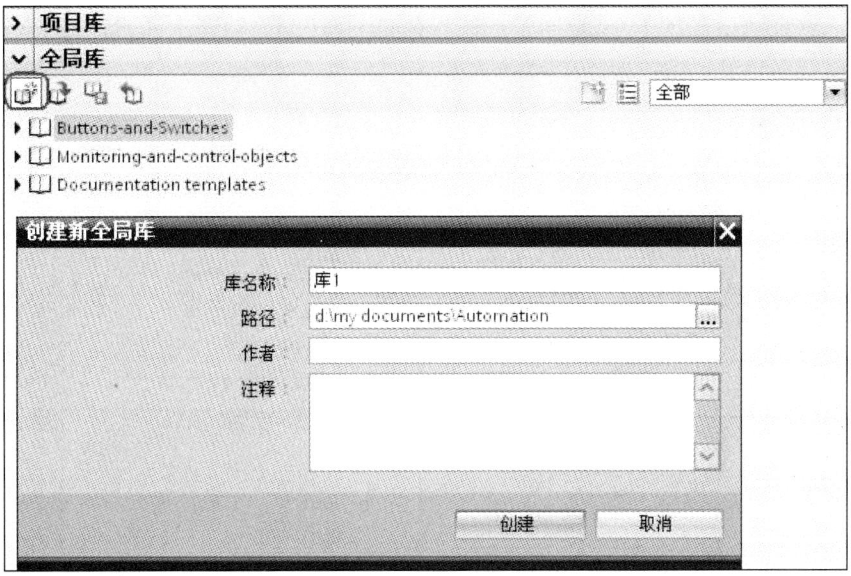

图 12-3　创建全局库

第二步：在全局库的主模板中创建文件夹。

右击全局库内的"库 1"下的"主模板"，从快捷菜单中选择"添加文件夹"，创建两个新文件夹"函数库"和"PLC 库"，如图 12-4 所示。

图 12-4　创建文件夹

第三步：将元素添加到全局库的主模板中。

选择作为副本添加的元素"Block_1(FC1)"，将其拖曳到所创建的主模板文件夹"函数库"中，这样"函数库"中就生成一个"Block_1(FC1)"的副本元素，并且可以在各个项目及本项目中重复使用，如图 12-5 所示。

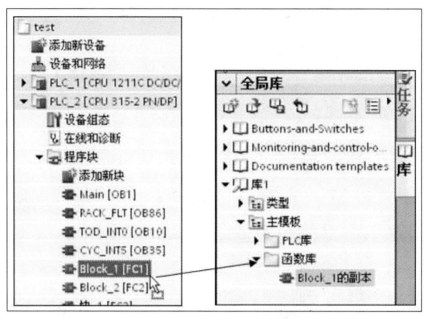

图 12-5 添加元素"Block_1(FC1)"

再添加一个 PLC 设备作为副本元素，将其拖曳到所创建的主模板文件夹"PLC 库"中，同样在"PLC 库"中生成一个 PLC 设备元素用于本项目或不同项目的重复使用，如图 12-6 所示。

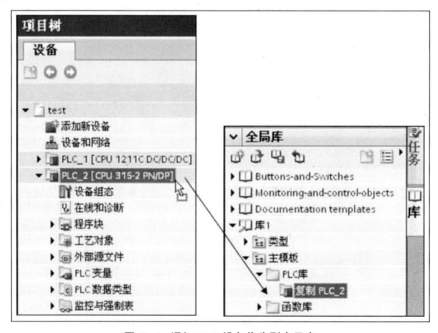

图 12-6 添加 PLC 设备作为副本元素

库建立好以后，如果想保存库，可以右击要保存的库，在快捷菜单中选择"保存库"命令，也可以选择"将库另存为"命令，此时会跳出对话框，选择存储位置并输入文件名，然后单击保存确认输入。

对于全局库，如果要打开库，可以通过单击窗口工具栏中的"打开全局库"图标打开已经保存好的库。如果要防止对库进行任何修改，可以启用"打开全局库"对话框中的"以只读方式打开"选项。这时，无法在全局库中输入任何其它元素。

要使大量的库看起来更简单直观，可以使用过滤器选项限制显示。打开"项目库"或"全局库"窗口，在下拉列表中，选择库元素的对象类型，则仅显示可用于该对象类型的库元素。也可以随时将过滤器设置为"全部"恢复未过滤的视图。

第四步：使用全局库的元素。

使用全局库中已创建的副本元素插入 TIA 博途软件中允许的位置进行单独操作使用。

如图 12-7 所示，打开全局库中主模板下的副本元素所在文件夹，选中所要使用的副本元素"复制 PLC_2"，将其拖曳到"test"的位置，在鼠标指针下方出现小加号时，松开鼠标左键。这样就生成了一个新的"PLC_4"如果该位置不允许插入，则鼠标指针将变成带有斜线的圆。

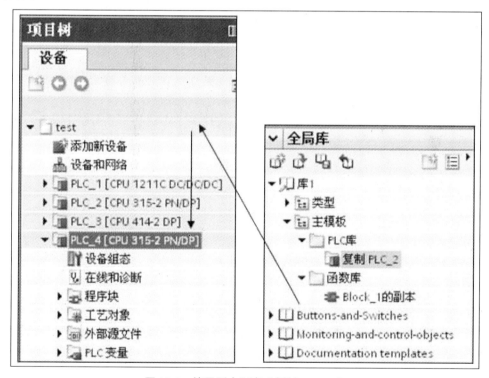

图 12-7　使用副本元素"复制 PLC_2"

同样，如果想要使用"Block_1 的副本"，则打开程序块，将"Block_1 的副本"拖曳到相应的程序段中，如图 12-8 所示。如果该位置已有同名的元素，则会打开"粘贴"对话框，在该对话框中，选择是替换现有的元素还是以不同名称插入元素。

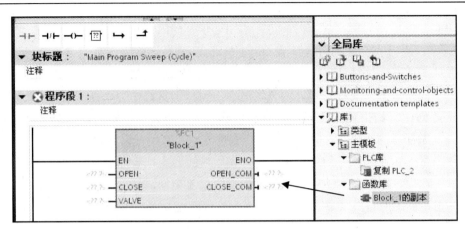

图 12-8 使用"Block_1 的副本"元素

12.3 编辑库元素

对于项目库和全局库的元素可以使用复制、剪切、粘贴、库内移动、重命名操作，操作方法如下：

1）复制元素：右击要复制的库元素，在快捷菜单中选择"复制"命令。

2）剪切元素：右击要剪切的库元素，在快捷菜单中选择"剪切"命令。

3）粘贴元素：先复制一个库元素，右击要粘贴该元素的库，在快捷菜单中选择"粘贴"命令。

4）移动元素：选择要移动的库元素，将库元素拖曳到要插入该元素的库中。将元素从一个库移动到另一个库时，只复制该元素但不会将其移走。

5）重命名元素：右击要重命名的元素，在快捷菜单中选择"重命名"命令，输入新名称。

第13章 打印项目内容

13.1 打印简介

项目创建完成以后，就可以使用便于阅读的格式打印内容。可以打印整个项目或项目内的单个对象，也可以选择打印整个项目、单个对象及其属性或项目的紧凑型总览。此外，可以打印已打开编辑器的内容。打印输出也可用于客户演示文档或完整的系统文档，可以按标准的电路手册格式准备项目，并以统一的版面打印，还可以限制打印输出的范围。

可根据个人需求设计打印页面的外观，例如带有公司徽标或公司页面布局。也可以创建个人的打印输出模板，在打印输出的项目数据周围加上框架。在一个外部的版面程序或图像编辑程序中创建框架，然后以 PDF 或 EMF 格式保存文件，该文件作为背景图像导入。

如果不想设计个人模板，则可使用所提供的现成的框架和封面，其中包括符合 ISO 标准的技术文档模板。

打印输出通常由封面、目录、项目树内对象的名称和路径对象数据组成。其中只有在从项目树打印时才会包含封面和目录。

可以打印以下内容：

1）项目树中的整个项目；

2）项目树中的一个或多个项目相关的对象；

3）编辑器的内容；

4）表格；

5）库；

6）巡视窗口的诊断视图。

不能在下列区域打印：

1）TIA 博途软件视图；

2）详细视图；

3）除诊断视图外的巡视窗口的所有选项卡；

4）除库外的所有任务卡；

5）大部分对话框。

注意：打印时至少选择一个可打印的元素，如果打印一个选中的对象，则也将打印所有下级对象。

13.2 打印设置

要想修改打印设置，进入菜单中的"选项"菜单，选择"设置"命令，选择"常规"组，在工作区的"打印设置"中更改，如图 13-1 所示。

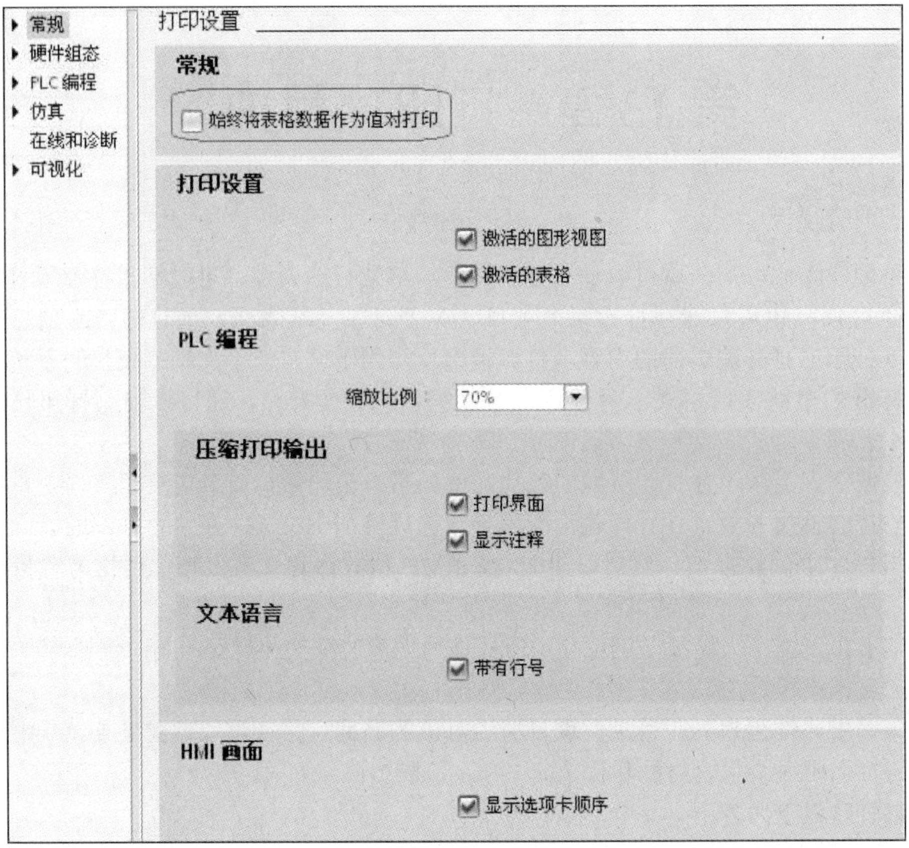

图 13-1　打印设置

始终将表格数据作为值对打印：

如果选择这个选项，则不以表格形式而以键和数值对的形式打印表格。

例如要打印表格见表 13-1。

表 13-1　打印表格

对象名称	属性 1	属性 2
对象 A	数值 A1	数值 A2
对象 B	数值 B1	数值 B2

如果选择了"始终将表格数据作为值对打印"，则打印输出具有以下外观：

对象 A

属性 1：数值 A1

属性 2：数值 A2

对象 B

属性 1：数值 B1

属性 2：数值 B2

13.3　打印版面设置

如果不希望使用现成的打印模板，可以选择使用自己设计的页面和版面。进入菜单中的"项目"菜单，在下面选择"打印"就可以进入"打印"对话框中使用已保存的封面、页面模板和可用的元数据定制打印输出的外观，如图 13-2 所示。

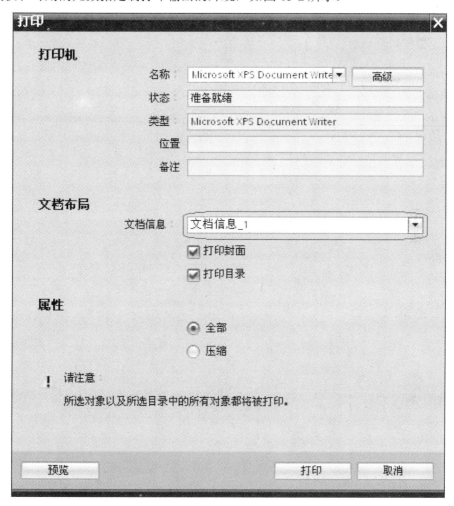

图 13-2　打印版面设置

13.4　文档信息

在图 13-2 中所选择的文档信息，可以是系统默认的，也可以是用户自定义的。在文档信息中指定打印框架和封面，必要时可以创建不同的信息，以便在打印时在包含不同信息、框架、封面、页面大小和页面打印方向的不同文档信息之间快速切换。 例如，可以用不同的语言生成打印输出，并为每种语言提供不同的文档信息。

要创建新的文档信息，双击项目树中"文档信息"下的"添加新文档信息"，就可以立即创建新的文档信息，如图 13-3 所示。

文档信息可以保存在全局库中供多个项目使用。

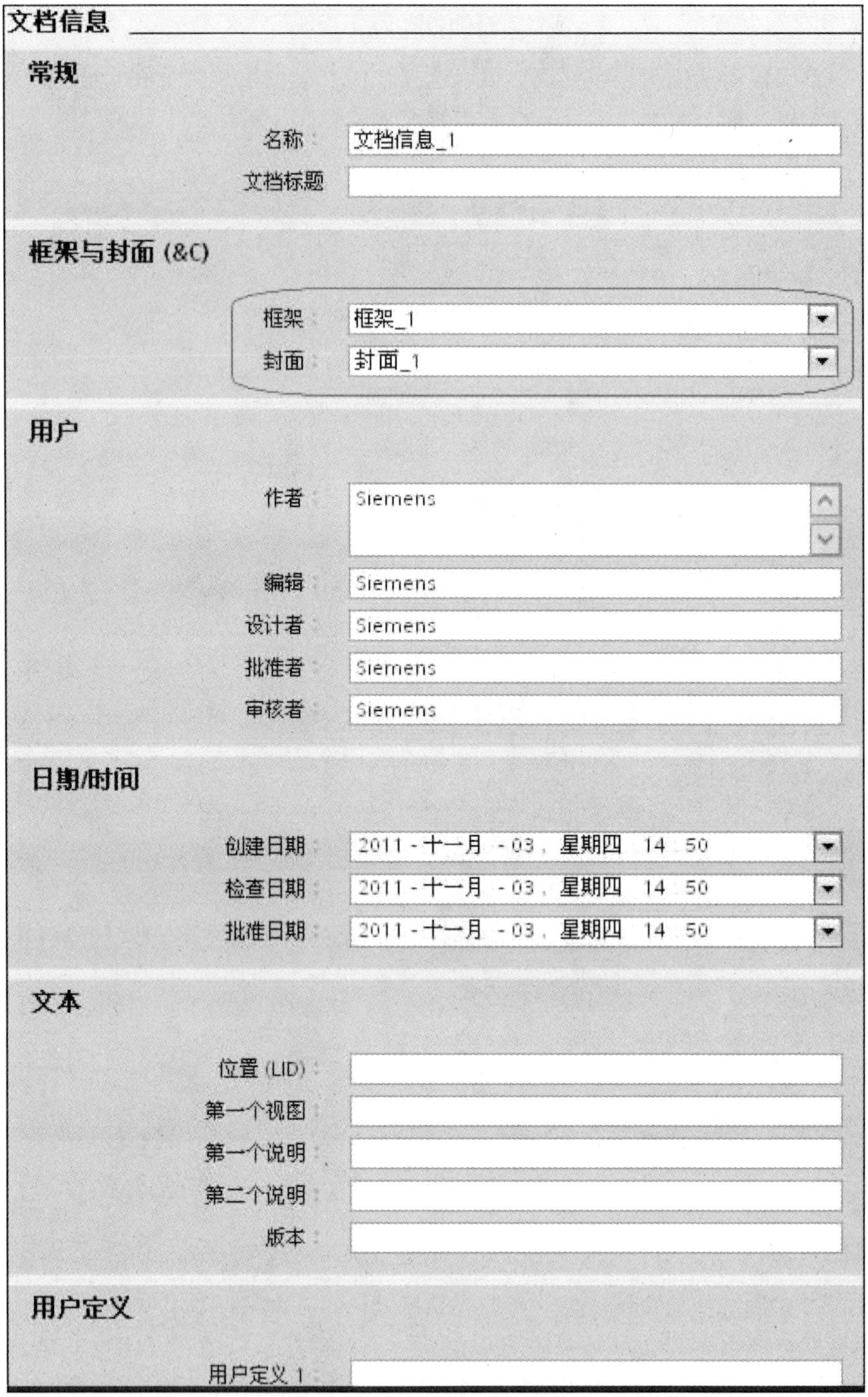

图 13-3 创建新的文档信息

13.5 封面和框架

在图 13-3 中可以选择默认的框架与封面也可以选择用户自己创建的框架。

通过添加一个封面，可以给工厂文档的打印输出提供专业外观，可以设计个人封面或使用现成的封面，现成的封面可以进行调整并重新将其存储为模板。可以在一个统一的页框内嵌入工厂文档的常规页面，框架可以包含存储在文档信息中的项目元数据占位符；它还包括自行设计的图形元素，可以创建个人框架或使用现有的页框。可以调整现有页框，然后重新将其存储为一个新框架。封面和框架都可以保存在全局库中供多个项目使用。

要创建新的封面或框架，双击项目树的"文档信息 > 封面"组下的"添加新封面"或"添加新框架"条目，将打开对话框。在"名称"区域中输入封面或框架的名称。从"纸张类型"下拉列表中，选择纸张大小；在"方向"下拉列表中选择以纵向或横向格式打印页面，然后选择"添加"，就可以编辑封面或框架，如图 13-4 所示。

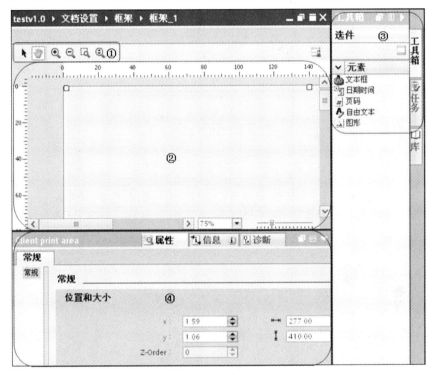

图 13-4　框架

①工具栏
● 箭头工具：启用对象选择。
● 导航工具：允许移位局部页面。
● 放大按钮：逐步放大页面显示。
● 缩小按钮：逐步缩小页面显示。
● 选择缩放因子：将页面大小调整为使用套索工具选定的区域。
● 动态缩放：将页面宽度调整为工作区。
②工作区
可以在工作区中设计封面或框架。
③"工具箱"任务卡
"工具箱"任务卡中包含可在封面或框架上使用的各种占位符类型，可使用拖放操作

将占位符置于工作区中，占位符类型包括：

● 文本框：文本框代表文档信息中的文本元素占位符，在文本框的属性中，可设置在打印过程中自动插入文档信息中的哪些文本。

● 日期和时间域：打印时将插入日期和时间，而不是占位符，这可以是创建日期或上一次对项目进行更改的时间点。在巡视窗口的属性中，指定打印哪个日期或时间。

● 页码：打印时会自动应用正确的页码。

● 自由文本：可以在文本字段的属性中输入可自由选择的文本，该文本是静态的，不会受打印时所选文档信息的影响。

● 图像：在巡视窗口的"图形"属性中选择图像文件，可以使用 BMP、JPEG、PNG、EMF 或 GIF 格式的图像。具体添加方法是从选件里选择图形添加，然后在图形下方的属性中选择自己的图形文件，如图 13-5 所示。

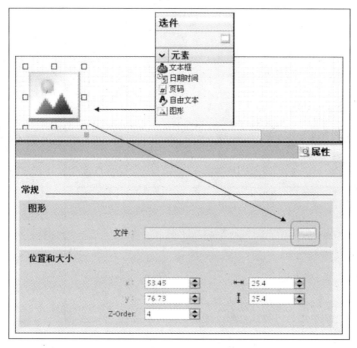

图 13-5　添加图像文件

④ 巡视窗口中的属性

可以在巡视窗口的"属性"选项卡中，显示和修改当前选定对象的属性，例如可以修改页面属性、格式文本、指定对象在页面上的位置等。

使用库中现有的封面和框架：

"文档模板"系统库包含可在项目中使用的封面和框架，可使用拖放操作将封面和框架从系统库移动到项目树。然后根据项目要求，调整项目树中的封面和框架。也可以将封面和框架从项目树移动到全局库，以便在其它项目中使用。

要创建和编辑现有的框架和封面，在"库"任务卡中，打开"全局库"窗口，并在"模板"文件夹中，打开"封面"或"框架"文件夹，将封面或框架从其中一个文件夹拖到项目树，并放在下列某个文件夹中：

1）对于框架："文档信息 > 框架"。

2）对于封面："文档信息 > 封面"，如图 13-6 所示。

此时，可在项目中使用现有的框架或封面，双击项目树中的新条目，单击就可以编辑框架或封面。

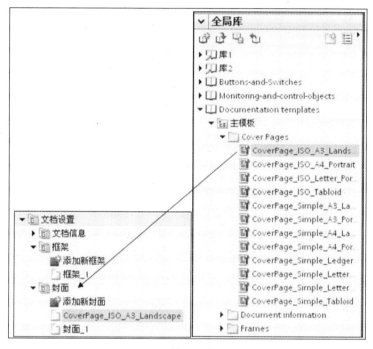

图 13-6 使用现有的封面

13.6 打印预览

在"项目"菜单中，选择"打印预览"命令,将打开"打印预览"对话框，如图 13-7 所示。在对话框中，可以选择用于打印输出的文档信息；选择是否打印封面或目录；在属性中选择是"全部"还是"压缩"。"全部"是指打印全部项目数据，"压缩"是指以精简格式打印项目数据。

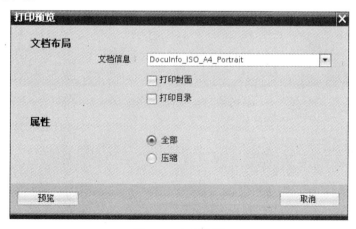

图 13-7 打印预览

13.7　打印项目数据

打印输出项目数据有两个选项：

1）通过工具栏中的"打印"按钮使用默认设置立即打印，只有在选择了一个可打印的对象时，该按钮才有效。

2）通过"项目 > 打印"菜单命令，可按其它设置选项进行打印输出。例如，可以选择一个不同的打印机或特定的文档信息，或指定是否打印封面和目录。

若要打印输出来自当前项目的数据或整个项目，在项目树中选择整个项目。若仅打印一个项目内的单个元素，则在项目树中选中这些元素。

在"项目"菜单中，选择"打印"命令，打开"打印"对话框，如图 13-8 所示。

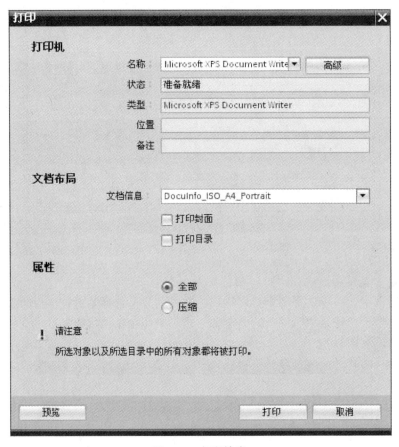

图 13-8　打印输出

在"名称"框中选择打印机，可以单击"高级"来修改 Windows 打印机设置；在"文档信息"下拉列表中选择文档信息，存储在文档信息中的框架用于打印输出；然后选择是否打印封面或目录；属性下选择"全部"或是精简打印的"压缩"；最后单击"打印"启动打印输出，打印效果如图 13-9 所示，打印输出的组件与配置的缩放比例有关，例如在网络配置中选择缩放比较为 150%，那么打印输出的组件也将同比例放大。

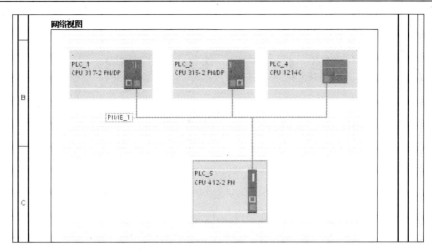

图 13-9　打印输出图

如果打印输出失败，则可能的原因包括以下各项：

1）不存在有效的许可证来显示对象；

2）没有对象的设备描述；

3）显示对象所需的软件组件没有安装。

第 14 章 移植项目

对于早期的西门子自动化工程项目，如 S7-200 MicroWIN、STEP7、WinCC、WinCCflexible 等项目文件均可以移植到 TIA 博途软件平台，这样能够保证自动化项目的延续性，同时也保护了项目的原有投资。

本章着重介绍如何移植 STEP7 项目文件到 TIA 博途软件平台及相关注意事项。

14.1 移植项目概述

将 S7-200 MicroWIN、STEP7、WinCC、WinCCflexible 等项目文件移植到 TIA 博途软件平台的对应关系如图 14-1 所示。

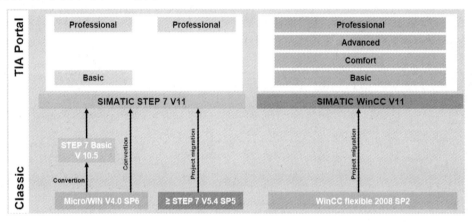

图 14-1 项目移植总览

下面将简要介绍将不同项目文件移植到 TIA 博途软件平台时，所支持的选项及限制移植 S7-200 MicroWIN 项目文件到 TIA 博途软件平台如图 14-2 所示。

移植 MicroWIN 项目到 TIA 博途软件平台时必须遵循以下规则：

1）必须是以 MicroWIN V4.0 SP6 及以上版本保存的项目文件才能移植；

2）可以将 MicroWIN 项目文件移植到 STEP7 V10.5 或 STEP7 BASIC/Professional V11 平台；

3）仅支持 IEC 编程语言 LAD 和 FBD；

4）不支持 STL 编程语言、工艺参数对象及特殊助记符的移植。

移植 STEP7 项目文件到 TIA 博途软件平台要求，如图 14-3 所示。

移植 STEP7 项目到 TIA 博途软件平台时必须遵循以下规则：

1）需要移植的 STEP7 项目文件必须以 STEP7 V5.4 SP5 或 STEP7 V5.5（*.S7P）版本保存；

2）支持的编程语言包括 LAD、FBD、SCL、STL、GRAPH 等；

3）硬件模块生产日期版本必须在 2007 年 10 月 1 日之后；

4）对于每个 CPU 可以支持最大 40000 个变量及 2000 个函数块（FB、FC）移植；

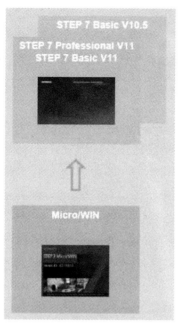

图 14-2　移植 **MicroWIN** 项目到
TIA 博途软件平台

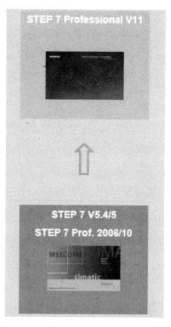

图 14-3　移植 **STEP7** 项目到
TIA 博途软件平台

5）对于每个项目文件支持最大 500 个站点
（例如 CPU、ET200S）的移植；

6）支持 Safety 项目的移植；

7）不支持包含库文件(*.S7L)的 STEP7 项目
文件移植；

8）不支持包含 HiGraph 语言、IMAP 组态、
FMS 通信连接组态的项目移植。

移植 WinCCflexible 项目文件到 TIA 博途软
件平台的要求如图 14-4 所示。

移植 WinCCflexible 项目到 TIA 博途软件平
台时必须遵循以下规则：

1）需要移植的 WinCCflexible 项目文件必须
以 WinCCflexible 2008 SP2 保存；

2）可以根据不同的 Panel 情况将 WinCCflexible
项目文件移植到 WinCC V11 的 Basic、Comfort、
Advanced、Professional 版本；

3）支持组态和运行数据的移植；

4）所移植 WinCCflexible 项目文件的 HMI 设
备必须是在 TIA POTAL V11 的硬件目录中存在；

5）支持集成了 STEP7 项目文件的移植（详
细情况请参考本章中的 14.3 节）；

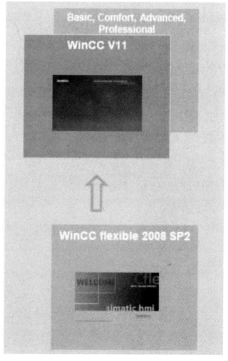

图 14-4　移植 **WinCCflexible** 项目到
TIAPORTAL 平台

　　6）对于每个项目文件支持最大 80000 变量的移植。

　　注意：

　　1. 当进行以上项目的移植时对 PC/PG 上所安装的软件还有一定的要求，具体如下：

　　1）对于 STEP7 项目文件的移植必须安装 STEP7 V5.4 SP5 及以上版本软件；

　　2）如果移植 STEP7 项目文件中包含了一些选件如 SCL、GRAPH、Distributed Safety 等，那么这些选件也必须安装；

　　3）对于单独的 WinCCflexible 项目文件移植无须安装 WinCCflexible 软件；

　　4）对于集成于 STEP7 中的 Winccflexible 项目文件移植时，必须安装 WinCCflexible 软件。

　　2. 对于 STEP7 项目的移植还需要注意以下两点：

　　1）项目文件必须经过块一致性检查后确保无错(详细情况可以参考 14.2 节中移植 STEP7 项目描述)；

　　2）仅能够移植单项目文件，多项目文件不能够被移植。

14.2　移植 STEP7 项目

14.2.1　移植 STEP7 项目概述

　　可以移植由 STEP 7 V5.4 SP5 或 STEP 7 V5.5 编辑的项目，以便继续在 TIA 博途软件中使用，也可以移植集成 HMI 设备的 STEP 7 项目文件。

　　通常情况下，移植 STEP 7 V5.4 SP5 或 V5.5 项目文件，其设备必须在 TIA 博途软件 V11 的硬件目录中存在或者可以组态，例如移植的内容可以包括以下设备和组态：

　　1）S7-300 和 S7-400 系列设备；

　　2）连接有分布式 I/O 的 PROFIBUS 组态，包括基于 GSD 的从站、智能从站；

　　3）带有分布式 I/O 的 PROFINET 组态，包括基于 GSDML 的设备和智能设备；

　　4）网络组态；

　　5）连接；

　　6）用编程语言 LAD、FBD 或 STL、S7-SCL、S7-GRAPH 创建的块；

　　7）PLC 变量；

　　8）用户自定义数据类型 (UDT)；

　　9）报警和报警等级；

　　10）中断；

　　11）用户自定义属性，如果 STEP 7 Professional V11 支持这些属性；

　　12）用户文本库。

　　如果 TIA 博途软件不支持某个单独设备，则可以从移植中过滤硬件组态，在这种情况下，只移植项目中的软件部分，不支持的设备在新项目中将显示为未指定的设备。未导入网络、连接和整个硬件组态。移植之后，再将未指定的设备转换为合适的设备，然后再次连接网络并手动恢复所有连接，关于该部分的详细情况可参考 14.2.5 节中的说明。

14.2.2　移植 STEP7 项目要求

　　进行 STEP7 项目移植时，应满足安装在原始 PG/PC 上的软件要求以及初始项目要求，对原始 PG/PC 的具体要求如下：

1）必须安装带有许可证的 STEP 7 V5.4 SP5 或 V5.5 版本；

2）对于项目中使用的所有组态，必须安装带有效许可证的相应附加软件，例如选件包；

3）必须安装硬件目录中未包括模块的硬件升级包（HSP）；

4）必须安装项目中使用的所有 GSD/GSDML 文件；

5）必须使用管理权限登录到操作系统；

6）必须在 PG/PC 上安装 STEP 7 Professional V11 或移植工具。

对需要移植的 STEP7 初始项目要求如下：

1）组态初始项目时，不得设置访问保护；

2）硬件必须一致；

3）必须按 CPU 设置消息数量的分配；

4）不允许包含带有时间选项卡冲突的受保护块；

5）必须能够顺利编译所有程序及其源代码；

6）所有调用的块都必须包含在块文件夹中；

7）块文件夹不得包含未调用的块，尤其是背景数据块。

14.2.3　检查是否可以移植 STEP7 项目

开始移植 STEP7 项目之前，可以检查是否已满足移植的所有必需要求，可以按照以下步骤操作：

1）在 STEP 7 V5.4 SP5 或 V5.5 中打开原始项目。为了能够顺利移植，确认项目文件中包含的硬件在 STEP 7 Professional V11 是否支持，因此可以在 STEP 7 Professional V11 中安装必要 GSD 和 GSDML 文件。

2）打开各个站，如果打开站后没有显示指示组件缺失的消息，则表示移植所需的所有组件都可用。

3）对项目中包含所有的块执行块一致性检查。

4）编译整个项目，如果在编译过程中未显示错误，则表示可以移植程序。

5）检查面向 CPU 消息数量的分配。

6）在 NetPro 中编译项目，不能有错误信息。

注意：执行以上步骤时，将复位原始项目中的实际值，如果不希望复位，则需首先要对项目进行备份，然后检查备份的副本。

14.2.4　删除不支持的硬件组件

如果检查到 STEP7 初始项目中的一些硬件组件在 STEP 7 Professional V11 并不支持,则可以在该初始项目中删除该硬件组件，然后对编辑后的项目进行"重新组织"功能操作以便保证项目的一致性。要对原始项目执行上述清理操作可以按照如下步骤进行：

1）确认所有移植的 STEP7 V5.4 或 V5.5 初始项目涉及的选件包及模块均是 STEP 7 Professional V11 中所支持的，对于不支持的硬件组件予以删除。

2）再次保存项目，并在保存时选择"通过重新组织"操作，通过该功能能够保证项目能够被顺利移植。

3）对于初始项目中包含的一些模块在 STEP 7 Professional V11 有更新的固件版本，可以在项目中移植完再进行相应替换。

14.2.5 移植 STEP7 项目过程

移植 STEP7 项目的过程可以按照以下步骤完成:

1) TIA 博途软件视图下打开的"启动"中选择"移植项目"命令,如图 14-5 所示。

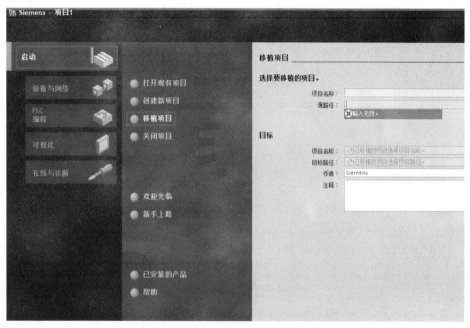

图 14-5 在 TIA 博途软件视图打开移植界面

另外也可以切换到项目视图下, 在"项目"菜单中选择"移植项目"命令,打开"移植项目"对话框,如图 14-6 所示。

图 14-6 在项目视图中打开移植界面

除此之外，还可以在 Windows 资源管理器中直接启动移植工具，例如单击目录 "C:\Program Files\SIEMENS\Automation\Portal V11\Mig\bin" 中的 "SIEMENS. Automation. MigrationApplication. exe" 文件，如图 14-7 所示。

图 14-7　启动移植工具

2）在"源路径"(Source path) 域中指定要移植项目的路径和文件名，选择一个 AM11 移植格式或初始项目格式的项目。

3）选中复选框"不包括硬件组态"(Exclude hardware configuration)，则仅移植软件。

4）如果选择了一个使用移植工具创建的移植文件，则该复选框被禁用，在这种情况下，必须在使用移植工具转换之前指定是否不包括移植的硬件组态。

5）在"项目名称"框中为新项目选择一个名称。

6）在"目标路径"框中选择一个路径，在该路径中将创建新项目。

7）在"作者"域中输入姓名或其它负责此项目的人员的名称。

8）如果需要注释，则在"注释"框中输入一条注释。

9）单击"移植"。

上述 2~9 步骤请参考图 14-8 中的说明。

图 14-8 中，①为需要移植项目的项目名称；②为需要移植项目的路径；③为是否需要移植硬件组态；④为移植后的项目名称；⑤为移植后的项目存储路径；⑥为添加项目作者；⑦为添加注释。

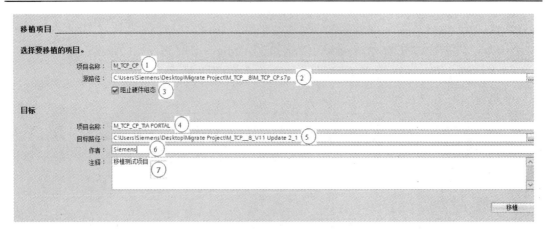

图 14-8　移植项目参数设置

14.2.6　查看移植日志

移植 STEP7 项目后，无论移植成功与否，在移植结束后 TIA 博途软件系统都会显示一个完整的移植日志（见图 14-9），通过移植日志可以查看以下内容：

1）移植的对象；

2）移植期间对对象所作的修改；

3）移植期间发生的错误。

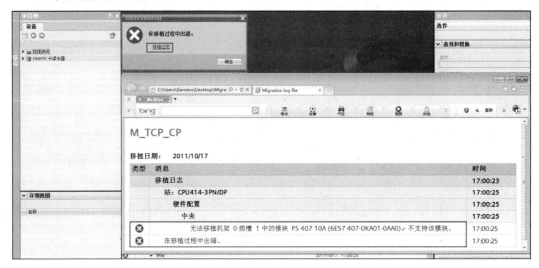

图 14-9　移植后显示的移植日志

除了在移植项目结束自动显示移植日志外，还可以通过以下两种方法查看移植项目日志：

1）在项目树中选择打开的项目，在该项目的快捷菜单中选择"属性"，打开项目属性对话框，在浏览区中选择"项目历史"(Project history) 组，显示总览表，在"日志文件"(Log file) 列中单击日志文件的链接，将在 Microsoft Internet Explorer 中显示该日志文件，如图 14-10 所示。

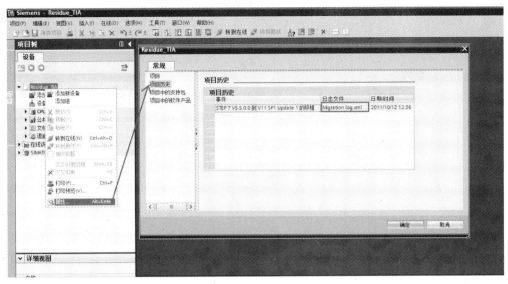

图 14-10　在打开的移植项目中查看移植日志

2）在移植后项目的根目录下也包含项目的移植日志，可以单击项目文件的根目录例如" C:\Users\Siemens\Desktop\Migrate Project\Residue__V11 Update 2\Residue_TIA\Logs"中的"Migration log.xml"文件，如图 14-11 所示。

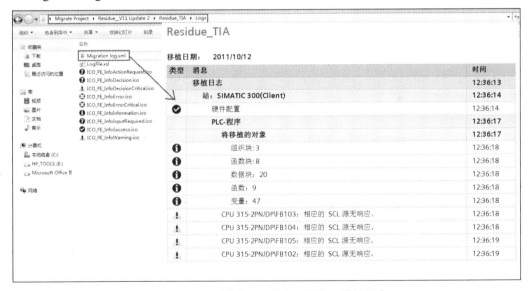

图 14-11　通过移植项目的根目录打开移植日志

14.2.7　显示项目移植历史

当项目通过移植创建后，则可以在项目历史表中列出移植事件，同时还可以打开移植日志，并显示移植时间，若要在移植项目中显示移植历史，可以按照以下步骤执行：

1）在项目树中选择打开的项目，在该项目的快捷菜单中选择"属性"打开项目属性对话框。

2）在浏览区中选择"项目历史"组之后将显示总览表，如图 14-12 所示。

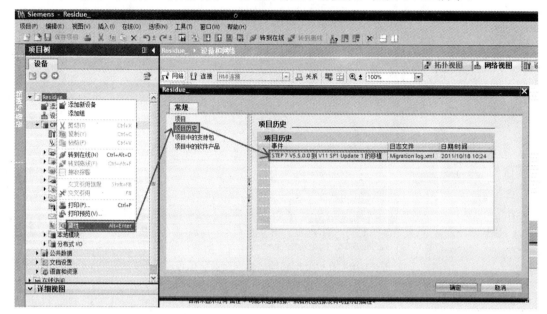

图 14-12　显示项目移植历史

14.2.8　移植项目中的常见问题

以下主要介绍的是项目移植过程中比较常见的一些问题,并对所出现的这些问题给出了解决措施。

1. PROFINET IO 组态

1）PROFINET IO 的等时同步模式，请按照以下说明进行等时同步模式 PROFINET IO 组态：

如果已在初始项目中组态了高性能 IRT，则在移植过程中将 IRT 组态转换成 RT，并将在移植日志中显示。

2）IO 控制器的 CBA 组态：

如果在初始项目中进行了 CBA（基于组件的自动化）组态，由于目前不支持 CBA 组态移植，因此必须在移植时首先禁用该组态，否则将在移植过程中报错，并在移植日志中显示。

2. 通信连接

对于 STEP 7 项目， TIA 博途软件 STEP 7 Professional V11 通常支持以下连接类型的项目移植：

1）单向 S7 连接；

2）双向 S7 连接；

3）故障安全 S7 连接；

4）TCP 连接；

5）ISO-on-TCP 连接；

6）ISO 连接；

7）UDP 连接；

8）电子邮件连接；

9）FDL 连接；

10）点对点连接。

PROFIBUS FMS 和全局数据包通信将不再支持，因此当初始项目中包含该连接时移植前要先删除该连接及相关设置。

3．消息

一般情况下可以移植在 STEP 7 项目中所创建的消息。

1）要求

已在 STEP 7 项目中选择在 CPU 范围内分配消息编号，如果未进行这样的选择，则必须先在 STEP 7 中将要移植的项目从"在项目范围内分配消息编号"切换为"在 CPU 范围内分配消息编号"，否则在移植过程中将报错，如图 14-13 所示。

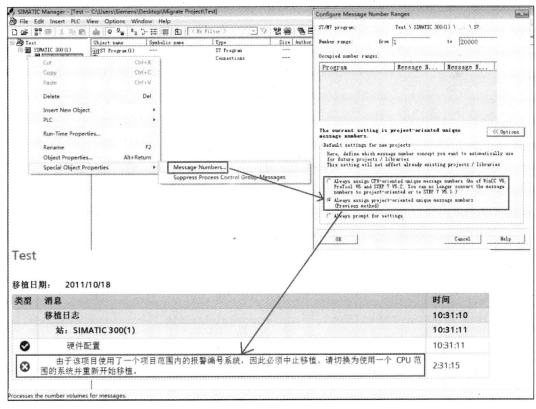

图 14-13　移植项目时的分配消息编号设置

2）限制

无法移植基于符号的消息。

4．报告系统错误（RSE:Report System Error）

一般情况下可以移植使用 STEP 7 初始项目中创建的系统错误消息，在移植"报告系统错误"(Report system errors) 应用程序时，仅会移植用户在 SIMATICSTEP 7 项目中进行的设置（例如，基本设置、块编号、块名等），不会移植以下元素：

1）SFM 块；

2）SFM 消息和为组态消息文本而进行的设置；

3）系统文本库。

移植之后，对于不能移植的元素可以通过手动进行编译，之后未能移植的元素将直接转换成 TIA Portal 所支持的元素。

5. 移植程序块

通常情况下可以移植使用 LAD、FBD、SCL、STL 和 GRAPH 创建的所有块，对于程序块的移植需要注意以下问题：

1）访问外设 I/O

在 TIA 博途软件中，可使用 指令 "：P" 对 I/O 直接寻址，而不再允许使用%PIWxx 访问，作为替代，可以使用以下符号：

%IW3:P　　　　　　　//绝对显示

MyTag:P　　　　　　　//符号显示

因此在移植完毕后所有的变量访问都将转换成 TIA Portal 所支持的模式。

2）跳转标记不区分大小写

TIA 博途软件 中的跳转标记不区分大小写，如果源项目程序中包含区分大/小写的跳转选项卡，则移植项目中将会对此类选项卡进行重新生成，并在移植日志中显示。

14.3 移植 HMI 集成于 STEP7 的项目

14.3.1 简介

如果一个 STEP7 项目中集成 HMI，项目移植时将对整个项目进行移植，包括 HMI 可视化部分和 STEP 7 控制程序。之间已组态的连接将保持不变。

14.3.2 移植集成项目

移植集成项目时，STEP 7 组件的移植要求与非集成 STEP 7 项目的移植要求是相同的，要完整移植一个集成的项目，则必须在执行移植的 PG/PC 上安装以下组件：

1）STEP 7 V5.4 SP5 或 STEP 7 V5.5；

2）WinCC V7 SP1、SP2 或 WinCCFlexible 2008 SP2；

3）STEP 7 Professional V11 (TIA 博途软件)；

4）WinCC Basic、WinCC Comfort/Advanced 或 WinCC Professional，取决于所用的组件。

14.3.3 移植集成项目中的 STEP7 部分

一个集成项目必须整体进行移植， 无法单独移植某个组件，如果之前在 SIMATIC Manager 中删除了 SIMATIC 站中的所有 HMI 站并随后重新编译了 NetPro 中的项目，则只能单独移植包含的 STEP 7 项目。

此外，还可以在未安装 HMI 的 STEP 7 V5.4 SP5 或 V5.5 中打开项目，之后可以再次保存项目，并在保存过程中选择 "重新组织" 功能， 随后将在保存副本的过程中自动删除 HMI 部分，然后再移植不含 HMI 项目的 STEP 7 项目。

14.3.4 只移植集成项目的软件部分

如果一个集成项目中包含有硬件组态,则可以选择不移植硬件部分，只移植集成项目的软件部分，另外对于集成项目中的 PC 站点，如果选择了不移植硬件部分选项，则 PC 站将会变成一个单独的站点，其所组态的各个模块（如通信处理器）将会变成未具体定义的模块，需要项目移植完毕后再手动修改。

关于移植不带硬件组态的集成项目步骤可以参考 14.2.5 节说明。

14.3.5　集成 HMI 项目的存储位置

如果要移植一个集成项目，则该项目的 HMI 部分必须与该项目的 STEP 7 部分位于相同的 PG/PC 上，如果 HMI 部分位于其它 PG 上，则只移植 STEP 7 部分。

14.3.6　不支持的对象

不支持移植以下组件：

1）STEP 7 多重项目；

2）集中归档服务器 (CAS)。

附录　寻求帮助

如果在编程、调试以及设备维护过程中遇到有关硬件及编程问题时，可以通过在线帮助文档、手册、拨打热线电话和网站支持的方式寻求帮助。

1. 在线帮助系统

在线帮助系统提供给用户有效快速的信息，无需查阅手册，在线帮助具有如下信息方式：

1）显示帮助信息的号码；

2）首先用鼠标选中或在对话框或窗口选择某一对象，然后使用 F1 键得到相应的帮助信息；

3）对某种功能的使用、主要特性及功能范围做一个简要说明；

4）某些功能的快速入门；

5）在线帮助中对查找特殊信息的方法提供描述；

6）提供有关当前版本的信息。

可以使用下列方法访问在线帮助系统：

1）在菜单栏选择"帮助"→"显示帮助"；

2）使用鼠标选择希望得到帮助的窗口或对话框，而后按 F1 键弹出该窗口或对话框的帮助信息。

2. 相关手册

所有安装的软件都包含相关内容的 PDF 格式手册和示例程序。使用菜单命令"start"→"SIMATIC"→"Documentation"选择语言文件夹，可以打开手册存储的路径。

3. 热线服务系统

如果通过在线帮助和相关文档不能解决遇到的问题，可以拨打西门子技术支持与服务热线**+86-400-810-4288** 或发送传真**+86-010-64719991** 与西门子联系，也可以通过**电子邮件：4008104288.cn@siemens.com** 将现场照片以及故障记录信息发送过去。热线服务内容包括低压电气与 PLC 系统的技术支持、产品咨询与售后服务。

软件授权维修服务可拨打亚太服务热线**+86-10-64757575** 或发送传真**+86-10-64747474** 与西门子联系，相关文本信息可以通过**电子邮件：support.asia.automation @siemens.com** 发送。

4. 网站支持

登陆西门子技术支持与服务主页 **www.ad.siemens.com.cn/service** 可以下载相关产品手册、驱动软件以及 FAQ(常见问题解答)。**网上课堂**栏目中包括热线工程师根据多年支持经验，撰写的产品入门指导课程数百篇！覆盖 PLC、通信/网络、冗余、人机界面、驱动、传动、低压、数控、过程自动化等众多产品线。快速入门指导是产品手册很好的补充材料，可以自由下载。在**技术论坛**栏目中可以留言、分享、讨论、交流经验，是专家级用户的在线交流圈，产品初学者的充电线。通过西门子网站可以时时得到无极限的支持，了解西门子产品最新的动态信息及相关的活动。

5. 推荐网址

自动化系统
西门子（中国）有限公司

工业业务领域 客户服务与支持中心

网站首页：www.4008104288.com.cn

自动化系统 **下载中心**：

http://www.ad.siemens.com.cn/download/DocList.aspx?TypeId=0&CatFirst=1

自动化系统 **全球技术资源**：

http://support.automation.siemens.com/CN/view/zh/10805045/130000

"找答案"自动化系统版区：

http://www.ad.siemens.com.cn/service/answer/category.asp?cid=1027

SIMATIC HMI 人机界面
西门子（中国）有限公司

工业业务领域 客户服务与支持中心

网站首页：www.4008104288.com.cn

WinCC **下载中心**：

http://www.ad.siemens.com.cn/download/DocList.aspx?TypeId=0&CatFirst=1&CatSecond=9&CatThird=-1

HMI **全球技术资源**：

http://support.automation.siemens.com/CN/view/zh/10805548/130000

"找答案"WinCC 版区：

http://www.ad.siemens.com.cn/service/answer/category.asp?cid=1032

通信/网络
西门子（中国）有限公司

工业业务领域 客户服务与支持中心

网站首页：www.4008104288.com.cn

通信/网络 **下载中心**：

http://www.ad.siemens.com.cn/download/DocList.aspx?TypeId=0&CatFirst=12

通信/网络 **全球技术资源**：

http://support.automation.siemens.com/CN/view/zh/10805868/130000

"找答案"Net 版区：

http://www.ad.siemens.com.cn/service/answer/category.asp?cid=1031

过程控制系统

西门子（中国）有限公司

工业业务领域 客户服务与支持中心

网站首页：www.4008104288.com.cn

过程控制系统 **下载中心**：

http://www.ad.siemens.com.cn/download/DocList.aspx?TypeId=0&CatFirst=19

过程控制系统 **全球技术资源**：

http://support.automation.siemens.com/CN/view/zh/10806836/130000

驱动技术

西门子（中国）有限公司

工业业务领域 客户服务与支持中心

网站首页：www.4008104288.com.cn

驱动技术 **下载中心**：

http://www.ad.siemens.com.cn/download/DocList.aspx?TypeId=0&CatFirst=85

驱动技术 **全球技术资源**：

http://support.automation.siemens.com/CN/view/zh/10803928/130000

"找答案" 驱动技术版区：

http://www.ad.siemens.com.cn/service/answer/category.asp?cid=1038

过程仪表及分析仪器

西门子（中国）有限公司

工业业务领域 客户服务与支持中心

网站首页：www.4008104288.com.cn

过程仪表及分析仪器 **下载中心**：

http://www.ad.siemens.com.cn/download/DocList.aspx?TypeId=0&CatFirst=36

过程仪表 **全球技术资源**：

http://support.automation.siemens.com/CN/view/zh/10806926/130000

过程分析仪 全球技术资源：

http://support.automation.siemens.com/CN/view/zh/10806991/130000

"找答案" 过程及分析仪器版区：

http://www.ad.siemens.com.cn/service/answer/category.asp?cid=1046

产品信息网页：http://www.ad.siemens.com.cn/products/pi/

工业控制产品

西门子（中国）有限公司

工业业务领域 客户服务与支持中心

网站首页：www.4008104288.com.cn

工业控制产品 **下载中心**：

http://www.ad.siemens.com.cn/download/DocList.aspx?TypeId=0&CatFirst=66

工业控制产品 **全球技术资源**：

http://support.automation.siemens.com/CN/view/zh/20025980/130000

"找答案"低压电器版区：

http://www.ad.siemens.com.cn/service/answer/category.asp?cid=1047

工厂自动化传感器

西门子（中国）有限公司

工业业务领域 客户服务与支持中心

网站首页：www.4008104288.com.cn

工厂自动化传感器 **下载中心**：

http://www.ad.siemens.com.cn/download/DocList.aspx?TypeId=0&CatFirst=61

传感器技术 **全球技术资源**：

http://support.automation.siemens.com/CN/view/zh/10807063/130000

"找答案"运动控制系统版区：

http://www.ad.siemens.com.cn/service/answer/category.asp?cid=1043

楼宇科技

西门子（中国）有限公司

工业业务领域 客户服务与支持中心

网站首页：www.4008104288.com.cn

楼宇科技 **下载中心**：

http://www.ad.siemens.com.cn/download/DocList.aspx?TypeId=0&CatFirst=190

楼宇科技 **全球技术资源**：

http://support.automation.siemens.com/CN/view/zh/41843597/130000

参 考 文 献

[1] 崔坚.西门子 S7 可编程控制器—STEP7 编程指南[M]. 北京：机械工业出版社，2007.

[2] FM 350-1-Counting Function Module. 西门子公司.

[3] Technological Functions ET 200S Manual. 西门子公司.

[4] 崔坚，李佳，杨光.西门子工业网络通信指南[M]. 北京：机械工业出版社，2004.

[5] CPU 31xC Technological Functions Manual. 西门子公司.

[6] 张春. 西门子 STEP7 编程语言与使用技巧[M]. 北京：机械工业出版社，2009.